工业和信息化
人才培养规划教材

**Industry And Information
Technology Training
Planning Materials**

高职高专计算机系列

网络设备配置与管理
任务驱动式教程

Network Devices Configuration
and Management

刘静 邢丽 ◎ 主编
侯南 ◎ 副主编

U0262359

人民邮电出版社
北京

图书在版编目（CIP）数据

网络设备配置与管理任务驱动式教程 / 刘静，邢丽
主编. -- 北京：人民邮电出版社，2014.11（2023.8重印）
工业和信息化人才培养规划教材. 高职高专计算机系列

ISBN 978-7-115-35518-8

Ⅰ．①网… Ⅱ．①刘… ②邢… Ⅲ．①网络设备—配
置—高等职业教育—教材②网络设备—设备管理—高等职
业教育—教材 Ⅳ．①TP393

中国版本图书馆CIP数据核字(2014)第144784号

内 容 提 要

本书采用任务驱动的形式编写而成，共分为 3 篇——交换机配置与管理篇、路由器配置与管理篇、广域网配置与管理篇，详细讲述了组网的常用技术：路由技术、交换技术、广域网和网络安全技术等。每篇由若干个任务组成，共计 18 个任务。这些任务首先介绍了交换网络的规划与设计，其次描述了园区网络中路由网络的组建与配置，最后以园区网络交换技术和路由技术为基础介绍了广域网和网络安全技术。

本书适合作为高职高专计算机应用专业、计算机网络技术专业、通信专业、物联网等相关专业的教材，也可以作为网络爱好者和工程技术人员的参考书。

♦ 主　编　刘　静　邢　丽
　　副主编　侯　南
　　责任编辑　王　威
　　执行编辑　范博涛
　　责任印制　焦志炜
♦ 人民邮电出版社出版发行　　北京市丰台区成寿寺路 11 号
　　邮编　100164　　电子邮件　315@ptpress.com.cn
　　网址　http://www.ptpress.com.cn
　　北京七彩京通数码快印有限公司印刷
♦ 开本：787×1092　1/16
　　印张：16　　　　　　　　　　2014 年 11 月第 1 版
　　字数：395 千字　　　　　　　2023 年 8 月北京第 15 次印刷

定价：39.80 元

读者服务热线：(010)81055256　印装质量热线：(010)81055316
反盗版热线：(010)81055315

前 言 PREFACE

从 20 世纪 90 年代至今，计算机网络发展了 20 余年，在社会的各个领域发挥着日趋重要的作用。思科（Cisco）作为网络设备的主流厂商，其技术在市场上占据着很大比重。本教材选用思科平台，讲述了目前最常用的网络互联技术——交换机配置与管理，路由器配置与管理和广域网配置与管理。

本书以任务驱动式的形式编写，共计 18 个任务。每个任务的结构包括：任务背景、技能要点、任务需求、任务拓扑、任务实施、疑难故障排除与分析和课后训练。具体来说，每个任务首先给出任务背景，以任务背景的方式导入课程内容；然后对任务进行简要描述，并以"技能要点"形式深入浅出地讲解相关的理论与实践知识；再然后就是任务的具体实现步骤并对整个任务进行一个小结；最后为了加强学习效果，为每个任务配备了课后练习，能使读者理论联系实践，在实践中加深对理论知识的理解。

全书首先介绍了交换网络的规划与设计；其次描述了园区网络中路由网络的组建与配置；最后以园区网络交换技术和路由技术为基础介绍了广域网和网络安全技术。教材采用循序渐进的方式逐步加深、在完成基本训练的基础上汇总和检验前面所学知识与技能。教材内容前后衔接、首尾呼应，构成了一个整体。

本书由黑龙江农业工程职业学院刘静、邢丽任主编。刘静负责编写第 1 篇交换机的配置与管理篇、邢丽负责编写第 3 篇广域网的配置与管理篇，侯南任副主编，编写了任务 8、任务 9 和任务 10，王刃峰、李桂兰、李丽薇、田学志，作为参编，分别编写了任务 11、任务 12、任务 13、任务 14，最后由刘静、邢丽对全书进行统稿。

本书在编写过程中，参考了大量的相关资料，结合了许多同仁的宝贵经验，在此深表感谢。知识浩瀚，编者水平有限，因此不全或不妥之处在所难免，真心期待各位专家、读者的斧正。

编者
2014 年 8 月

目 录 CONTENTS

任务四　跨交换机的 VLAN 内通信　33

任务五　VTP 配置与管理　45

第 2 篇　路由器配置与管理篇

任务十七　DHCP 配置与管理　215

任务十八　NAT 配置与管理　230

第 1 篇

交换机配置与管理篇

任务一
交换机的基本配置

1.1 任务背景

　　某企业的网络管理员在机房对刚出厂的交换机进行初始化配置，虽然交换机在出厂默认状态下能够执行基本功能，但为了保证局域网的安全并优化局域网，网络管理员应对交换机进行优化配置。本任务将从清除交换机的现有配置和创建基本交换机配置两个方面进行学习。

1.2 技能要点

1.2.1 Cisco IOS 简介

　　Cisco 的网际操作系统（Internetwork Operating System，IOS）是网际互连优化的复杂操作系统，是一个与硬件分离的软件体系结构，最早由 William Yeager 在 1986 年编写。随着网络技术的不断发展，它可动态地升级，以适应不断变化的技术。IOS 配置通常是通过基于文本的命令行接口（Command Line Interface，CLI）来进行配置的。

1.2.2 交换机的启动过程

　　在 Cisco 交换机开启电源之后到显示登录提示符的这段时间内，它将经过以下启动顺序。
　　① 交换机从 NVRAM 中加载启动加载器软件。启动加载器是存储在 NVRAM 中的小程序，并在交换机第一次开机时执行。
　　② 启动加载器。
　　③ 执行低级 CPU 子系统的 POST（开机自检）。
　　④ 初始化系统主板上的闪存文件系统。
　　⑤ 将默认操作系统软件镜像加载到内存中，并启动交换机。
　　⑥ 操作系统使用 config.txt 文件运行，该文件存储在交换机的闪存存储器中。
　　注意： 启动加载器还可以在操作系统无法使用的情况下用于访问交换机。启动加载器有一个命令行工具，可用于在操作系统之前访问存储在闪存中的文件。从启动加载器命令行上，可以输入命令来格式化闪存文件系统，重新安装操作系统软件映像，或者在遗失或遗忘口令时进行恢复。

1.2.3　交换机基本接入方式

为了配置或检查交换机，需要将一台计算机连接到交换机上，并建立双方之间的通信。主要有两种接入方式：本地控制台接入和远程 Telnet 接入。在本任务实施中主要介绍本地控制台接入。

1．本地控制台接入硬件连接

使用一根控制台线连接到交换机背面的"Console"端口和计算机背面的串行口"COM"口，如图 1-1 所示，用控制台线缆一端连接到计算机的串行口（如 COM1 口），另一端连接到交换机的 Console 端口。

图 1-1　PC 控制台与交换机连接图

注意：如果没有控制台线，可使用全反线替代，但需要通过 RJ-45 到 DB-9 连接器做转接，全反线一端通过 RJ-45 到 DB-9 连接器与计算机的串行口（如 COM1 口）相连，另一端与交换机的 Console 端口相连。

2．本地控制台接入软件连接

在完成硬件设备的链接后，选择系统下"开始"→"程序"→"附件"→"通讯"→"超级终端"，启动计算机的"超级终端(Hyper Terminal)"程序，会显示一个图 1-2 所示的对话窗口。

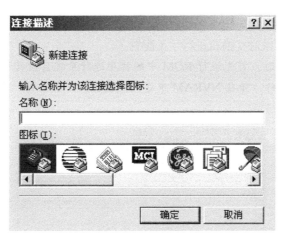

图 1-2　新建连接

第一次建立交换机和超级终端的连接时，首先要为这一连接命名。在下拉菜单中选择连接交换机所使用的 COM 端口，单击"确定"按钮，如图 1-3 所示。

第二个对话窗口出现，如图 1-4 所示。单击"还原为默认值"后，单击"确定"按钮。

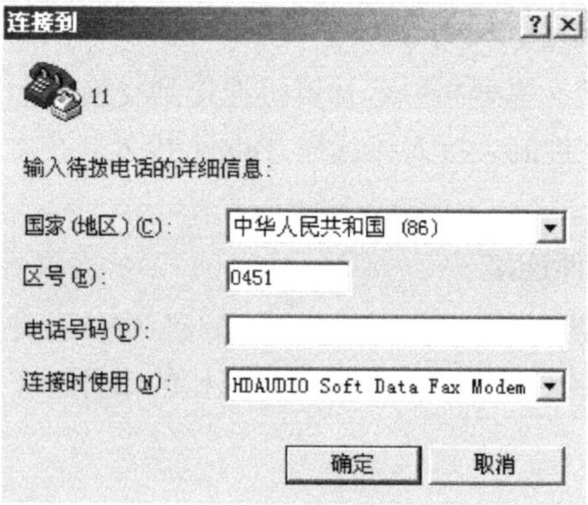

图 1-3　连接端口

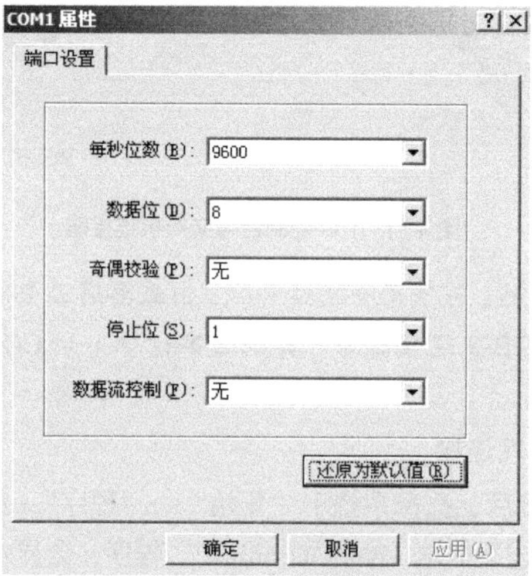

图 1-4　COM1 属性

　　在交换机完成启动，并与超级终端建立连接之后，会出现关于系统配置对话的提示，如图 1-5 所示。此时就可以对交换机进行手工配置了。

　　注意：交换机启动时，首先运行 ROM 中的程序进行系统自检及引导，然后加载 FLASH 中的 IOS 到 RAM 中运行，并在 NVRAM 中寻找交换机的配置文件，将其装入 RAM 中。

图 1-5　超级终端

1.2.4 几种常见配置命令模式

交换机各种配置必须在不同的配置方式下才能完成，Cisco 交换机提供 6 种主要配置模式，如表 1-1 所示。

表 1-1 配置模式名称与提示符对应表

模式名称	提 示 符
用户模式	Switch>
特权模式	Switch#
VLAN 配置模式	Switch(vlan)#
全局配置模式	Switch(config)#
接口配置模式	Switch(config-if)#
线路配置模式	Switch(config-line)#

1．用户模式

交换机初始化完成后，首先要进入一般用户模式，在一般用户模式下，用户只能运行少数的命令，而且不能对交换机进行配置。在没有进行任何配置的情况下，缺省的交换机提示符为：

Switch >

在用户配置模式下键入 "?"，可以查看该模式下所提供的所有命令及其功能，出现的 "--more—" 表示屏幕命令还未显示完，此时可按 "回车键（Enter）" 或者 "空格键" 显示余下的命令。

键入 "回车键"，表示屏幕向下显示一行；键入 "空格键"，表示屏幕向下显示一屏。如果想直接回到提示符，可以使用除 "回车键" 和 "空格键" 之外的其他任意键。

2．特权模式

在用户模式 switch> 下输入 enable 命令可以进入特权配置模式，特权模式的缺省提示符为：

Switch#

在特权模式下可以查看当前设备的大多数配置信息及其状态。若要进行命令参数配置，还需接着进入其他工作模式下。

3．几种模式的进入和退出

第一次使用交换机进行配置时，需要了解几种配置模式的命令及其之间的进入和退出命令。下面是实际的配置命令的使用，并附加有注释说明。

```
Switch>                          //执行用户模式提示符
Switch>enable                    //由用户模式进入特权模式
Switch#                          //特权模式提示符
Switch#configure terminal        //进入全局配置模式
Switch(config)#                  //全局配置模式提示符
Switch(config)#line console 0    //进入线路配置模式
Switch(config-line)#             //线路配置模式提示符
Switch>enable                    //由用户模式进入特权模式
```

```
Switch#exit                         //返回到上一级模式
Switch(config)#                     //全局配置模式提示符
Switch(config)#interface f0/1       //进入接口配置模式，f0/1用于识别交换
                                      机的端口，其表示形式为端口类型模块/端口
Switch(config-if)#                  //接口配置模式提示符
Switch(config-if)# ctrl+z           //直接返回到特权模式
Switch#                             //特权模式提示符
Switch#vlan database                // 进入VLAN配置模式
Switch(VLAN)#                       //VLAN配置模式提示符
```

注意：在配置模式中，输入的命令只要一按回车键就立刻生效，操作都是在内存中执行的。按 Ctrl+Z 组合键可以直接从任何配置模式退出到特权 EXEC 模式。输入 exit 命令可以退出现在所处的配置模式。

1.2.5 设置交换机的名称

配置交换机时，首先在命令行提示符下对交换机命名，这样有助于进行网络管理，能够唯一地标识网络中的每台交换机，命令格式为 hostname name，可以更改命令行提示符（交换机名称）。具体配置步骤如下。

```
Switch> enable
Switch# config t
Switch(config)# hostname  S1
S1(config) #
```

1.2.6 设置交换机的 IP 地址、子网掩码和默认网关

二层交换机是工作在数据链路层上的，只有 MAC 地址，物理接口没有 IP 地址。但它可以设置虚拟接口的 IP 地址，是为了方便管理而配置的。配置 IP 地址以后，用户可以从网络的任何位置 Telnet 远程登录到交换机上对其进行管理。配置 IP 地址后，用户也可以通过 Web 访问交换机对其进行管理。这个 IP 地址仅用于管理，不属于交换机的任何端口。

交换机 IP 地址、子网掩码和默认网关的配置方法如下。管理员可以为每个 VLAN 提供一个管理地址，进入 VLAN 接口后使用 **ip address** *address netmask* 命令可以对此 VLAN 的 IP 地址和子网掩码进行配置（在没有划分 VLAN 之前，交换机中默认存在 VLAN1），交换机的 IP 地址使用 192.168.1.1，子网掩码使用 255.255.255.0，默认网关使用 192.168.1.254，具体配置步骤如下。

```
Switch> enable
Switch# config t
Switch(config)# int vlan 1
Switch(config-if)# ip address 192.168.1.1 255.255.255.0
Switch(config-if)#no shut
Switch(config-if)#exit
Switch(config)# ip default-gateway 192.168.1.254 （默认网关）
```

1.2.7　设置交换机的各种密码

交换机和路由器都需要安全保证，及时配置合理安全的密码是很有必要的。如果这个密码忘记了怎么办呢？在 Cisco 设备中有几种访问密码的配置，其中包括：Console 进行本地访问的控制台密码，通过 Telnet 终端访问的远程登录密码和默认的特权模式的访问密码。

1．Console 访问密码的设置

Console 访问密码是在线路配置模式下使用命令 password　**password** 命令实现配置的，具体配置步骤如下。

```
Switch> enable
Switch# config t
Switch(config)# line  console  0
Switch(config-line)#password  Cisco          //此处将密码设置为 Cisco，
                                                注意密码区分大小写
Switch(config-line)#login                     //实现密码存在并生效的功能
Switch(config-line)#end
Switch#copy running-config  startup-config //把当前运行配置文件保存
                                                到启动配置文件中
```

如果取消上面所配置的密码，可以在线路配置模式下使用 no　password 命令删除。具体配置步骤如下。

```
Switch> enable
Switch# config t
Switch(config)# line console 0
Switch(config-line)#no  password  Cisco
Switch(config-line)#exit
Switch(config)#
```

2．Telnet 远程访问密码的配置

使用 Telnet 远程登录交换机所设置的密码的配置方法和步骤，与前面介绍的 Console 本地访问密码的配置一样，关键是其要进入到 VTY 虚拟线路配置模式下，具体配置步骤如下。

```
Switch> enable
Switch# config t
Switch(config)# line vty 0 15                  //进入到 0~15 号共 16 条虚拟
                                                线路配置模式下
Switch(config-line)#password  Cisco123         //此处将密码设置为 Cisco123，
                                                注意密码区分大小写
Switch(config-line)#login                      //实现密码存在并生效的功能
Switch(config-line)#end
Switch#copy  running-config  startup-config //把当前运行配置文件保
                                                存到启动配置文件中
```

如果取消上面所配置的密码，可以在线路配置模式下使用 no　password 命令删除。

3．特权模式密码（使能模式密码）配置

特权模式密码是当用户从用户模式进入到特权模式时使用的密码，此密码有明文和暗文两种配置方式。当两种方式同时设置时，暗文方式的密码生效，明文方式的密码无效，具体配置步骤如下。

（1）配置明文方式的特权模式密码

```
Switch> enable
Switch# config t
Switch(config)#enable password Cisco456 //此处将密码设置为Cisco456,
                                          注意密码区分大小写
Switch(config)#exit
Switch#copy running-config startup-config //把当前运行配置文件保存
                                           到启动配置文件中
```

（2）配置暗文方式的特权模式密码

```
Switch> enable
Switch# config t
Switch(config)#enable secret Cisco789 //此处将密码设置为Cisco789,
                                        注意密码区分大小写
Switch(config)#exit
Switch#copy running-config startup-config //把当前运行配置文件保存
                                           到启动配置文件中
```

暗文方式的密码是不能删除的。如果想取消上面所配置的明文方式的密码，可以在全局配置模式下使用 no enable password 命令删除。

1.3 任务需求

本任务中，要求完成检查并配置一台独立局域网交换机任务。虽然交换机在出厂默认状态下能够执行基本功能，但为了保证局域网的安全，要求网络管理员应当完成清除交换机的现有配置、创建基本交换机配置。

1.4 任务拓扑

初始化交换机配置如图 1-6 所示。配置地址表如表 1-2 所示。

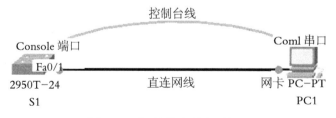

图 1-6 初始化交换机配

表 1-2　配置地址表

设备	接口	IP 地址	子网掩码	默认网关
S1	VLAN 1	192.168.1.1	255.255.255.0	192.168.1.254
PC1	网卡	192.168.1.10	255.255.255.0	192.168.1.254

1.5　任务实施

1.5.1　清除交换机的现有配置

（1）键入 enable 命令进入特权模式。单击交换机 S1，然后单击 CLI 选项卡。在 Switch>
提示符下输入 enable 命令，进入到特权模式。

```
Switch>enable
Switch#
```

（2）删除 VLAN 数据库信息文件。VLAN 数据库信息与配置文件分开存储，以 vlan.dat
文件名存储在闪存中。删除 VLAN 文件时，请在特权模式下使用命令 delete flash：vlan.dat。

```
Switch#delete flash: vlan.dat
Delete filename [vlan.dat]? [Enter]
Delete flash: vlan.dat? [confirm] [Enter]
```

（3）将 NVRAM（非易失的随机存储器）中的启动配置文件删除。

```
Switch#erase startup-config
Erasing the nvram filesystem will remove all configuration files!
Continue?[confirm] [Enter]
 [OK]
Erase of nvram: complete
```

（4）确认 VLAN 信息是否已删除。在特权模式下使用 show vlan 命令检查是否确实删除
了 VLAN 配置，查看结果如图 1-7 所示。

```
Switch#show vlan brief
```

```
VLAN Name                             Status    Ports
---- -------------------------------- --------- -------------------------------
1    default                          active    Fa0/1, Fa0/2, Fa0/3, Fa0/4
                                                Fa0/5, Fa0/6, Fa0/7, Fa0/8
                                                Fa0/9, Fa0/10, Fa0/11, Fa0/12
                                                Fa0/13, Fa0/14, Fa0/15, Fa0/16
                                                Fa0/17, Fa0/18, Fa0/19, Fa0/20
                                                Fa0/21, Fa0/22, Fa0/23, Fa0/24
10   VLAN10                           active
30   VLAN30                           active
1002 fddi-default                     active
1002 fddi-default                     active
1003 token-ring-default               active
1004 fddinet-default                  active
1005 trnet-default                    active
```

图 1-7　显示 VLAN 信息

VLAN 信息仍在交换机上，执行下一步骤予以清除。

任务一　交换机的基本配置

（5）重新加载交换机。在特权模式提示符下，输入 reload 命令执行重新加载交换机。

```
Switch#reload
Proceed with reload? [confirm] [Enter]
%SYS-5-RELOAD: Reload requested by console.Reload Reason: Reload
Command。
<output omitted>      //此处为系统提示信息
Press RETURN to get started! [Enter]
Switch>
```

1.5.2 创建基本交换机配置

（1）配置交换机的名称。进入全局配置模式，使用命令 hostname S1 配置交换机的名称，具体配置步骤如下。

```
Switch> enable
Switch# config t
Switch(config)# hostname  S1
S1(config) #
```

（2） 配置本地登录和远程访问密码。进入控制台线路配置模式。设置控制台密码为 Cisco123，设置 VTY 线路密码为 Cisco456，具体配置步骤如下。

```
S1#configure terminal
S1(config)#line console 0
S1(config-line)#password Cisco123
S1(config-line)#login
S1(config-line)#line  vty  0  15
S1(config-line)#password Cisco456
S1(config-line)#login
S1(config-line)#exit
S1(config)#
```

（3）配置特权模式暗文密码为 Cisco_789，具体配置步骤如下。

```
S1#configure  terminal
S1(config)#enable  secret  Cisco_789
S1(config)#exit
S1#
```

（4）配置交换机的管理 IP 地址。在交换机上，VLAN1 的 IP 地址设置为 192.168.1.1，子网掩码为 255.255.255.0，具体配置步骤如下。

```
S1(config)#interface  vlan1
S1(config-if)#ip  address  192.168.1.1  255.255.255.0
S1(config-if)#no  shutdown
S1(config-if)#exit
```

（5）设置交换机默认网关。S1 是第二层交换机，因此它根据数据链路层的报头做出转发决策。但如果多个网络连到一台交换机，则路径必须由网络层的设备确定。需要在交换机上指定默认网关地址，由这个地址指向路由器或第三层交换机。默认网关即为第三层设备 LAN 接口的 IP 地址，假设路由器上的 LAN 接口 IP 地址为 192.168.1.254，那么这个地址为交换机的默认网关，具体配置步骤如下。

```
S1(config)#ip default-gateway 192.168.1.254
S1(config)#exit
S1#
```

（6）配置 PC1 的 IP 地址和默认网关。将 PC1 的 IP 地址设置为 192.168.1.10，子网掩码设置为 255.255.255.0。配置默认网关为 192.168.1.254。单击 PC1→ Desktop（桌面）选项卡→IP 配置，输入上述编址参数。

（7）保存配置。如果已经完成交换机的基本配置，现在需要将运行配置文件备份到 NVRAM 中，确保所做的变更不会因系统重启或断电而丢失，具体配置步骤如下。

```
S1#copy  running-config  startup-config
Destination filename [startup-config]?[Enter]
Building configuration...
[OK]
S1#
```

（8）检验连通性。要检验主机和交换机的配置是否正确，请从 PC1 Ping 交换机。如果 Ping 不成功，请排除交换机和主机的配置故障。

1.6　疑难故障排除与分析

1.6.1　常见故障现象

1．现象一

操作任务一清除交换机的现有配置过程中，没有将启动配置文件彻底删除，导致在配置交换机管理 IP 地址时，出现 IP 地址冲突，配置不成功的现象。

2．现象二

密码配置时，没有注意区分大小写，导致提示使用密码登录错误的现象。

3．现象三

在检查连通性时，出现测试不连通的现象。

1.6.2　故障解决方法

1．现象一解决方法

现象一的解决方法主要有两种方式。

方案一：可以再进行一次启动配置文件的删除操作。

方案二：在接口配置模式下使用命令no ip address 删除现有的 IP 地址，再重新配置新的 IP 地址。

2．现象二解决方法

密码配置时，要注意区分大小写，在退出系统前，一定要进行所配置密码的校验。

3．现象三解决方法

如果测试出现连通性问题，可以考虑从硬件到软件的排除思想。首先检查硬件接口及线缆的连接是否存在问题，线缆的有效性可以通过硬件指示灯或线缆测试仪测试的方式实现，在硬件检查无误后，检查软件。在软件方面的查看，主要查看交换机的管理 IP 地址和 PC 机的 IP 地址是否在同一网段下。

1.7 课后训练

请读者熟悉交换机的基本配置。

1.7.1 训练目的

熟悉交换机的各种配置模式，熟练 hostname、enable password、enable secret、config terminal 等基本配置命令的使用，学会帮助的使用，记住常用的快捷键。

1.7.2 训练拓扑

拓扑结构如图 1-8 所示。

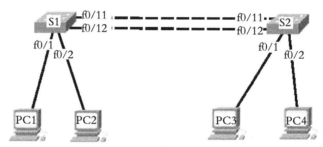

图 1-8 拓扑结构图

1.7.3 训练要求

（1）根据拓扑结构图进行网络布线。

（2）根据拓扑设计网络设备的 IP 编址情况，填写表 1-3 所示地址分配表。

表 1-3 地址分配表

设备名称	接　　口	IP 地址	子网掩码	默认网关
S1	VLAN 1			
S2	VLAN 1			
PC1	网卡			
PC2	网卡			
PC3	网卡			
PC4	网卡			

（3）删除交换机现有配置。

（4）执行交换机上的基本配置。

① 配置交换机名字分别为 S1 和 S2。

② 配置交换机 S1、S2 的特权加密密码为 Cisco_123。

③ 配置交换机 S1、S2 的控制台接入方式密码为 Cisco_456。

④ 配置交换机 S1、S2 的远程登录方式密码为 Cisco_789。

⑤ 配置交换机 S1、S2 的管理 IP 地址和默认网关。

⑥ 配置 4 台 PC 机的 IP 地址、子网掩码和默认网关。

⑦ 配置进行存盘操作。

PART 2

任务二 交换机端口安全配置

2.1 任务背景

网络安全是一个复杂而且不断变化的话题。在完成交换机基本配置之后，还需要确保交换机的安全，不给攻击者留下任何可乘之机。某校园网的网络管理员对近来网络中出现的 ARP 病毒非常苦恼，因为 ARP 病毒不但可以修改端口 MAC 地址与 IP 地址的映射关系，还能修改网关 MAC 地址与 IP 地址的映射关系，导致师生不能上网。管理员纷纷查找有效的解决方案，但基于软件的解决方案只能做到事发后的补救，并不能起到有效预防。本任务将重点介绍端口与固定 MAC 地址的绑定和端口与固定 MAC 地址和固定 IP 地址的绑定两种 Cisco 交换机端口绑定方案。

2.2 技能要点

2.2.1 MAC 地址

MAC(Media Access Control)地址，或称为物理地址、硬件地址，用来定义网络设备的位置。在 OSI 网络模型中，第三层网络层负责 IP 地址，第二层数据链路层则负责 MAC 地址。因此，一个主机会有一个 IP 地址，而每个网络会有一个专属于它的 MAC 地址。MAC 地址是由 48 位二进制组成的，通常用 12 位十六进制的数表示，如 44-45-53-54-AB-01。形象地说，MAC 地址就如同身份证号码，具有全球唯一性。

在 Windows 2000/XP/Vista/7/8 系统中，单击“开始”，单击“运行”，输入“cmd”，进入后在提示符下输入 ipconfig /all 即可查看，如图 2-1 所示。

```
C:\>ipconfig/all

Windows IP Configuration

        Host Name . . . . . . . . . . . . : a03a4039eef449e
        Primary Dns Suffix  . . . . . . . :
        Node Type . . . . . . . . . . . . : Unknown
        IP Routing Enabled. . . . . . . . : No
        WINS Proxy Enabled. . . . . . . . : No

Ethernet adapter 本地连接:

        Connection-specific DNS Suffix  . :
        Description . . . . . . . . . . . : Broadcom NetLink (TM) Gigabit Ethern
et
        Physical Address. . . . . . . . . : 00-26-9E-6F-12-48
        Dhcp Enabled. . . . . . . . . . . : No
        IP Address. . . . . . . . . . . . : 192.168.5.147
        Subnet Mask . . . . . . . . . . . : 255.255.255.0
        Default Gateway . . . . . . . . . : 192.168.5.254
        DNS Servers . . . . . . . . . . . : 202.97.224.68
```

图 2-1　MAC 地址的查看

2.2.2 安全 MAC 地址类型

1. 静态安全 MAC 地址

静态 MAC 地址是使用 switchport port-security mac-address *mac-address* 接口配置命令的。此方法配置的 MAC 地址存储在地址表中,并添加到交换机的运行配置文件中。

2. 动态安全 MAC 地址

动态 MAC 地址是动态获取的,并且仅存储在地址表中。以此方式配置的 MAC 地址在交换机重新启动时将被移除。

3. 粘滞安全 MAC 地址

可以将端口配置为动态获得 MAC 地址,然后将这些 MAC 地址保存到运行配置中。

(1)当使用 switchport port-security mac-address sticky 接口配置命令在接口上启用粘滞获取时,接口将所有动态安全 MAC 地址(包括那些在启用粘滞获取之前动态获得的 MAC 地址)转换为粘滞安全 MAC 地址,并将所有粘滞安全 MAC 地址添加到运行配置中。

(2)当使用 switchport port-security mac-address sticky *mac-address* 接口配置命令配置粘滞安全 MAC 地址时,这些地址将添加到地址表和运行配置中。

2.2.3 端口安全性默认设置

Cisco 交换机上的端口都预先配置了默认设置,如表 2-1 所示。

表 2-1　交换机端口默认配置

功　　能	默认设置
端口安全性	在端口上禁用
安全 MAC 地址的最大数量	1
违规模式	关闭。当超过安全 MAC 地址的最大数量时,端口关闭,同时发出 SNMP 陷阱通知
粘滞地址获取	禁用

2.2.4 配置动态端口安全性

表 2-2 所示为动态端口的安全性配置解释。

表 2-2　动态端口安全性配置解释

命　　令	CLI 命令解释
S1#configure terminal	进入到全局配置模式
S1(config)#interface fastEthernet 0/1	指定要配置的物理接口类型和编号,进入接口配置模式
S1(config-if)#switchport mode access	将接口模式设置为 access 接入模式
S1(config-if)#switchport port-security	在接口上启用端口安全性
S1(config-if)#end	返回特权模式
S1#	

2.2.5 配置粘滞端口安全性

粘滞端口安全性配置详解如表 2-3 所示。

表 2-3 粘滞端口安全性配置详解

命　　令	CLI 命令解释
S1#configure terminal	进入到全局配置模式
S1(config)#interface fastEthernet 0/1	指定要配置的物理接口类型和编号，进入接口配置模式
S1(config-if)#switchport mode access	将接口模式设置为 access 接入模式
S1(config-if)#switchport port-security	在接口上启用端口安全性
S1(config-if)#switchport port-security maximum 1	将安全地址的最大数量设置为 1
S1(config-if)#switchport port-security mac-address sticky	使用粘滞的方式获取 MAC 地址
S1(config-if)# switchport port-security violation shutdown	配置端口在发生端口安全违规事件时自动关闭

2.2.6 保护未使用的交换机端口

网络中有一台 24 端口的 Cisco 2960 交换机，现有 3 个端口已被使用，21 个未使用的端口如何处理？根据良好安全规范要求，很多网络管理员所采用的一种简单方法就是禁用网络交换机上所有未使用的端口，可帮助他们保护网络，使其免受未经授权的访问。

禁用交换机上的多个端口主要有两种方式，第一种方式是进入到每一个未使用的端口的接口配置模式，在当前模式提示符下使用 shutdown 命令即可；另一种关闭多个端口的方法是使用 interface range 命令进入到多个端口的接口配置模式，然后使用命令 shutdown 对多个端口统一进行关闭操作，具体配置如下所示。

```
关闭 F0/4~F0/24 端口，保护未使用的交换机端口
方法一：在每个端口上进行关闭操作
Switch> enable
Switch# config t
Switch(config)# int f0/4
Switch(config-if)# shut
Switch(config)# int f0/5
Switch(config-if)# shut
Switch(config)# int f0/6
Switch(config-if)# shut
……
Switch(config)# int f0/24
Switch(config-if)# shut
--------------------------------------------------------------------
方法二：在一组连续的端口上进行关闭操作
```

```
Switch> enable
Switch# config t
Switch(config)# int range f0/4 - 24
Switch(config-if-range)# shut
```

2.3 任务需求

1. 交换机基本配置
2. 配置交换机动态端口安全性
3. 测试交换机动态端口安全性
4. 保护交换机未使用端口的安全

2.4 任务拓扑

交换机端口安全配置拓扑结构如图 2-2 所示。地址表如表 2-4 所示。

图 2-2 交换机端口安全配置拓扑结构图

表 2-4 地址表

设 备	接 口	IP 地址	子网掩码
S1	VLAN 1	192.168.1.1	255.255.255.0
PC1	网卡	192.168.1.10	255.255.255.0
PC2	网卡	192.168.1.20	255.255.255.0

2.5 任务实施

2.5.1 交换机的基本配置

步骤 1：从 PC1 建立到 S1 的控制台连接。

步骤 2：配置交换机的名字为 S1。

```
Switch>enable
Switch#config t
Switch(config)#hostname S1
```

```
S1(config)#
```
步骤 3：配置交换机特权模式加密口令为 xinxi_411。
```
S1(config)#enable  secret  xinxi_411
S1(config)#
```
步骤 4：配置远程访问和本地访问的口令并要求用户通过口令登录，远程访问口令设置为 wangluo_411，本地访问口令设置为 Cisco_123。
```
S1(config)#line console  0
S1(config-line)#password Cisco_123     //本地访问口令配置
S1(config-line)#login
S1(config-line)#line vty  0  15
S1(config-line)#password  wangluo_411    //远程访问口令配置
S1(config-line)#login
S1(config-line)#exit
S1(config)#
```
步骤 5：配置交换机的管理 IP 地址。

在交换机上 VLAN1 的 IP 地址设置为 192.168.1.1，子网掩码为 255.255.255.0。具体配置步骤如下。
```
S1(config)#interface vlan1
S1(config-if)#ip address 192.168.1.1  255.255.255.0
S1(config-if)#no shutdown
S1(config-if)#exit
```
步骤 6：配置 PC1、PC2 的 IP 地址。

按照地址表配置 PC1、PC2 的 IP 地址和子网掩码。

步骤 7：保存配置。

如果已经完成交换机的基本配置，现在需要将运行配置文件备份到 NVRAM 中，确保所做的变更不会因系统重启或断电而丢失，具体配置步骤如下。
```
S1#copy running-config startup-config
Destination filename [startup-config]?[Enter]
Building configuration...
[OK]
S1#
```

2.5.2 配置交换机动态端口安全性

步骤 1：进入 F0/1 的接口配置模式并启用端口安全性。

首先必须启用端口安全性，才能在接口上使用其他端口安全性命令，具体配置步骤如下。
```
S1(config)#interface  fa0/1
S1(config-if)#switchport port-security
```
步骤 2：配置允许的 MAC 地址最大数量。

配置端口，使其只允许学习一个 MAC 地址，请将 maximum 设置为 1，具体配置步骤如下。

```
S1(config-if)#switchport port-security maximum 1
```

步骤 3：使用粘滞的方式配置端口，将 MAC 地址添加到运行配置中，具体配置步骤如下。

```
S1(config-if)#switchport port-security mac-address sticky
```

步骤 4：配置端口在发生端口安全违规事件时自动关闭。

如果不配置以下命令，则 S1 只会将违规事件登记在端口安全性统计信息中，而不会关闭端口，具体配置步骤如下。

```
S1(config-if)#switchport port-security violation shutdown
```

步骤 5：在 PC1 下使用 Ping 命令进行发包测试，并使用命令 show mac-address-table 查看 S1 是否已经学习 PC1 的 MAC 地址，具体配置步骤如下：从 PC1 Ping S1。

```
S1#show mac-address-table    //查看 S1 的 MAC 地址表
Mac Address Table
-------------------------------------------

Vlan  Mac Address  Type  Ports
----  -----------  --------  -----

1  0060.5c5b.cd23  STATIC  Fa0/1
-------------------------------------------
S1#show running-config
<output omitted>
interface FastEthernet0/1
switchport access vlan 1
switchport mode access
switchport port-security
switchport port-security mac-address sticky
switchport port-security mac-address sticky 0060.5C5B.CD23
<省略部分输出>
```

2.5.3　测试交换机动态端口安全性

步骤 1：拆除 PC1 与 S1 之间的连接，将 PC2 与 S1 相连。

测试端口安全性时，请拆除 PC1 与 S1 之间的以太网连接。将 PC2 连接到 S1 的 Fa0/1。等待琥珀色链路指示灯变绿，然后从 PC2 Ping S1。交换机端口随后应当自动关闭。

注意：如果不小心拆除了控制台电缆连接，只需重新连上。

步骤 2：确认端口安全性是导致端口关闭的原因。

要确认端口关闭的原因与端口安全性有关，输入命令 show interface Fa0/1 进行查看，具体配置步骤如下。

```
S1#show interface fa0/1
FastEthernet0/1 is down, line protocol is down (err-disabled)
Hardware is Lance, address is 0090.213e.5712 (bia 0090.213e.5712)
<省略部分输出>
```

通过查看信息可以得出，由于交换机端口从不同于已学习到的 MAC 地址的 PC 机中接收到帧而发生错误（Err），致使线路协议关闭，因而 Cisco IOS 系统软件关闭了（Disabled）该端口。

步骤 3：恢复 PC1 与 S1 之间的连接并重置端口安全性。

注意： 尽管已重新连上端口 F0/1 所允许的 PC1，但是端口仍处在关闭状态。对于发生安全违规事件的端口，必须手动将其激活。方法是先将端口手动关闭 Shutdown，然后使用命令 no shutdown 命令开启端口。具体配置步骤如下。

```
S1(config)#int f0/1
S1(config-if)#shutdown
%LINK-5-CHANGED: Interface FastEthernet0/1, changed state to
administratively down
S1(config-if)#no shutdown
%LINK-5-CHANGED: Interface FastEthernet0/1, changed state to up
%LINEPROTO-5-UPDOWN: Line protocol on Interface FastEthernet0/1, changed
state to up
%LINEPROTO-5-UPDOWN: Line protocol on Interface Vlan1, changed state to up
S1(config-if)#exit
S1(config)#
```

步骤 4：从 PC1 Ping S1，测试其间的连通性。

从 PC1 应当能成功 Ping 通 S1。

2.5.4 保护交换机未使用端口的安全

为了防止未经授权访问网络的现象，许多管理员使用的一个简单方法是：禁用网络交换机上的所有未使用端口。

步骤 1：禁用 S1 上的接口 Fa0/2。进入 FastEthernet 0/2 的接口配置模式，关闭该端口。具体配置步骤如下。

```
S1(config)#interface fa0/2
S1(config-if)#shutdown
```

步骤 2：将 PC2 连接到 S1 上的 Fa0/2 端口，测试该端口已被关闭。将 PC2 连接到 S1 上的 Fa0/2 接口。请注意链路指示灯为红色，PC2 无权访问网络。

2.6 疑难故障排除与分析

2.6.1 常见故障现象

1．现象一

在 S1 上使用命令 show mac-address-table 时，发现查看到的 MAC 地址表信息是空的。

```
S1#show mac-address-table    //查看 S1 的 MAC 地址表
Mac Address Table
-------------------------------------------
Vlan  Mac Address  Type  Ports
```

```
----    -----------    --------   -----
```

2. 现象二

在 S1 上使用命令 show mac-address-table 时，发现查看到的 MAC 地址表信息中的 Type 字段为 Dynamic（动态）。

```
S1#show mac-address-table    //查看 S1 的 MAC 地址表
Mac Address Table
-------------------------------------------
Vlan  Mac Address  Type  Ports
----  -----------  --------  -----
1  0060.5c5b.cd23  DYNAMIC  Fa0/1
-------------------------------------------
```

3. 现象三

重新连上交换机 S1 的端口 F0/1 所允许的 PC1，但是端口仍处在关闭状态，指示灯依然还是红色。

2.6.2 故障解决方法

1. 现象一解决方法

在 S1 上使用命令 show mac-address-table 前，一定要在 PC1 上使用 Ping 命令进行发包测试。只有经过发包测试后，交换机才能学习到 PC1 的 MAC 地址。

2. 现象二解决方法

在 S1 上使用命令 show mac-address-table 后，查看结果中如果 Type 类型为 Dynamic 动态类型，证明 PC1 的地址没有被粘滞上，所以需要清空 MAC 地址后，重新进行 MAC 地址的粘滞操作。

3. 现象三解决方法

对于发生安全违规事件的端口，必须手动将其激活。方法是：先将端口手动关闭 Shutdown，然后使用命令 no shutdown 命令开启端口，具体配置步骤如下。

```
S1(config)#int f0/1
S1(config-if)#shutdown
%LINK-5-CHANGED: Interface FastEthernet0/1, changed state to
administratively down
S1(config-if)#no shutdown
%LINK-5-CHANGED: Interface FastEthernet0/1, changed state to up
%LINEPROTO-5-UPDOWN: Line protocol on Interface FastEthernet0/1, changed
state to up
%LINEPROTO-5-UPDOWN: Line protocol on Interface Vlan1, changed state to up
S1(config-if)#exit
S1(config)#
```

2.7 课后训练

请读者自行练习交换机端口的安全配置。

2.7.1 训练目的

完成交换机基本配置管理，包括通用维护命令、口令和端口安全性。在复习以前掌握的技能的基础上，重点进行交换机端口安全配置。

2.7.2 训练拓扑

拓扑结构如图2-3所示。

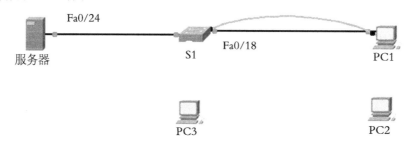

图2-3　拓扑结构图

2.7.3 训练要求

（1）根据拓扑图进行网络布线。

（2）根据拓扑设计，填写表2-5所示的地址。

表2-5　网络设备的IP编址情况表

设备名称	接口	IP地址	子网掩码
S1	F0/18		
PC1	网卡		
PC2	网卡		
服务器	网卡		

（3）执行交换机上的基本配置，具体如下。

① 配置交换机名字分别为S1。

② 配置交换机S1的特权加密密码为Cisco_123。

③ 配置交换机S1的控制台接入方式密码为Cisco_456。

④ 配置交换机S1的远程登录方式密码为Cisco_789。

⑤ 配置交换机S1的管理IP地址和子网掩码。

⑥ 配置2台PC机和1台服务器的IP地址、子网掩码。

⑦ 对配置进行存盘操作。

（4）配置端口安全性，将PC1所连接的交换机端口F0/18做如下的安全设置。

① 启用端口安全。

② 只允许一个MAC地址。

③ 将第一个学习的MAC地址配置为"粘滞"到配置中。

④ 设置端口在出现安全违规时关闭。

⑤ 强制 S1 学习 PC1 的 MAC 地址。

⑥ 查看 S1 的 MAC 地址表信息。

（5）拆除 S1 与 PC1 之间的 F0/18 连接，将 PC2 连接到 F0/18 端口，等待链路指示灯变绿，然后从 PC2 向 S1 发送 Ping，使端口出现违规关闭状态。

（6）重新连接 PC1 并重新启用端口 F0/18。

（7）保护未使用端口的安全，禁用 S1 上目前未使用的全部端口。

任务三
交换机系统的备份与恢复

3.1 任务背景

通过前面任务的学习，读者已经对 Cisco IOS 系统有了初步的认识。然而在网络管理员日常的网络设备管理中，对使用的 Cisco 交换机中的 IOS 系统软件进行备份、恢复和升级成为工作中必不可少的技能。某网络管理员遇到下面的问题，公司网络中有两台 Cisco2960 交换机的 IOS 系统出了故障，但这两台设备均已经过了保质期，如果通过厂商维修，则维修价格太高，所以要求网络管理员自己解决，因此，如何解决该问题就是本次任务所要介绍的重点内容。

3.2 技能要点

3.2.1 显示可用的 IOS 文件系统

Cisco IOS 是一个在路由器和交换机上运行的网络操作系统,如同 PC 上所运行的 Windows XP、Windows 2003、Windows 7 系统一样，也要有相应的文件系统，如常用的 Windows 系统的 FAT32、NTFS 文件系统格式。由于 Cisco 交换机中的系统软件也可以在不同的存储介质中存放，所以就有了不同的文件系统格式。IOS 软件默认保存在交换机的 Flash（闪存）存储器中，所以对应的文件系统名称就是 flash。闪存文件系统可以用来单独存储文件的闪存设备，提供了用来管理 IOS 软件映像和配置的命令。

在维护交换机文件系统时，可能经常要查看交换机上现有的文件系统的版本，以便决定是否需要系统升级，可以在特权模式下使用命令 show file systems 在交换机上显示可用的文件系统。下面将在 Catalyst-3560 系列交换机上执行命令 show file systems，具体配置如下所示。

```
Switch>en
Switch#show file systems
File Systems:

     Size(b)       Free(b)      Type Flags Prefixes
*    64016384      55098373     flash    rw   flash:
     29688         23590        nvram    rw   nvram:
Switch#
```

具体输出信息描述如表 3-1 所示。

表 3-1　字段功能描述

字　　　段	功能描述
Size(byte)	以字节表示文件系统总容量大小
Free(byte)	以字节表示文件系统空闲容量大小
Type(类型)	文件系统类型： Flash：闪存设备的文件系统 NVRAM：NVRAM 设备的文件系统
Flags(标记)	文件系统访问权限： RO：只读 RW：读/写 WO：只可以写
Prefixes(前缀)	文件系统别名，指示相应文件系统的可用磁盘 Flash：闪存文件系统 NVRAM：非易失性随机存储器系统

3.2.2　Cisco IOS 映像文件

Cisco IOS 系统映像文件是一个以 ".bin" 为文件扩展名的二进制软件包，默认存储在系统闪存中。如果管理员想要升级设备中现有的 IOS 系统到最新的版本，可以在 Cisco 官网上下载或购买，不过不同版本的 IOS 映像文件适合的 IOS 系统不一样，所以要在备份和升级前确定设备当前所用的 IOS 版本。通常在用户或特权模式下使用 **show version** 命令查看交换机当前运行的 IOS 软件版本、交换机硬件和固件版本。下面是在 Cisco Catalyst 3560 交换机上执行该命令的输出结果，在其中显示了该型号交换机当前主要的软/硬件配置信息。

```
Switch>show version
Cisco IOS Software, C3560 Software (C3560-ADVIPSERVICESK9-M),
Version 12.2(37)SE1, RELEASE SOFTWARE (fc1)   //显示 IOS 版本信息
Copyright (c) 1986-2007 by Cisco Systems, Inc.
Compiled Thu 05-Jul-07 22: 22 by pt_team
Image text-base: 0x00003000, data-base: 0x01500000
ROM: C3560 Boot Loader   //显示 ROM 中的启动程序
(C3560-HBOOT-M) Version 12.2(25r)SEC, RELEASE SOFTWARE (fc4)
System returned to ROM by power-on
This product contains cryptographic features and is subject to United
States and local country laws governing import, export, transfer and
use. Delivery of Cisco cryptographic products does not imply
third-party authority to import, export, distribute or use
encryption.
Importers, exporters, distributors and users are responsible for
compliance with U.S. and local country laws. By using this product you
```

agree to comply with applicable laws and regulations. If you are unable

to comply with U.S. and local laws, return this product immediately.

A summary of U.S. laws governing Cisco cryptographic products may be found at:

http://www.Cisco.com/wwl/export/crypto/tool/stqrg.html

If you require further assistance please contact us by sending email to export@Cisco.com.

Cisco WS-C3560-24PS (PowerPC405) processor (revision P0) with 122880K/8184K bytes of memory. //显示系统中处理器名称、总的内存容量和当前可用的内存容量

Processor board ID CAT1037RJF7   //显示处理器板 ID

24 FastEthernet/IEEE 802.3 interface(s)   //显示交换机的快速以太网接口数

2 Gigabit Ethernet/IEEE 802.3 interface(s) //显示交换机千兆以太网接口数

63488K bytes of flash-simulated non-volatile configuration memory.

Base ethernet MAC Address   : 0030.A345.EB13 //显示交换机的基础 MAC 地址

Motherboard assembly number   : 73-9673-09   //显示主板安装号

Power supply part number   : 341-0029-05

Motherboard serial number   : CAT103758VY

Power supply serial number   : DTH1036C7UB

Model revision number   : P0

Motherboard revision number   : A0

Model number   : WS-C3560-24PS-E

System serial number   : CAT1037RJF7

Top Assembly Part Number   : 800-26380-04

Top Assembly Revision Number   : B0

Version ID   : V06

CLEI Code Number   : COM1100ARC

Hardware Board Revision Number : 0x01

Switch	Ports	Model	SW Version	SW Image
* 1	26		WS-C3560-24PS	12.2(37)SE1

C3560-ADVIPSERVICESK

//显示交换机的端口数、型号、IOS 版本号和 IOS 映像名

Configuration register is 0xF

3.2.3 使用 TFTP 服务器备份 IOS 映像

1. TFTP 服务器备份映像文件前的准备工作

在开始使用 TFTP 服务器备份映像文件之前，需要做好以下准备工作。

（1）确保 TFTP 服务器已经进行了适当的配置。

（2）确保交换机和 TFTP 服务器位于同一个网络中，且使用 Ping 命令测试交换机到 TFTP 服务器之间的网络是连通的。

（3）确保在 TFTP 服务器上预留出备份映像文件的可以存储空间。

2. 备份 IOS 映像到 TFTP 服务器

在交换机特权模式下使用命令 copy flash tftp 进行 IOS 操作系统的备份，具体配置如下所示。

```
S1#copy flash tftp
Source filename[c2960-lanbasek9-mz.122-44.SE6.bin]?
c2960-lanbasek9- mz.122-44.SE6/c2960-lanbasek9-mz.122-44.SE6.bin
Address or name of remote host []? 192.168.1.1
Destination filename [c2960-lanbasek9-mz.122-44.SE6.bin]?
!!!!!!!!!!!!!!!!!!!!!!!!!!!!!!
7075041 bytes copied in 54.224 secs (130478 bytes/sec)
```

3. 在 TFTP 服务器上查看 IOS 备份文件

备份成功后，查看 D：\TFTP 目录，可看到 IOS 备份文件：C2960-lanbasek9- mz.122-44.SE6.bin

3.2.4 交换机 IOS 系统的恢复

如果交换机已经正常开机，则交换机 IOS 的恢复步骤同其升级过程一样。交换机 IOS 的恢复是将 TFTP 服务器的备份 IOS 下载到交换机 Flash 中，交换机 IOS 的升级是将 TFTP 服务器的新版本 IOS 下载到交换机 Flash 中，并覆盖旧版本的 IOS。

然而，如果交换机无法正常开机，IOS 系统的恢复要使用 XModem 方式，该方式是通过 Concole 口从 PC 机下载 IOS，速度为 9600bit/s，因此速度很慢，步骤如下。

图 3-1 控制台连接

（1）把计算机的串口和交换机的 console 口连接好，用超级终端软件连接上交换机。

（2）交换机开机后，执行以下命令。

```
switch: flash_init
switch: load_helper
```

（3）输入拷贝指令。

```
switch: copy xmodem: flash: c2950-i6q4l2-mz.121-22.EA5a.bin
```

该命令的含义是通过 Xmodem 方式拷贝文件，并保存在 Flash 中，文件名为 c2950-i6q4l2-mz.121-22.EA5a.bin，出现如下提示。

```
Begin the Xmodem or Xmodem-1K transfer now...
CCCC
```

在超级终端窗口中，选择【传送】→【发送文件】菜单，打开图 3-2 所示的窗口，选择 IOS 文件，协议为"Xmodem"。单击"发送"按钮开始发送文件。由于速度很慢，请耐心等待，通信速率为 9600bit/s。

图 3-2　发送文件窗口

3.3　任务需求

某公司的网络已经平稳运行了一段时间。目前，该公司网络中有两台 Cisco2960 交换机的 IOS 系统出了故障，但这两台设备均已经过了保质期，要求网络管理员自己解决。本次任务目标有两个。

（1）利用 TFTP 服务器备份 IOS 系统。

（2）利用 TFTP 服务器升级 IOS 系统。

3.4　任务拓扑

TFTP 文件的传输任务拓扑如图 3-3 所示。设备地址分配如表 3-2 所示。

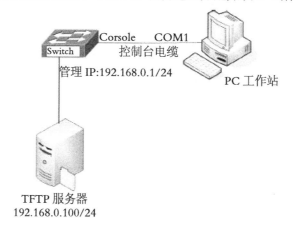

图 3-3　TFTP 文件传输任务拓扑

表 3-2　设备地址分配

设　　备	接　　口	IP 地址	子网掩码
S1	VLAN 1	192.168.0.1	255.255.255.0
TFTP 服务器	网卡	192.168.0.100	255.255.255.0

3.5　任务实施

3.5.1　利用 TFTP 服务器备份 IOS 系统

（1）如任务拓扑图 3-3 所示，配置一台 TFTP 服务器，配置其 IP 地址为 192.168.0.100/24，启动 TFTP 服务器，通过查看\选项，设置 TFTP 服务器根目录为 F: \TFTP，如图 3-4 所示。

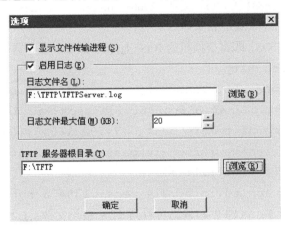

图 3-4　TFTP 查看/选项

（2）用控制线将 PC 工作站的 COM1 口与交换机的 Console 口相连。通过控制台端口采用本地登录的方式进入到交换机系统。

（3）配置交换机的管理 IP 地址。配置管理接口 IP 地址为 192.168.0.1，子网掩码为 255.255.255.0，并激活该接口，具体配置步骤如下。

```
switch#conf  t
Enter configuration commands, one per line. End with CNTL/Z.
switch(config)#int vlan1
switch(config-if)#ip address 192.168.0.1 255.255.255.0
switch(config-if)#no shutdown
switch(config-if)#end
switch#
```

（4）检验交换机与 TFTP 服务器的连通性。若不通，查找故障原因，直到连通为止，具体配置步骤如下。

```
switch#ping 192.168.0.100
Type escape sequence to abort.
Sending 5, 100-byte ICMP Echos to 192.168.0.100, timeout is 2
seconds:
!!!!!
Success rate is 100 percent (5/5), round-trip min/avg/max =
1/203/1007 ms
```

（5）查看交换机的 IOS 文件名，具体配置步骤如下。

```
switch#show version
```

```
......
System image file is "
flash : c2960-lanbasek9-mz.122-44.SE6/c2960-lanbasek9-mz.122-44.
SE6.bin"
......
```

从上图中可看出，交换机的 IOS 文件 c2960-lanbasek9-mz.122-44.SE6.bin 存放于 flash：c2960-lanbasek9-mz.122-44.SE6 目录中。

（6）备份交换机的 IOS，即将交换机的 IOS 上传到 TFTP 服务器上，具体配置步骤如下。

```
l2sw#copy flash tftp
Source-filename[c2960-lanbasek9-mz.122-44.SE6.bin]?
c2960-lanbasek9-mz.122-44.SE6/c2960-lanbasek9-mz.122-44.SE6.bin
Address or name of remote host []? 192.168.0.100
Destination filename [c2960-lanbasek9-mz.122-44.SE6.bin]?
!!!!!!!!!!!!!!!!!!!!!!!!!!!!!!!
7075041 bytes copied in 54.224 secs (130478 bytes/sec)
```

备份成功后，查看 F:\TFTP 目录，可看到 IOS 备份文件：C2960-lanbasek9-mz.122-44.SE6.bin。

3.5.2 利用 TFTP 服务器升级 IOS 系统

要升级交换机上的 IOS，可按照以下步骤执行。

（1）如任务拓扑图所示，配置一台 TFTP 服务器，配置其 IP 地址为 192.168.0.100/24，启动 TFTP 服务器，通过查看\选项，设置 TFTP 服务器根目录为 F:\TFTP，如图 3-5 所示。

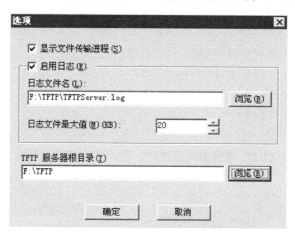

图 3-5　TFTP 显示文件传输选项

（2）用控制线将 PC 工作站的 COM1 口与交换机的 Console 口相连。通过控制台端口，采用本地登录的方式进入到交换机系统。

（3）配置交换机的管理 IP 地址。配置管理接口 IP 地址为 192.168.0.1，子网掩码为 255.255.255.0，并激活该接口，具体配置步骤如下。

```
switch#conf t
Enter configuration commands, one per line. End with CNTL/Z.
```

```
switch(config)#int vlan1
switch(config-if)#ip address 192.168.0.1 255.255.255.0
switch(config-if)#no shutdown
switch(config-if)#end
switch#
```

（4）检验交换机与 TFTP 服务器的连通性。若不通，查找故障原因，直到连通为止，具体配置步骤如下。

```
switch#ping 192.168.0.100
Type escape sequence to abort.
Sending 5, 100-byte ICMP Echos to 192.168.0.100, timeout is 2
seconds:
!!!!!
Success rate is 100 percent (5/5), round-trip min/avg/max =
1/203/1007 ms
```

（5）检查交换机的版本，具体配置步骤如下。

```
Switch#show version
Switch Ports Model SW Version SW Image
//////- ////// ////- /////////// //////////
* 1 26 WS-C2960-24TT-L 12.2(44)SE6 C2960-LANBASEK9-M
```

从上述显示来看，此时交换机操作系统版本为 12.2(44)。

（6）在交换机特权模式下升级操作系统，首先将要升级的操作系统软件保存在 TFTP 服务器的根目录（如 F：\TFTP\c2960.bin）下，然后执行 copy 命令，具体配置步骤如下。

```
switch#copy tftp flash:
Address or name of remote host []? 192.168.0.100
Source filename []? c2960.bin
Destination filename [c2960.bin]?
!!!!!!!!!!!!!!!!!!!!!!!!!!!!!!!!!!!!!!!!!!!!!!!!
%Success : Transmission success, file length 2678784
switch#
```

（7）重新启动交换机。启动后，登录交换机使用命令 show version 检查交换机现在系统的版本。

3.6　疑难故障排除与分析

3.6.1　常见故障现象

1. 现象一

检验交换机与 TFTP 服务器的连通性时，出现网络不连通现象。

2. 现象二

备份时查看 TFTP 服务器下预留存储空间不足。

3．现象三

升级时，交换机 Flash 中预留的存储空间不足。

3.6.2　故障解决方法

1．现象一解决方法

检验交换机与 TFTP 服务器的连通性时，出现网络不连通现象。主要从硬件设置和软件设置两个方面进行排故。首先检查硬件线缆连接的端口及线缆类型的使用是否正确，在硬件无误的情况下检查软件设置，这里的软件设置主要是指 TFTP 服务器、交换机 IP 地址和子网掩码的设置，要保证服务器和交换机处于同一网段内。

2．现象二解决方法

在备份前确定需预留空间的大小，然后在 TFTP 适当的盘磁盘中预留出足够的存储空间。

3．现象三解决方法

在升级 IOS 系统前，使用命令查看 Flash 中可用空间的大小。

3.7　课后训练

请读者自行练习交换机的 IOS 恢复。

3.7.1　训练目的

掌握常见交换机系统的升级、备份和恢复操作。

3.7.2　训练拓扑

交换机 IOS 恢复拓扑结构如图 3-6 所示。

图 3-6　交换机 IOS 恢复拓扑结构

3.7.3　训练要求

（1）根据拓扑图进行网络布线，用超级终端软件连接到交换机上。

（2）执行交换机 IOS 系统的恢复，常用命令如下。

① switch：flash_init。

② switch：load_helper。

③ switch：copy xmodem：flash：c2950-i6q4l2-mz.121-22.EA5a.bin。

④ switch：boot。

PART 4

任务四 跨交换机的 VLAN 内通信

4.1 任务背景

Cisco 交换机不仅具有两层交换功能，它还具有 VLAN 等功能。VLAN 技术可以很容易地控制广播域的大小。有了 VLAN，交换机之间的级联链路就需要 Trunk 技术来保证该链路可以同时传输多个 VLAN 的数据。某高校现有教务处、人文学院、信息学院、汽车学院等，各学院教工并不完全集中在一起，如教务处的教师可能分布在多栋教学楼内，现要求无论同一部门人员在哪个教学楼办公，他们都能互相访问。本任务学习交换机 VLAN 的工作原理及用途、Trunk 的原理与作用和跨交换机的 VLAN 内通信。

4.2 技能要点

4.2.1 VLAN

虚拟局域网 VLAN（Virtual LAN）是交换机端口的逻辑组合。VLAN 工作在 OSI 的第二层，一个 VLAN 就是一个广播域，VLAN 之间的通信是通过第三层的路由器来完成的，如图4-1 所示。

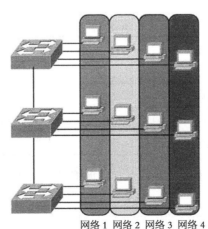

网络 1 网络 2 网络 3 网络 4

图 4-1 虚拟局域网

VLAN 有以下优点。

（1）控制网络的广播问题：每一个 VLAN 是一个广播域，一个 VLAN 上的广播不会扩散到另一个 VLAN。

（2）简化网络管理：当 VLAN 中的用户位置移动时，网络管理员只需设置几条命令即可。

（3）提高网络的安全性：VLAN 能控制广播；VLAN 之间不能直接通信。

定义交换机的端口在哪种 VLAN 上的常用方法有以下两种。

（1）基于端口的 VLAN：管理员把交换机某一端口指定为某一 VLAN 的成员。

（2）基于 MAC 地址的 VLAN：交换机根据节点的 MAC 地址，决定将其放置于哪个 VLAN 中。

VLAN 的范围从 1~1005，1002~1005 供令牌环网和 FDDI 网络使用，1 和 1002~1005 是自动创建的，并不能删除，创建的 VLAN 存储在闪存的 vlan.dat 文件中，如果想删除 VLAN，则在特权模式下使用命令 delete flash：vlan.dat 删除，具体配置如下所示。

```
Switch#Delete flash: vlan.dat
Switch#
```

4.2.2　Trunk 概述

当一个 VLAN 跨过不同的交换机时，同一 VLAN 下的计算机进行通信时需要使用 Trunk。使用 Trunk 技术可以在一条物理线路上传送多个 VLAN 的信息，交换机从属于某一 VLAN（如 VLAN3）的端口接收到数据，在 Trunk 链路上进行传输前，会加上一个标记，表明该数据是 VLAN3 的，到了对方交换机，交换机会把该标记去掉，只发送到属于 VLAN3 的端口上。

有两种常见的帧标记技术：ISL 和 802.1Q。ISL 技术在原有的帧上重新加了一个帧头，并重新生成了帧校验序列（FCS）。ISL 是思科专有的技术，因此不能在 Cisco 交换机和非 Cisco 交换机之间使用。而 802.1Q 技术在原有帧的源 MAC 地址字段后插入标记字段，同时用新的 FCS 字段替代了原有的 FCS 字段，该技术是国际标准，得到所有厂家的支持。

Cisco 交换机之间的链路是否形成 Trunk，是可以自动协商，这个协议称为 DTP（Dynamic Trunk Protocol），DTP 还可以协商 Trunk 链路的封装类型。表 4-1 所示为链路两端是否会形成 Trunk 的总结。

表 4-1　链路封装自动协商

	Negotiate	Desirable	Auto	Nonegotiate
Negotiate	√	√	√	√
Desirable	√	√	√	×
Auto	√	√	×	×
Nonegotiate	√	×	×	√

如果不使用 Trunk 技术，两台交换机如何实现相同 VLAN 内的主机的通信呢？如图 4-2 所示。

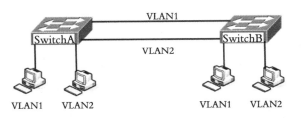

图 4-2　VLAN 通信

交换机之间没有使用 Trunk 技术。如果两台交换机上所连接的属于 VLAN1 的主机想要通信，则两台交换机之间要有一条链路，该条链路两端端口必须都属于 VLAN1。同样地，VLAN2 也需要这样一条链路。那么，网络中有几个 VLAN，就应该有几条 Trunk 线路。如果引入 Trunk 技术，则只需一条链路即可，如图 4-3 所示。

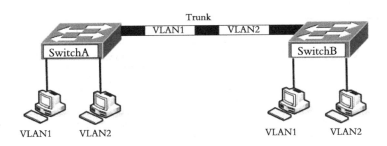

图 4-3　Trunk 链路

4.3　任务需求

某高校新来的网络管理员为了尽快进入到工作状态，需要反复训练如下 VLAN 技能，具体需求如下。

（1）根据拓扑图进行网络布线。

（2）执行交换机上的基本配置任务。

（3）创建 VLAN。

（4）分配交换机端口到 VLAN。

（5）添加、移动和更改端口。

（6）检验 VLAN 配置。

（7）对交换机间连接启用中继。

（8）检验中继配置。

（9）保存 VLAN 配置。

4.4　任务拓扑

VLAN 任务拓扑结构如图 4-4 所示。设备地址表如表 4-2 所示。S2 和 S3 端口分配如表 4-3 所示。

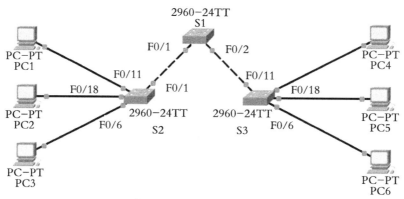

图 4-4　VLAN 任务拓扑结构

表 4-2　设备地址表

设　　备	接　　口	IP 地址	子网掩码	默认网关
S1	VLAN 10	192.168.10.1	255.255.255.0	
S2	VLAN 10	192.168.10.2	255.255.255.0	
S3	VLAN 10	192.168.10.3	255.255.255.0	
PC1	网卡	192.168.20.11	255.255.255.0	192.168.20.1
PC2	网卡	192.168.30.11	255.255.255.0	192.168.30.1
PC3	网卡	192.168.40.11	255.255.255.0	192.168.40.1
PC4	网卡	192.168.20.21	255.255.255.0	192.168.20.1
PC5	网卡	192.168.30.21	255.255.255.0	192.168.30.1
PC6	网卡	192.168.40.21	255.255.255.0	192.168.40.1

表 4-3　S2 和 S3 端口分配表

端　　口	分　　配	网　　络
F0/1-F0/5	本征 VLAN10-management	192.169.10.0/24
F0/6-F0/10	VLAN40-xinxi	192.168.40.0/24
F0/11-F0/17	VLAN20-renwen	192.168.20.0/24
F0/18-F0/24	VLAN30-jingguan	192.168.30.0/24

4.5　任务实施

4.5.1　准备网络

根据拓扑图所示完成网络电缆连接。

4.5.2　执行交换机的基本配置

（1）根据以下指导原则配置交换机。

① 配置交换机主机名。

② 禁用 DNS 查找。

③ 将执行模式口令配置为 class。

④ 为控制台连接配置口令 Cisco。

⑤ 为 vty 连接配置口令 Cisco。

（2）启用 S2 和 S3 上的用户端口。

```
S2(config)#interface range fa0/6, fa0/11, fa0/18
S2(config-if-range)#switchport mode access
S2(config-if-range)#no shutdown
S3(config)#interface range fa0/6, fa0/11, fa0/18
S3(config-if-range)#switchport mode access
S3(config-if-range)#no shutdown
```

4.5.3　在交换机上配置 VLAN

（1）在交换机 S1、S2 和 S3 上创建 VLAN。在全局配置模式下使用 vlan vlan-id 命令将 VLAN 添加到交换机 S1 中。需要配置 4 个 VLAN：VLAN10 （management）、VLAN 20 （renwen）、VLAN 30 （jingguan） 和 VLAN40 （xinxi）。创建 VLAN 之后，将处于 VLAN 配置模式，在该模式下可以使用 name vlan name 命令为 VLAN 指定名称。

```
S1(config)#vlan 10
S1(config-vlan)#name management
S1(config-vlan)#vlan 20
S1(config-vlan)#name renwen
S1(config-vlan)#vlan 30
S1(config-vlan)#name jingguan
S1(config-vlan)#vlan 40
S1(config-vlan)#name xinxi
S1(config-vlan)#end
S1#
-------------------------------------------------------------
S2(config)#vlan 10
S2(config-vlan)#name management
S2(config-vlan)#vlan 20
S2(config-vlan)#name renwen
S2(config-vlan)#vlan 30
S2(config-vlan)#name jingguan
S2(config-vlan)#vlan 40
S2(config-vlan)#name xinxi
S2(config-vlan)#end
S2#
-------------------------------------------------------------
S3(config)#vlan 10
```

```
S3(config-vlan)#name management
S3(config-vlan)#vlan 20
S3(config-vlan)#name renwen
S3(config-vlan)#vlan 30
S3(config-vlan)#name jingguan
S3(config-vlan)#vlan 40
S3(config-vlan)#name xinxi
S3(config-vlan)#end
S3#
```

（2）检验在 S1 上创建的 VLAN。使用 show vlan brief 命令检验 VLAN 是否已成功创建。

```
S1#show  vlan  brief
VLAN Name  Status                 Ports
-------------------------------------------------------------
1 default active Fa0/1,  Fa0/2,  Fa0/4,  Fa0/5,  Fa0/6,
                         Fa0/7,  Fa0/8,  Fa0/9, Fa0/10,
 Fa0/11,
                         Fa0/12,  Fa0/13,  Fa0/14,
 Fa0/15,
                         Fa0/16,  Fa0/17,  Fa0/18,
 Fa0/19,
                         Fa0/20,  Fa0/21,  Fa0/22,
 Fa0/23,
                         Fa0/24,  Gi0/1, Gi0/2
10 management active
20 renwen active
30 jingguan active
40 xinxi                 active
-------------------------------------------------------------
S2#show vlan brief
VLAN Name Status Ports
---------------------
1 default active Fa0/1,  Fa0/2,  Fa0/4,  Fa0/5,  Fa0/6,
                         Fa0/7,  Fa0/8,  Fa0/9, Fa0/10,  Fa0/11,
                         Fa0/12,  Fa0/13, Fa0/14,  Fa0/15,
                         Fa0/16,  Fa0/17, Fa0/18,  Fa0/19,
                 Fa0/20,  Fa0/21, Fa0/22,  Fa0/23,
                         Fa0/24,  Gi0/1, Gi0/2
10 managementactive
20 renwen active
30 jingguanactive
```

```
        40 xinxi active
------------------------------------------------------------
S3#show vlan brief
VLAN Name Status Ports
--------------------
1 default active Fa0/1,  Fa0/2,  Fa0/4,  Fa0/5,  Fa0/6,
                 Fa0/7,  Fa0/8,  Fa0/9, Fa0/10,  Fa0/11,
                 Fa0/12, Fa0/13, Fa0/14,  Fa0/15,
                 Fa0/16, Fa0/17, Fa0/18,  Fa0/19,
                 Fa0/20, Fa0/21, Fa0/22,  Fa0/23,
                 Fa0/24,  Gi0/1, Gi0/2

10 management  active
20 renwen active
30 jingguanactive
        40 xinxi  active
------------------------------------------------------------
```

（3）在 S2 和 S3 上将交换机端口分配给 VLAN。请参考端口分配表。在接口配置模式下使用 switchport access vlan vlan-id 命令将端口分配给 VLAN。可以单独分配每个端口，也可使用 interface range 命令来加快执行此任务速度。以下执行了 S2 和 S3 上的配置命令，具体配置如下所示。

```
S2(config)#interface range fa0/6-10
S2(config-if-range)#switchport access vlan 40
S2(config-if-range)#interface range fa0/11-17
S2(config-if-range)#switchport access vlan 20
S2(config-if-range)#interface range fa0/18-24
S2(config-if-range)#switchport access vlan 30
S2(config-if-range)#end
S2#copy running-config startup-config              //保存配置
Destination filename [startup-config]? [enter]
Building configuration...
[OK]
-------
S3(config)#interface range fa0/6-10
S3(config-if-range)#switchport access vlan 40
S3(config-if-range)#interface range fa0/11-17
S3(config-if-range)#switchport access vlan 20
S3(config-if-range)#interface range fa0/18-24
S3(config-if-range)#switchport access vlan 30
S3(config-if-range)#end
S3#copy running-config startup-config              //保存配置
```

```
Destination filename [startup-config]? [enter]
Building configuration...
[OK]
```

（4）确定已添加的端口。在 S2 和 S3 上分别使用 show vlan ID 命令查看哪些端口已分配给相应的 VLAN。

（5）分配管理 VLAN。管理 VLAN 是用于访问交换机管理功能的 VLAN。如果没有特别指明使用其他 VLAN，那么默认使用 VLAN 1 作为管理 VLAN。在使用管理 VLAN 中，需要为管理 VLAN 分配 IP 地址和子网掩码。交换机可通过 HTTP、Telnet、SSH 或 SNMP 进行管理。本任务前面的部分将管理 VLAN 配置为 VLAN 10。具体配置如下所示。

```
S1(config)#interface vlan 10
S1(config-if)#ip address 192.168.10.1  255.255.255.0
S1(config-if)#no shutdown
-----------------------------------------------------------------
S2(config)#interface vlan  10
S2(config-if)#ip address 192.168.10.2  255.255.255.0
S2(config-if)#no shutdown
-----------------------------------------------------------------
S3(config)#interface vlan 10
S3(config-if)#ip address 192.168.10.3  255.255.255.0
S3(config-if)#no shutdown
```

（6）为所有交换机上的中继端口配置中继和本征 VLAN。中继是交换机之间的连接，它允许交换机交换所有 VLAN 的信息。默认情况下，中继端口属于所有 VLAN，而接入端口则仅属于一个 VLAN。如果交换机同时支持 ISL 和 802.1Q VLAN 封装，则中继必须指定使用哪种方法。本征 VLAN 分配给 802.1Q 中继端口。在拓扑中，本征 VLAN 是 VLAN10。802.1Q 中继端口支持来自多个 VLAN 的流量（已标记流量），也支持来源不是 VLAN 的流量（无标记流量）。802.1Q 中继端口会将无标记流量发送到本征 VLAN。产生无标记流量的计算机连接到配置有本征 VLAN 的交换机端口。

```
S1(config)#interface range fa0/1-5
S1(config-if-range)#switchport mode trunk
S1(config-if-range)#switchport trunk native vlan 10
S1(config-if-range)#no shutdown
S1(config-if-range)#end
-----------------------------------------------------------------
S2(config)# interface range fa0/1-5
S2(config-if-range)#switchport mode trunk
S2(config-if-range)#switchport trunk native vlan 10
S2(config-if-range)#no shutdown
S2(config-if-range)#end
-----------------------------------------------------------------
S3(config)# interface range fa0/1-5
```

```
S3(config-if-range)#switchport mode trunk
S3(config-if-range)#switchport trunk native vlan 10
S3(config-if-range)#no shutdown
S3(config-if-range)#end
```

（7）检验交换机之间是否能够通信。从 S1 Ping S2 和 S3 的管理地址。

```
S1#ping 192.168.10.2
Type escape sequence to abort.
Sending 5, 100-byte ICMP Echos to 192.168.10.2, timeout is 2 seconds:
!!!!!
Success rate is 100 percent (5/5), round-trip min/avg/max = 1/2/9 ms
-------
S1#ping 192.168.10.3
Type escape sequence to abort.
Sending 5, 100-byte ICMP Echos to 192.168.10.3, timeout is 2 seconds:
.!!!!
Success rate is 80 percent (4/5), round-trip min/avg/max = 1/1/1 ms
```

（8）测试 PC1 和 PC4、PC2 和 PC5、PC3 和 PC6 之间的连通性。

4.6 疑难故障排除与分析

4.6.1 常见故障现象

1. 现象一——本征 VLAN 不匹配问题

某公司的网络管理员接到报修电话，某位使用 PC4 的用户无法连接到内部 Web 服务器，通过了解得知有一位新的技术人员最近配置了交换机 S3。经查看，拓扑图是正确的，哪里出现了问题呢？

管理员通过控制台窗口连接，连接到交换机 S3 后，出现了图 4-5 所示的错误消息。使用命令 show interfaces f0/3 switchport 进一步查看接口的配置情况，发现本征 VLAN 设置为 VLAN 100，并且为不活动状态。

```
S3#
%CDP-4-NATIVE_VLAN_MISMATCH: Native VLAN mismatch discovered on
FastEthernet0/3 (100), with S1 FastEthernet0/3 (99).
S3#show interfaces f0/3 switchport
Name: Fa0/3
Switchport: Enabled
Administrative Mode: trunk
Operational Mode: trunk
Administrative Trunking Encapsulation: dot1q
Operational Trunking Encapsulation: dot1q
Negotiation of Trunking: On
Access Mode VLAN: 1 (default)
Trunking Native Mode VLAN: 100 (Inactive)
...
Trunking VLANs Enabled: 10, 99
...
```

2．现象二——中继模式不匹配

如果中继链路上的端口所配置的中继模式与另一个中继端口不兼容，则两台交换机之间不能形成中继链路（见图 4-6）。在本现象中，出现了同样的问题：使用计算机 PC4 的用户无法连接到内部 Web 服务器。拓扑图显示配置是正确的。出现问题的原因是什么？

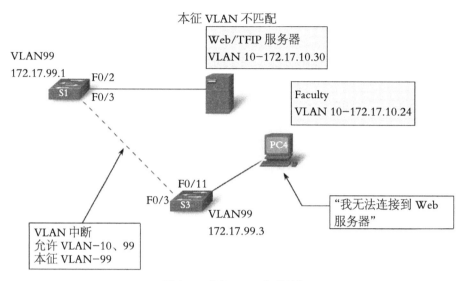

图 4-5　本征 VLAN 拓扑结构

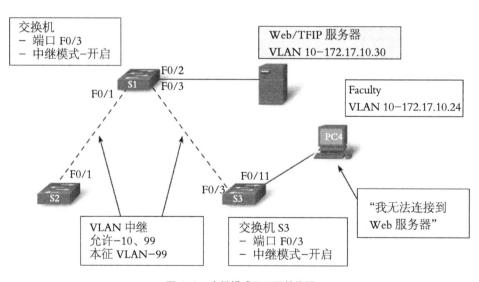

图 4-6　中继模式不匹配结构图

4.6.2　故障解决方法

1．现象一解决方法

```
S3#config terminal
S3(config)#interface f0/3
S3(config-if)#switchport trunk native vlan 99
S3(config-if)#end
```

2．现象二解决方法

使用 show interfaces trunk 命令检查交换机 S1 的中继端口的状态，结果发现交换机 S1 的接口 F0/3 没有配置为中继；检查交换机 S3 上的中继表明，没有活动的中继端口，使用 show interfaces trunk 命令进一步检查后又发现，F0/3 端口也处于动态自动模式，找到中继故障的原因后，进行如下排除方式配置。

```
S1#config terminal
S1(config)#interface f0/3
S1(config-if)#switchport mode trunk
S1(config-if)#end
-------
S3#config terminal
S3(config)#interface f0/3
S3(config-if)#switchport mode trunk
S3(config-if)#end
```

4.7　课后训练

请读者自行练习跨交换机的 VLAN 内主机的通信。

4.7.1　训练目的

本训练要完成一个跨越多台交换机的 VLAN 内主机通信。要解决这个问题，需要将交换机之间的级联链路配置为 Trunk。

4.7.2　训练拓扑

VLAN 训练拓扑结构如图 4-7 所示。

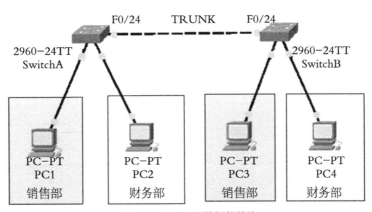

图 4-7　VLAN 训练拓扑结构

4.7.3　训练要求

（1）搭建训练环境。

（2）在交换机 A 上的配置。

① 在交换机 A 上创建 VLAN10 并命名为 xiaoshoubu，创建 VLAN 20 并命名为 caiwubu。

② 将交换机 A 的 F0/24 端口配置为 Trunk 端口。

③ 将交换机 A 的 F0/1 端口加入到 VLAN 10 中，F0/2 端口加入到 VLAN 20 中。

④ 在交换机 A 上查看 VLAN 配置情况。

（3）在交换机 B 上的配置。

① 在交换机 B 上创建 VLAN10 并命名为 xiaoshoubu，创建 VLAN 20 并命名为 caiwubu。

② 将交换机 B 的 F0/24 端口配置为 Trunk 端口。

③ 将交换机 B 的 F0/1 端口加入到 VLAN 10 中，F0/2 端口加入到 VLAN 20 中。

④ 在交换机 B 上查看 VLAN 配置情况。

（4）配置 4 台主机 PC1 至 PC4 的 IP 地址。

（5）测试 VLAN 10 内的主机 PC1 与 PC3 的通信。

（6）测试 VLAN 20 内的主机 PC2 与 PC4 的通信。

PART 5

任务五
VTP 配置与管理

5.1　任务背景

　　随着网络规模的扩大和网络复杂程度的增加，VLAN 结构的集中化管理变得日益重要。如果没有自动化的方法管理数以百计 VLAN 的企业网络，则需要在每台交换机上手动配置各个 VLAN，而任何对 VLAN 结构的更改都需要进一步的手动配置，比较难以管理。能否在一台设备上配置 VLAN，然后网络内其余的交换机都来动态同步 VLAN 信息？如果可以，就实现了网络内 VLAN 的统一配置与统一管理。

　　Cisco 公司开发了一个 VTP。在一台 VTP Server 上配置一个新的 VLAN 信息，该信息将自动传播到本域内的所有交换机上，从而减少了在多台设备上配置同一信息的工作量，且方便了管理。

5.2　技能要点

5.2.1　VTP 域

　　当网络中交换机的数量很多时，需要分别在每台交换机上创建很多重复的 VLAN，工作量很大，过程很繁琐，并且容易出错。在实际工作中常采用 VLAN 中继协议（Vlan Trunking Protocol，VTP）来解决这个问题。

　　VTP 允许在一台交换机上创建所有的 VLAN。然后，利用交换机之间的互相学习功能，将创建好的 VLAN 定义传播到整个网络中需要此 VLAN 定义的所有交换机上。同时，有关 VLAN 的删除、参数更改操作均可传播到其他交换机上，从而大大减轻了网络管理人员配置交换机的负担。

　　本校园网实例使用了 VTP 技术。同时，将分布层交换机 DistributeSwitch1 设置成为 VTP 服务器，其他交换机设置成为 VTP 客户机。

　　由于 VLAN 在整个交换网络里是统一的，完全可以在一台交换机上配置好 VLAN 以后，用某种方法使得其他交换机自动地学习到这些 VLAN 的配置，然后再由交换机所在地的权限比较低的管理员把交换机的端口分配到这些被学习到的 VLAN 里去。交换机自动学习 VLAN 配置的方法就是 VLAN 干道协议（VLAN Trunking Protocol，VTP）。

　　VTP 使用二层的干道帧,在一个共同的域里管理 VLAN 的添加、修改和删除的管理协议。一个 VTP 域由一台或多台互联的共享同一个 VTP 域名字的设备组成,一台交换机只能属于一个 VTP 域。使用 VTP 域,可以通过一个共同的域,使 VLAN 得到统一的维护。VTP 域的信息必须被封装在 ISL 或者 802.1Q 帧里,通过干道在交换机之间传递,具体如图 5-1 所示。

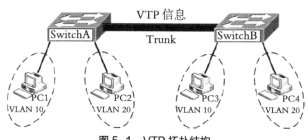

图 5-1　VTP 拓扑结构

5.2.2　VTP 工作

VTP 有 3 种工作模式: 服务器模式、客户机模式、透明模式。

1．服务器（Server）模式

（1）可以创建、删除修改 VLAN 参数。

（2）发送和转发 VLAN 更新消息。

（3）配置的 VLAN 信息存储在非易失性 RAM—NVRAM 中。

2．客户机（Client）模式

（1）不能创建、删除修改 VLAN 参数（不能做任何更改 VLAN 设置的操作）。

（2）只能接收其他服务器模式交换机传来的 VLAN 配置信息。

（3）客户机模式下的交换机也有责任转发 VLAN 更新消息。

（4）客户机模式下的交换机收到的 VLAN 配置信息并不被永久保存。

3．透明（Transparent）模式

（1）可以创建、删除修改 VLAN 参数, 但这些修改只对本交换机有效, 并不向外发送。

（2）透明模式下的交换机也有责任转发收到的 VLAN 更新消息。

（3）配置的 VLAN 信息会被存储在非易失性 RAM—NVRAM 中。

VTP 的 3 种模式功能如表 5-1 所示。

表 5-1　VTP 的 3 种模式功能

特　　性	产生 VTP 信息	侦听 VTP 信息	建立、删除 VLAN	保存 VLAN
服务器模式	是	是	是	是
客户端模式	是	是	否	否
透明模式	是	是	是	是

　　在 VTP 域里, 所有同步 VTP 域里的 VLAN 信息的交换机都维护着一个配置修订号。在 VLAN 信息没有改变的情况下, 所有这些交换机的配置修订号都是相同的。

　　当在服务器模式的交换机 SwitchA 上进行了有关 VLAN 的配置, 如添加、删除、修改 VLAN 后, SwitchA 上的 VTP 配置修订号将递增（VLAN 变动一次, 配置修订号就加 1）,

然后 SwitchA 把 VLAN 的修改信息连同新的配置修订号以 VTP 通告信息的形式向交换机的所有干道端口发送。

收到此 VTP 通告信息的交换机，都将向其他干道端口转发此 VTP 通告信息。如果处于服务器或客户机模式的交换机收到 VTP 通告信息，则检查自己的 VTP 配置修订号。如果收到的 VTP 配置修订号大于本身的 VTP 配置修订号，则根据 VTP 通告的内容更新自己的 VLAN 数据库信息(添加、删除 VLAN 等)，并将自己的 VTP 配置修订号更新为新的配置修订号。

如果处于透明模式的交换机收到 VTP 通告信息，则只转发而不更新本身的 VLAN 配置。最终，各交换机开始维护新的配置修订号所代表的 VLAN 信息。

在网络中添加一台新的交换机，安装之前，要确信将它配置为 VTP 客户机，将其配置修订号设置为 0。否则，这台交换机有可能将新的 VTP 数据库发送到其他交换机上，严重影响到所有的 VLAN。

5.2.3　VTP 修剪

VTP 提供了一种方式来保存带宽，就是通过配置它来减小广播、组播和单播包的数量，这种方式称为修剪。VTP 修剪的作用是防止不需要的广播信息从一个 VLAN 泛洪到 VTP 域中所有的干道。举例：有一台交换机没有任何配置到 VLAN5 的端口。如果没有启用 VTP 修剪，那么 VLAN5 内的广播就会通过干道到达该交换机，占用该交换机干道链路的带宽。如果在网络中启用 VTP 修剪，那么 VLAN5 内的广播就不会通过干道到达该交换机。

默认时，所有交换机都禁用 VTP 修剪，可以使用 vtp pruning 全局配置命令启用 VTP 修剪。当在一台 VTP 服务器上启用修剪时，就在整个 VTP 域上启用了它。默认时，VLAN2 ~ 1001 是可以启用修剪的，但 VLAN1 从不启用修剪，因为它是负责管理的 VLAN。

5.2.4　VTP 配置

1. 配置 VTP 的版本号

VTP 有两个版本，版本 1 和版本 2 不能混用。在整个 VTP 域中，要么使用版本 1 的 VTP，要么使用版本 2 的 VTP，具体配置如下所示。

```
Switch(config)#vtp version 1
Switch(config)#vtp version 2
```

2. 配置 VTP 域及密码

不同 VTP 域、不同 VTP 域密码的交换机之间不交换 VTP 通告信息，具体配置如下所示。

```
Switch(config)#vtp domain CCNA
Switch(config)#vtp password Cisco
```

3. 配置 VTP 的工作模式

```
Switch(config)#vtp mode server
Switch(config)#vtp mode client
Switch(config)#vtp mode transparent
或
Switch(vlan)#vtp server
```

```
Switch(vlan)#vtp client
Switch(vlan)#vtp transparent
```

4. VTP 修剪

```
Switch(config)#vtp pruning
```
或
```
Switch(vlan)#vtp pruning
```

5. 查看 VTP 的配置信息

```
Switch#show vtp status
VTP Version : 2                   //显示了 VTP 协议版本
Configuration Revision : 13   //显示了 VTP 的配置修订号
Maximum VLANs supported locally : 250 //显示了本地支持的最大 VLAN 数目
Number of existing VLANs : 5
VTP Operating Mode : Server   //显示了 VTP 的工作模式，当前是服务器模式
VTP Domain Name : nb305   //显示了 VTP 域名，当前是 nb305
VTP Pruning Mode : Enabled   //是否启用了 VTP 修剪
VTP V2 Mode : Enabled //是否启用了 VTP 2 版本
VTP Traps Generation : Disabled   //显示了是否发送 VTP 陷阱消息
MD5 digest : 0x0A 0x0D 0xA7 0xA3 0xA6 0x2A 0x70 0x4B
//显示了 VTP 域密码的 MD5 摘要消息值
Configuration last modified by 192.168.1.11 at 3-1-93 00: 01: 55
//显示了最后一次修改 VLAN 信息的地点和时间
Local updater ID is 192.168.1.11 on interface Vl1 (lowest numbered
VLAN interface)
//显示了发送本地 VTP 更新的端口 ID
```

5.3 任务需求

　　某企业网络包含 3 台交换机，每台交换机都具有同样的 3 个 VLAN。划分 VLAN，实现隔离广播和 VLAN 内通信。本任务将完成 VTP 配置，具体需求如下。

- 根据拓扑图进行网络布线。
- 执行交换机上的基本配置任务。
- 在所有交换机上配置 VLAN 中继协议 (VTP)。
- 对交换机间连接启用中继。
- 检验中继配置。
- 修改 VTP 模式并观察产生的影响。
- 在 VTP 服务器上创建 VLAN，并将此 VLAN 信息分发给网络中的交换机。
- 说明 VTP 透明模式、服务器模式和客户端模式之间的工作差异。
- 为 VLAN 分配交换机端口。
- 保存 VLAN 配置。

5.4 任务拓扑

VLAN 划分拓扑结构如图 5-2 所示。IP 地址分配表如表 5-2 所示。S2 和 S3 端口分配表如表 5-3 所示。

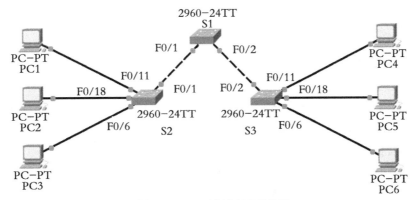

图 5-2 VLAN 划分拓扑结构图

表 5-2 IP 地址分配表

设　　备	接　　口	IP 地址	子网掩码	默认网关
S1	VLAN 10	192.168.10.1	255.255.255.0	
S2	VLAN 10	192.168.10.2	255.255.255.0	
S3	VLAN 10	192.168.10.3	255.255.255.0	
PC1	网卡	192.168.20.11	255.255.255.0	192.168.20.1
PC2	网卡	192.168.30.11	255.255.255.0	192.168.30.1
PC3	网卡	192.168.40.11	255.255.255.0	192.168.40.1
PC4	网卡	192.168.20.21	255.255.255.0	192.168.20.1
PC5	网卡	192.168.30.21	255.255.255.0	192.168.30.1
PC6	网卡	192.168.40.21	255.255.255.0	192.168.40.1

表 5-3 S2 和 S3 端口分配表

端　　口	分　　配	网　　络
F0/1-F0/5	本征 VLAN10-guanli	192.169.10.0/24
F0/6-F0/10	VLAN40-xinxi	192.168.40.0/24
F0/11-F0/17	VLAN20-renwen	192.168.20.0/24
F0/18-F0/24	VLAN30-jingguan	192.168.30.0/24

5.5 任务实施

5.5.1 准备网络

根据拓扑图所示完成网络电缆连接。

5.5.2 执行交换机的基本配置

根据以下原则配置交换机 S1、S2 和 S3 ，并保存配置。

- 按照拓扑所示配置交换机主机名。
- 禁用 DNS 查找。
- 将执行模式口令配置为 class。
- 为控制台连接配置口令 Cisco。
- 为 VTY 连接配置口令 Cisco。

```
Switch>enable
Switch#configure terminal
Enter configuration commands, one per line. End with CNTL/Z.
Switch(config)#hostname S1
S1(config)#enable secret class
S1(config)#no ip domain-lookup
S1(config)#line console 0
S1(config-line)#password Cisco
S1(config-line)#login
S1(config-line)#line vty 0 15
S1(config-line)#password Cisco
S1(config-line)#login
S1(config-line)#end
%SYS-5-CONFIG_I: Configured from console by console
S1#copy running-config startup-config
Destination filename [startup-config]?
Building configuration...
[OK]
-----------------------------------------------------------------
Switch>enable
Switch#configure terminal
Enter configuration commands, one per line. End with CNTL/Z.
Switch(config)#hostname  S2
S2(config)#enable secret class
S2(config)#no ip domain-lookup
S2(config)#line console 0
S2(config-line)#password Cisco
S2(config-line)#login
S2(config-line)#line vty 0 15
S2(config-line)#password Cisco
S2(config-line)#login
S2(config-line)#end
%SYS-5-CONFIG_I: Configured from console by console
```

```
S2#copy running-config startup-config
Destination filename [startup-config]?
Building configuration...
[OK]
--------------------------------------------------------------
Switch>enable
Switch#configure terminal
Enter configuration commands, one per line. End with CNTL/Z.
Switch(config)#hostname S3
S3(config)#enable secret class
S3(config)#no ip domain-lookup
S3(config)#line console 0
S3(config-line)#password Cisco
S3(config-line)#login
S3(config-line)#line vty 0 15
S3(config-line)#password Cisco
S3(config-line)#login
S3(config-line)#end
%SYS-5-CONFIG_I: Configured from console by console
S3#copy running-config startup-config
Destination filename [startup-config]?
Building configuration...
[OK]
```

5.5.3 配置主机 PC 上的以太网接口

使用任务拓扑地址表中的 IP 地址配置 PC1 至 PC6 的以太网接口。

5.5.4 在交换机上配置 VTP

VTP 可让网络管理员通过创建VTP域来控制网络上的 VLAN 实例。在每个 VTP 域中，可以将一台或多台交换机配置为 VTP 服务器。在 VTP 服务器上创建 VLAN，并将这些 VLAN 传送给域中的其他交换机。常见的 VTP 配置任务是设置工作模式、域和口令。在本实验中，把 S1 配置为 VTP 服务器，并将 S2 和 S3 配置为 VTP 客户端。

在所有 3 台交换机上配置工作模式、域名和 VTP 口令。

在 3 台交换机上，全部将 VTP 域名设置为 wangluo411，VTP 口令设置为 CCNA。将 S1 配置为服务器模式，S2 配置为客户端模式，S3 配置为透明模式。

注意：

① 客户端交换机可从服务器交换机处获知 VTP 域名，但前提是客户端交换机的域为空。如果客户端交换机已设置有域名，则不会获知新的域名。因此，最好是在所有交换机上手动配置域名，以确保域名配置正确。位于不同 VTP 域中的交换机不会交换 VLAN 信息。VTP 域名和口令区分大小写。

② 服务器模式是大多数 Catalyst 交换机的默认 VTP 模式。

```
S1(config)#vtp  mode  server
Device mode already VTP SERVER.
S1(config)#vtp domain wangluo411
Changing VTP domain name from NULL to wangluo411     //系统提示信息
S1(config)#vtp password CCNA
Setting device VLAN database password to CCNA
S1(config)#end
-----------------------------------------------------------------
S2(config)#vtp mode client
Setting device to VTP CLIENT mode
S2(config)#vtp domain wangluo411
Changing VTP domain name from NULL to wangluo411
S2(config)#vtp password CCNA
Setting device VLAN database password to CCNA
S2(config)#end
-----------------------------------------------------------------
S3(config)#vtp mode transparent
Setting device to VTP TRANSPARENT mode.
S3(config)#vtp domain wangluo411
Changing VTP domain name from NULL to wangluo411
S3(config)#vtp password CCNA
Setting device VLAN database password to CCNA
S3(config)#end
```

③ 为所有 3 台交换机上的中继端口配置中继和本征 VLAN。

```
S1(config)#interface range fa0/1-5
S1(config-if-range)#switchport mode trunk
S1(config-if-range)#switchport trunk native vlan 10
S1(config-if-range)#no shutdown
S1(config-if-range)#end
-----------------------------------------------------------------
S2(config)# interface range fa0/1-5
S2(config-if-range)#switchport mode trunk
S2(config-if-range)#switchport trunk native vlan 10
S2(config-if-range)#no shutdown
S2(config-if-range)#end
-----------------------------------------------------------------
S3(config)# interface range fa0/1-5
S3(config-if-range)#switchport mode trunk
S3(config-if-range)#switchport trunk native vlan 10
```

```
S3(config-if-range)#no shutdown
S3(config-if-range)#end
```

5.5.5 在 S2 和 S3 接入层交换机上配置端口安全功能

配置端口 Fa0/6、Fa0/11 和 Fa0/18,使它们只支持一台主机,并且动态获知该主机的 MAC 地址。

```
S2(config)#interface fa0/6
S2(config-if)#switchport port-security
S2(config-if)#switchport port-security maximum 1
S2(config-if)#switchport port-security mac-address sticky
S2(config-if)#interface fa0/11
S2(config-if)#switchport port-security
S2(config-if)#switchport port-security maximum 1
S2(config-if)#switchport port-security mac-address sticky
S2(config-if)#interface fa0/18
S2(config-if)#switchport port-security
S2(config-if)#switchport port-security maximum 1
S2(config-if)#switchport port-security mac-address sticky
S2(config-if)#end
-----------------------------------------------------------------
S3(config)#interface fa0/6
S3(config-if)#switchport port-security
S3(config-if)#switchport port-security maximum 1
S3(config-if)#switchport port-security mac-address sticky
S3(config-if)#interface fa0/11
S3(config-if)#switchport port-security
S3(config-if)#switchport port-security maximum 1
S3(config-if)#switchport port-security mac-address sticky
S3(config-if)#interface fa0/18
S3(config-if)#switchport port-security
S3(config-if)#switchport port-security maximum 1
S3(config-if)#switchport port-security mac-address sticky
S3(config-if)#end
```

5.5.6 在 VTP 服务器上配置 VLAN

```
S1(config)#vlan 10
S1(config-vlan)#name guanli
S1(config-vlan)#exit
S1(config)#vlan 20
S1(config-vlan)#name renwen
S1(config-vlan)#exit
```

```
S1(config)#vlan 30
S1(config-vlan)#name jingguan
S1(config-vlan)#exit
S1(config)#vlan 40
S1(config-vlan)#name xinxi
S1(config-vlan)#exit
```

在创建完成后，使用 show vlan brief 命令检验 S1 上是否创建了这些 VLAN。

5.5.7　检查 S1 上创建的 VLAN 是否已分发给 S2 和 S3

在 S2 和 S3 上使用 show vlan brief 命令检查 VTP 服务器是否已将其 VLAN 配置传送给所有的交换机。结果是 S2 上具有与 S1 交换机一致的 VLAN 信息，S3 上没有收到 S1 的 VLAN 信息，原因是由于 S3 是属于透明模式，只负责转发 VLAN 信息，但不接收 VLAN 信息。

5.5.8　在 S3 上手动配置 VLAN

```
S3(config)#vlan 10
S3(config-vlan)#name guanli
S3(config-vlan)#exit
S3(config)#vlan 20
S3(config-vlan)#name renwen
S3(config-vlan)#exit
S3(config)#vlan 30
S3(config-vlan)#name jingguan
S3(config-vlan)#exit
S3(config)#vlan 40
S3(config-vlan)#name xinxi
S3(config-vlan)#exit
```

5.5.9　在所有 3 台交换机上配置管理接口地址

```
S1(config)#interface vlan 10
S1(config-if)#ip address 192.168.10.1  255.255.255.0
S1(config-if)#no shutdown
----------------------------------------------------------------
S2(config)#interface vlan  10
S2(config-if)#ip address 192.168.10.2  255.255.255.0
S2(config-if)#no shutdown
----------------------------------------------------------------
S3(config)#interface vlan 10
S3(config-if)#ip address 192.168.10.3  255.255.255.0
S3(config-if)#no shutdown
```

5.5.10　将交换机端口分配给 VLAN

```
S2(config)#interface range fa0/6-10
S2(config-if-range)#switchport mode access
S2(config-if-range)#switchport access vlan 40
S2(config-if-range)#interface range fa0/11-17
S2(config-if-range)#switchport mode access
S2(config-if-range)#switchport access vlan 20
S2(config-if-range)#interface range fa0/18-24
S2(config-if-range)#switchport mode access
S2(config-if-range)#switchport access vlan 30
S2(config-if-range)#end
S2#copy running-config startup-config                    //保存配置
Destination filename [startup-config]? [enter]
Building configuration...
[OK]
------------------------------------------------------------------
S3(config)#interface range fa0/6-10
S3(config-if-range)#switchport mode access
S3(config-if-range)#switchport access vlan 40
S3(config-if-range)#interface range fa0/11-17
S3(config-if-range)#switchport mode access
S3(config-if-range)#switchport access vlan 20
S3(config-if-range)#interface range fa0/18-24
S3(config-if-range)#switchport mode access
S3(config-if-range)#switchport access vlan 30
S3(config-if-range)#end
S3#copy running-config startup-config                    //保存配置
Destination filename [startup-config]? [enter]
Building configuration...
[OK]
```

5.6　疑难故障排除与分析

5.6.1　常见故障现象

1. 现象一

VTP 第一版本和第二版本互不兼容，要确保所有交换机运行相同的 VTP 版本。

2. 现象二

　　确保在 VTP 域中所有启用 VTP 的交换机上使用相同的口令。默认情况下，Cisco 交换机都不使用 VTP 口令，当接收到 VTP 通告时，Cisco 交换机不会自动设置 VTP 口令参数。

5.6.2 故障解决方法

1. 现象一解决方法

将 VTP 版本重置为所有交换机都可支持的最低 VTP 版本，具体命令如下。

```
S1#config terminal
S1(config)#vtp version 2    //给出相应的版本号
```

2. 现象二解决方法

使用命令在每台启用 VTP 的交换机上配置 VTP 口令，排除方式配置如下。

```
S1#config terminal
S1(config)#vtp password CCNA    //此处使用 CCNA 作为 VTP 的口令
-----------------------------------------------------------------
S2#config terminal
S2(config)#vtp password CCNA    //此处使用 CCNA 作为 VTP 的口令
-----------------------------------------------------------------
S3#config terminal
S3(config)#vtp password CCNA    //此处使用 CCNA 作为 VTP 的口令
```

5.7 课后训练

VTP 的配置与管理

5.7.1 训练目的

（1）配置两个交换机上的 VTP 域，实现 VTP 域配置信息的传递。
（2）测试 VTP 域的工作情况。

5.7.2 训练拓扑

VTP 配置信息拓扑如图 5-3 所示。

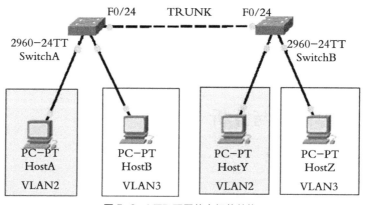

图 5-3 VTP 配置信息拓扑结构

5.7.3 训练要求

（1）按图 5-3 连接工作站和交换机。

（2）只在交换机 SwitchA 上创建两个 VLAN：VLAN 2 和 VLAN 3。

（3）将交换机 SwitchA、SwitchB 设置成为同一个 VTP 域的成员。

```
SwitchA(config)#vtp domain 305
SwitchB(config)#vtp domain 305
```

（4）将交换机 SwitchA 设置成为 VTP 服务器，将交换机 SwitchB 设置成为 VTP 客户机。

```
SwitchA(config)#vtp mode server
SwitchB(config)#vtp mode client
```

（5）将各交换机上的端口 1～8 分配成 VLAN 2 的成员，将交换机上的端口 9～16 分配成 VLAN 3 的成员。

```
SwitchA(config)#int range f0/1 - 8
SwitchA(config-if-range)#switchport access vlan 2
SwitchA(config-if-range)#int range f0/9 - 16
SwitchA(config-if-range)#switchport access vlan 3
SwitchB 的配置同 SwitchA。
```

（6）将工作站 HostA 接入交换机 SwitchA 上的端口 1～8 中的某个端口。

（7）将工作站 HostY 接入交换机 SwitchB 上的端口 1～8 中的某个端口。

（8）将工作站 HostB 接入交换机 SwitchA 上的端口 9～16 中的某个端口

（9）将工作站 HostZ 接入交换机 SwitchB 上的端口 9～16 中的某个端口

（10）按图 5-3 所示配置各工作站 IP 地址、子网掩码信息。

（11）将交换机 SwitchA 和 SwitchB 的第 24 号端口设置成为主干道接口。

```
SwitchA(config)#int f0/24
SwitchA(config)#switchport mode trunk
SwitchB 的配置同 SwitchA 的配置。
```

（12）测试同一 VLAN 内工作站的连通性。

```
hostA 能否 Ping 通 hostY ？
hostB 能否 Ping 通 hostZ ？
```

（13）测试不同 VLAN 间工作站的连通性。

```
hostA 能否 Ping 通 hostB ？
hostA 能否 Ping 通 hostZ ？
```

（14）检查交换机上的 VLAN 相关信息。

```
SwitchA#show vlan
```

（15）检查交换机上的主干道相关信息。

```
SwitchA#show int f0/24 trunk
```

（16）查看 VTP 域的相关信息。

```
SwitchA#show vtp status
```

PART 6

任务六
VLAN 间通信

6.1　任务背景

　　某公司有财务部、销售部、技术部 3 个部门，为了提高网络的性能，在网络上建立了多个 VLAN，将每个部门添加到一个 VLAN 中，即销售部的主机位于销售部 VLAN 中，财务部的主机位于财务部 VLAN 中，技术部的主机位于技术部 VLAN 中。同一部门内的主机可以相互访问，而不同部门间的主机不能访问，既能实现隔离广播又能实现部门间通信。在本任务中学习利用路由器或三层交换机的路由功能实现 VLAN 间通信。

6.2　技能要点

6.2.1　单臂路由

　　处于不同 VLAN 的计算机即使它们是在同一交换机上，它们之间的通信也必须使用路由器，在每个 VLAN 上都有一个以太网口和路由器连接。如果采用这种方法实现 N 个 VLAN 间的通信，则路由器需要 N 个以太网接口，同时也会占用 N 个交换机上的以太网接口。单臂路由提供另外一种解决方案。路由器只需要一个以太网接口和交换机连接，交换机的这个接口设置为 Trunk 接口。在路由器上创建多个子接口和不同的 VLAN 连接，子接口是路由器物理接口上的逻辑接口。工作原理如图 6-1 所示，当交换机收到 VLAN1 的计算机发送的数据帧后，从它的 Trunk 接口发送数据给路由器，由于该链路是 Trunk 链路，帧中带有 VLAN1 的标签，帧到了路由器后，如果数据要转发到 VLAN2 上，路由器将把数据帧的 VLAN1 标签去掉，重新用 VLAN2 的标签进行封装，通过 Trunk 链路发送到交换机上的 Trunk 接口，交换机收到该帧，去掉 VLAN2 标签，并发送给 VLAN2 上的计算机，从而实现了 VLAN 间的通信。

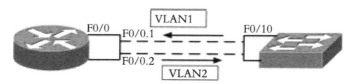

图 6-1　单臂路由拓扑结构图

6.2.2 三层交换机

单臂路由实现 VLAN 间的路由时转发速率较慢，实际上在局域网内部多采用三层交换。三层交换机通常采用硬件来实现，其路由数据包的速率是普通路由器的几十倍。从使用者的角度可以把三层交换机看成是二层交换机和路由器的组合，虚拟的路由器和每个 VLAN 都有一个接口进行连接，这个接口是 VLAN1 或 VLAN2 接口。早些年 Cisco 采用基于 NetFlow 的三层交换技术；现在 Cisco 主要采用 CEF 技术。CEF 技术中，交换机利用路由表形成转发信息库（FIB），FIB 和路由表是同步的，关键是它的查询硬件化，查询速度快得多。除了 FIB，还有邻接表(Adjacency Table)，该表和 ARP 表有些类似，主要放置了第二层的封装信息。FIB 和邻接表都是在数据转发之前就已经建立准备好了，数据要转发，交换机就能直接利用它们进行数据转发和封装，不需要查询路由表和发送 ARP 请求，所以 VLAN 间的路由速率大大提高。

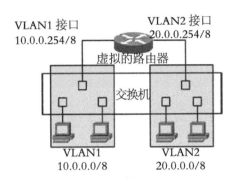

图 6-2 虚拟路由器实现 VLAN 间通信

三层交换机上的路由功能默认是开启的，也可以用 ip routing 命令开启，用 no ip routing 命令关闭。三层交换机上的路由接口可以是物理接口，将交换机的物理端口利用 no switchport 命令配置为三层路由接口。三层交换机上的路由接口也可以是交换虚拟接口 SVI，即给 VLAN 配置 IP 地址后，在三层交换机上生成的一个虚拟接口，此接口具有路由功能。

利用三层交换机的路由功能实现 VLAN 间的路由有两种方法。

方法一：是将每个 VLAN 都连接在三层交换机的一个接口上，开启此接口的三层功能，也即把交换机看作是路由器，交换机的接口看作是路由器的接口，此方法通常不采用。

方法二：是在三层交换机上创建每个 VLAN 的 SVI 接口，即在三层交换机上创建每个 VLAN，并且给每个 VLAN 分配 IP 地址，然后在三层交换机和二层交换机之间用 Trunk 连接。

6.3 任务需求

1．单臂路由实现 VLAN 间路由

2．三层交换实现 VLAN 间路由

本任务说明如何在一个典型的快速以太局域网中实现 VLAN 间通信。所谓典型局域网就是指由一台具备三层交换功能的核心交换机接两台分支交换机（不一定具备三层交换能力）。

假设核心交换机名称为 3550，分支交换机分别为 SA、SB；并且假设 VLAN 名称分别为 VLAN2 和 VALN3。SA 为服务器模式，其他为客户机模式。3550 的 F0/1、SA 的 F0/1、F0/2

和 SB 的 F0/2 为 Trunk。SA 的 F0/3 和 SB 的 F0/3 属于 VLAN2；SA 的 F0/4 和 SB 的 F0/4 属于 VLAN3。

6.4 任务拓扑

1. 单臂路由实现 VLAN 间路由

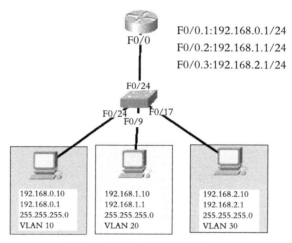

F0/0.1:192.168.0.1/24
F0/0.2:192.168.1.1/24
F0/0.3:192.168.2.1/24

192.168.0.10
192.168.0.1
255.255.255.0
VLAN 10

192.168.1.10
192.168.1.1
255.255.255.0
VLAN 20

192.168.2.10
192.168.2.1
255.255.255.0
VLAN 30

图 6-3　单臂路由拓扑结构图

表 6-1　IP 地址分配

设备名称		IP 地址	网　关
RouterA	F0/0.1	192.168.0.1/24	无
	F0/0.2	192.168.1.1/24	无
	F0/0.3	192.168.2.1/24	无
PC1		192.168.0.10/24	192.168.0.1
PC2		192.168.1.10/24	192.168.1.1
PC3		192.168.2.10/24	192.168.2.1

2. 三层交换实现 VLAN 间路由

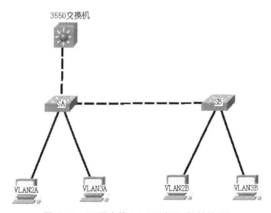

3550交换机

SA　　SB

VLAN2A　VLAN3A　VLAN2B　VLAN3B

图 6-4　三层交换 VLAN 间拓扑结构图

表 6-2 IP 地址分配

设备名称		IP 地址	网 关
3550	VLAN2	192.168.0.1/24	
	VLAN3	172.16.0.1/24	
VLAN2A		192.168.0.2/24	192.168.0.1
VLAN2B		192.168.0.3/24	192.168.0.1
VLAN3A		172.16.0.2/24	172.16.0.1
VLAN3B		172.16.0.3/24	172.16.0.1

6.5 任务实施

6.5.1 单臂路由实现 VLAN 间路由

交换机 A 上有 3 个 VLAN，VLAN10、VLAN20 和 VLAN30。路由器的物理接口 F0/0 划分为 3 个子接口 F0/0.1、F0/0.2 和 F0/0.3，它们分别对应 3 个 VLAN。

步骤 1：将路由器的物理接口 F0/0 划分为 3 个子接口，IP 地址分别为 192.168.0.1/24、192.168.1.1/24 和 192.168.2.1/24，分别对应 VLAN10、VLAN20 和 VLAN30，该物理接口 F0/0 不配置 IP 地址。

```
Router#configure terminal
Router(config)#hostname RouterA
RouterA(config)#int f0/0
RouterA(config-if)#no ip address
RouterA(config-if)#no shutdown
RouterA(config-if)#int f0/0.1
RouterA(config-subif)#ip address 192.168.0.1 255.255.255.0
RouterA(config-subif)#encapsulation dot1q 10
RouterA(config-if)#int f0/0.2
RouterA(config-subif)#ip address 192.168.1.1 255.255.255.0
RouterA(config-subif)# encapsulation dot1q 20
RouterA(config-if)#int f0/0.1
RouterA(config-subif)#ip address 192.168.2.1 255.255.255.0
RouterA(config-subif)# encapsulation dot1q 30
RouterA(config-subif)#end
```

步骤 2：在交换机 A 上创建 VLAN10、VLAN20 和 VLAN30。

```
Switch#configure terminal
Switch(config)#hostname SwitchA
SwitchA(config)#vlan 10
SwitchA(config)#name xiaoshoubu
SwitchA(config)#vlan 20
SwitchA(config)#name caiwubu
```

```
SwitchA(config)#vlan 30
SwitchA(config)#name jishubu
```

步骤 3：将交换机 A 的 F0/5 端口配置为 Trunk。

```
SwitchA(config)#int f0/5
SwitchA(config-if)#switchportmode trunk
SwitchA(config-if)#switchport trunk encapsulation dot1q
SwitchA(config-if)#exit
```

步骤 4：将交换机端口加入到相应的 VLAN 中。将交换机的 F0/1、F0/2 端口加入到 VLAN10 中，将交换机的 F0/9、F0/10 端口加入到 VLAN20 中，将交换机的 F0/17、F0/18 端口加入到 VLAN30 中。

```
SwitchA(config)#int range f0/1 - 2
SwitchA(config-range-if)#switchport access vlan 10
SwitchA(config-range-if)# int range f0/8 - 9
SwitchA(config-range-if)#switchport access vlan 20
SwitchA(config-range-if)# int range f0/17 - 18
SwitchA(config-range-if)#switchport access vlan 30
SwtichA(config-range-if)#end
```

步骤 5：配置 PC 机的 IP 地址、子网掩码和默认网关。配置 PC1 的 IP 地址为 192.168.0.10/24，网关为 192.168.0.1/24；配置 PC2 的 IP 地址为 192.168.1.10/24，网关为 192.168.1.1/24；配置 PC3 的 IP 地址为 192.168.2.10/24，网关为 192.168.2.1/24。

步骤 6：测试 PC1、PC2 和 PC3 3 台主机之间的连通性。若 3 台主机能够互相连通，则说明利用单臂路由实现了 VLAN 之间的路由。

6.5.2 三层交换实现 VLAN 间路由

1. 步骤 1：SA 的配置过程

（1）配置 IP 地址。

```
2950A(config)#int vlan 1
2950A(config-if)#ip address 192.168.0.254 255.255.255.0    //供管
理交换使用
2950A(config-if)#no sh
```

（2）创建 VTP 和 VLAN。

```
2950A#vlan data
2950A(vlan) #vtp domain dmt3
2950A(vlan)#vtp server
2950A(vlan)#vlan 2 name vlan2
2950A(vlan)#vlan 3 name vlan3
2950A(vlan)#apply
2950A(vlan)#exit
```

（3）分配接口并配置中继。

```
2950A (config)#int f0/1
```

```
2950A(config-if)#switchport mode trunk
2950A(config)#int f0/2
2950A(config-if)#switchport mode trunk
2950A(config)#int f0/3
2950A(config-if)#switchport mode access
2950A(config-if)#switchport  access vlan 2
2950A(config)#int f0/4
2950A(config-if)#switchport mode access
2950A(config-if)#switchport  access vlan 3
```

2. 步骤 2：SB 的配置过程

（1）配置 IP 地址。

```
2950B(config)#int vlan 1
2950B(config-if)#ip address 172.16.0.254 255.255.255.0 //供管理交
换使用
2950B(config-if)#no shut
```

（2）配置客户模式。

```
2950B#vlan data
2950B(vlan) #vtp domain dmt3
2950B(vlan)#vtp client
2950B(vlan)#apply
```

（3）分配接口并配置中继。

```
2950B(config)#int f0/2
2950A(config-if)#switchport mode trunk
2950B(config)#int f0/3
2950B(config-if)#switchport mode access
2950B(config-if)#switchport  access vlan 2
2950B(config)#int f0/4
2950B(config-if)#switchport mode access
2950B(config-if)#switchport  access vlan 3
```

3. 步骤 3：3550 的配置过程

（1）配置 IP 地址。

```
3550(config)#int vlan 2
3550(config-if)#ip address 192.168.0.1 255.255.255.0
3550(config)#int vlan 3
3550(config-if)#ip address 172.16.0.1 255.255.255.0
```

（2）配置客户模式。

```
3550#vlan data
3550(vlan) #vtp domain dmt3
3550(vlan)#vtp client
```

```
3550(vlan)#apply
```
（3）设置中继、封装。
```
3550(config)#int f0/1
3550(config-if)#switchport trunk encapsulation dot1q
3550(config-if)# switchport mode trunk
```
（4）启动路由。
```
3550(config)#ip routing
```

6.6 疑难故障排除与分析

6.6.1 常见故障现象

1．现象一

在下面的拓扑中选用了单臂路由器的方式。但交换机 S1 上的接口 F0/5 未配置为中继端口，而是保留了端口默认的 VLAN。结果，由于所配置的子接口不能发送或接收 VLAN 标记流量，路由器不能正常工作 。因而也阻碍了所有配置好的 VLAN 经过路由器 R1 到达其他 VLAN。

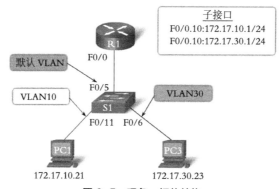

图 6-5 现象一拓扑结构

2．现象二

交换机 S1 与交换机 S2 间的中继链路已断开。由于设备间无冗余连接或冗余路径，与交换机 S2 相连的所有设备均无法到达路由器 R1。因此，与交换机 S2 相连的设备无法通过路由器 R1 实现到其他 VLAN 的路由。

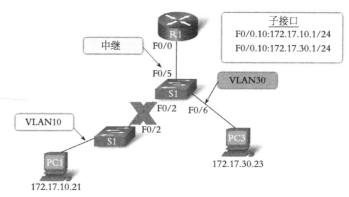

图 6-6 现象二拓扑结构

6.6.2　故障解决方法

1．现象一解决方法

可在交换机 S1 的交换机端口 F0/5 上执行 switchport mode trunk 接口配置命令。将接口转换成中继，使其与路由器 R1 成功连接。中继建立后，连接到每个 VLAN 上的设备就可与各自 VLAN 所分配的子接口通信，从而实现 VLAN 间路由。具体命令如下。

```
S1#config terminal
S1(config)#int F0/5
S1(config-if)#switchport mode trunk
```

2．现象二解决方法

为避免交换机间链路故障导致 VLAN 间路由中断，应在交换机 S1 与 交换机 S2 之间配置冗余链路和备用路径。以 EtherChannel 形式配置冗余链路，可应对单条链路故障。

6.7　课后训练

1．单臂路由实现 VLAN 间路由
2．三层交换实现 VLAN 间路由

6.7.1　训练目的

1．单臂路由实现 VLAN 间路由

通过本训练，掌握如下技能。
（1）路由器以太网接口上的子接口。
（2）单臂路由实现 VLAN 间路由的配置。

2．三层交换实现 VLAN 间路由

通过本实验，掌握如下技能。
（1）理解三层交换的概念。
（2）配置三层交换。

6.7.2　训练拓扑

1．单臂路由实现 VLAN 间路由

单臂路由实现 VLAN 间路由的结构如图 6-7 所示。

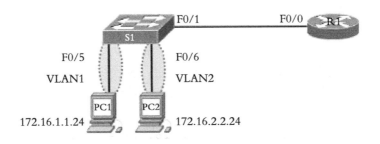

图 6-7　单臂路由实现 VLAN 间路由

2. 三层交换实现 VLAN 间路由

三层交换实现 VLAN 间的路由结构如图 6-8 所示。

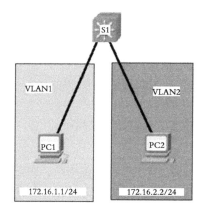

图 6-8　三层交换实现 VLAN 间路由

6.7.3　训练要求

（1）单臂路由实现 VLAN 间路由。配置 R1 来实现分别处于 VLAN1 和 VLAN2 的 PC1 和 PC2 间的通信。

① 在 S1 上划分 VLAN。

```
S1(config)#vlan 2
S1(config-vlan)#exit
S1(config)#int f0/5
S1(config-if)#switchport mode access
S1(config-if)#switchport access vlan 1
S1(config-if)#int f0/6
S1(config-if)#switchport mode access
S1(config-if)#switchport access vlan 2
```

② 要先把交换机上的以太网接口配置成 Trunk 接口。

```
S1(config)#int f0/1
S1(config-if)#switch trunk encap dot1q
S1(config-if)#switch mode trunk
```

③ 在路由器的物理以太网接口下创建子接口，并定义封装类型。

```
R1(config)#int g0/0
R1(config-if)#no shutdown
R1(config)#int g0/0.1
R1(config-subif)#encapture dot1q 1 native
```

//以上是定义该子接口承载哪个 VLAN 流量。由于交换机上的 native vlan 是 VLAN 1，所以这里也要指明该 VLAN 就是 native vlan。实际上，默认时 native vlan 就是 vlan1

```
R1 (config-subif)#ip address 172.16.1.254 255.255.255.0
```

//在子接口上配置 IP 地址，这个地址就是 VLAN1 的网关了

```
R1(config)#int g0/0.2
R1(config-subif)#encapture dot1q 2
R1 (config-subif)#ip address 172.16.2.254 255.255.255.0
```

（2）三层交换实现 VLAN 间路由。

用 S1 来实现分别处于 VLAN1 和 VLAN2 的 PC1 和 PC2 间的通信。

① 在 S1 上划分 VLAN。

```
S1(config)#vlan 2
S1(config-vlan)#exit
S1(config)#int f0/5
S1(config-if)#switchport mode access
S1(config-if)#switchport access vlan 1
S1(config-if)#int f0/6
S1(config-if)#switchport mode access
S1(config-if)#switchport access vlan 2
```

② 配置三层交换。

```
S1(config)#ip routing //以上开启 S1 的路由功能，这时 S1 就启用了三层功能
S1(config)#int vlan 1
S1(config-if)#no shutdown
S1(config-if)#ip address 172.16.1.254 255.255.255.0
S1(config)#int vlan 2
S1(config-if)#no shutdown
S1(config-if)#ip address 172.16.2.254 255.255.255.0
//在 vlan 接口上配置 IP 地址即可,VLAN 1 接口上的地址就是 PC1 的网关了,VLAN
2. 接口上的地址就是 PC2 的网关
```

注意：把 f0/5 和 f0/6 接口作为路由接口使用,这时它们就和路由器的以太网接口一样了,可以在接口上配置 IP 地址。如果 S1 上的全部以太网都这样设置,S1 实际上成了具有 24 个以太网接口的路由器了，不建议这样做，太浪费接口了。配置示例如下。

```
S1(config)#int f0/10
S1(config-if)#no switchport //该接口不再是交换接口了，而是成为了路由接口
S1(config-if)#ip address 10.0.0.254 255.255.255.0
```

任务七
交换机冗余备份

7.1 任务背景

为了减少网络的故障时间，网络中经常会采用冗余拓扑。STP 协议可以让具有冗余结构的网络在出现故障时自动调整网络的数据转发路径。STP 重新收敛时间较长，通常需要 30~50 秒，为了减少这个时间，引入了一些补充技术，如 uplinkfast、backbonefast 等。RSTP 则在协议上对 STP 作了根本的改进，形成了新的协议，从而减少了收敛时间。STP 还有许多改进，例如 PVST、MSTP 协议，以及安全措施。本章将介绍常用的 STP 协议配置。

7.2 技能要点

7.2.1 基本 STP

为了增加局域网的冗余性，在网络中常常引入冗余链路，然而这样却会引起交换环路。交换环路会带来 3 个问题：广播风暴、同一帧的多个拷贝、交换机 CAM 表不稳定。

STP （Spanning Tree Protocol，STP）可以解决这些问题。STP 的基本思路是阻断一些交换机接口，构建一棵没有环路的转发树。STP 利用 BPDU（Bridge Protocol Data Unit）和其他交换机进行通信，从而确定哪个交换机该阻断哪个接口。在 BPDU 中有几个关键的字段，如根桥 ID、路径代价、端口 ID 等。

为了在网络中形成一个没有环路的拓扑，网络中的交换机要进行以下 3 个步骤。

（1）选举根桥。

（2）选取根端口。

（3）选取指定端口。

这些步骤中，哪个交换机能获胜将取决于以下因素（按顺序进行）。

（1）最低的根桥 ID。

（2）最低的根路径代价。

（3）最低发送者桥 ID。

（4）最低发送者端口 ID。

每个交换机都具有一个唯一的桥 ID，这个 ID 由两部分组成：网桥优先级、MAC 地址。网桥优先级是一个两个字节的数，交换机的默认优先级为 32768；MAC 地址就是交换机的

MAC 地址。具有最低桥 ID 的交换机就是根桥。根桥上的接口都是指定口，会转发数据包。

选举了根桥后，其他的交换机就成为了非根桥。每台非根桥要选举一条到根桥的根路径。STP 使用路径 Cost 来决定到达根桥的最佳路径（Cost 是累加的，带宽大的链路 Cost 低），最低 Cost 值的路径就是根路径，该接口就是根口。如果 Cost 值一样，就根据选举顺序选举根口。根端口是转发数据包的。

交换机的其他接口还要决定是指定端口还是阻断端口，交换机之间将进一步根据上面的 4 个因素来竞争。指定口是转发数据帧的。剩下的其他接口将被阻断，不转发数据包。这样，网络就构建出一棵没有环路的转发树。

当网络的拓扑发生变化时，网络会从一个状态向另一个状态过渡，重新打开或阻断某些接口。交换机的端口要经过几种状态：禁用（Disable）、阻塞（Blocking）、侦听状态(Listening)、学习状态（Learning）、转发状态(Forwarding)。

7.2.2 生成树协议算法中的有关术语

1．网桥协议数据单元（Bridge Protocol Data Unit，BPDU）

生成树协议是通过在交换机之间周期性发送 BPDU 来发现网络上的环路，并阻塞有关端口来断开环路的。交换机之间是使用 BPDU 传递交换机的信息的。BPDU 包含的信息如下。

（1）报文类型：指出 BPDU 类型是配置 BPDU 或拓扑变更 BPDU。

（2）标记：用于指示与拓扑变更通告 BPDU 有关的信息。

（3）根网桥 ID：通告哪台交换机是网络的根桥。

（4）根端口开销：表示发送此 BPDU 的交换机根端口到根桥的开销。

（5）发送者的桥 ID：是发送此 BPDU 的交换机的 ID。

（6）端口 ID：表示此 BPDU 是从发送者的哪个端口发出的。

2．网桥号（Bridge ID）

网桥号用来标识网络中的每台交换机。它由两部分组成：网桥优先级和交换机 MAC 地址。

3．根网桥（Root Bridge）

具有最小网桥号的交换机。根网桥的所有端口都不会被阻塞，即都处于转发包的状态。

4．根端口（Root Port）

整个网络中只能有一个根网桥，其他网桥称为非根网桥。每个非根网桥都有一个根端口（Root Port）。所谓根端口是指非根网桥的所有端口中到根网桥累计路径开销最小的端口。

5．指定端口（Designated Port）

每个非根网桥还要为所连接的网段选出一个指定端口。一个网段的指定端口是指该网段到根网桥累计路径花费最小的端口。

6．非指定端口（NonDesignated Port）

除了根端口和指定端口外的其他端口称为非指定端口。非指定端口将处于阻塞状态，不转发任何用户数据。

7.2.3 描述生成树协议的算法

步骤 1：根网桥选举

网络中的每一台交换机都周期性地发送 BPDU，每台交换机启动时都假设自己是根网桥，同时在 BPDU 中包含自己的网桥号。当一台交换机收到其他交换机发送来的 BPDU 时，会检查对方交换机的网桥号，网桥号小的交换机作为根网桥。

　　网络中的所有交换机都进行这样的操作。最后，网络中具有最小网桥号的交换机将成为根网桥。如图 7-1 所示，交换机 A 被选为根网桥。根网桥的所有端口都是指定端口。

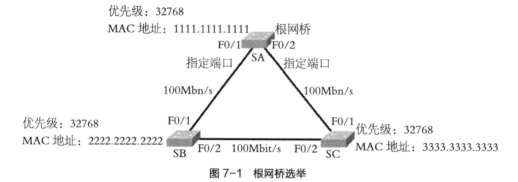

图 7-1　根网桥选举

　　步骤 2：确定非根网桥的根端口
　　如图 7-2 所示，SwitchB、SwitchC 为非根网桥，它们的根端口是什么呢？

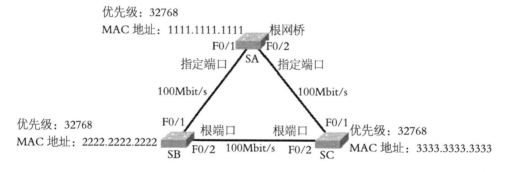

图 7-2　非根网桥的根端口

　　根端口是指非根网桥的所有端口中到根网桥累计路径开销最小的端口。
　　交换机上的每个端口都有端口开销，它的大小根据端口所连接的介质不同而不同，具体见表 7-1。

表 7-1　生成树中各种介质的开销

链路带宽	开销（旧标准）	开销（新标准）
10Mbit/s	100	100
100Mbit/s	19	10
1Gbit/s	4	1
10Gbit/s	2	1
>10Gbit/s	1	1

　　端口上的路径开销就是到达某个目的设备的路径上的一系列端口开销的和。在图中，所有的链路都是 100Mbit 的以太线，那么交换机 C 上的端口 F0/1 和端口 F0/2 的端口开销都

是 19，但是端口 F0/1 到达根桥的路径开销是 19，而端口 F0/2 到达根桥的路径开销是 38，所以端口 F0/1 是根端口。

步骤 3：确定指定端口与阻塞端口

分析：哪些端口是指定端口？哪个端口被阻塞，为什么？

根桥的所有端口都是指定端口。每一个链路上有一个指定端口：距离根桥最近。最后，既不是根端口，又不是指定端口的端口将成为非指定端口。在图 7-3 中，交换机 B 与交换机 C 之间的链路上，两边端口到根桥的开销相等，均为 38，两台交换机就采取比较 MAC 地址的办法决定阻塞哪个端口。因此，交换机 C 的 F0/2 将成为非指定端口。该端口将处于阻塞状态，不能收发任何用户数据。

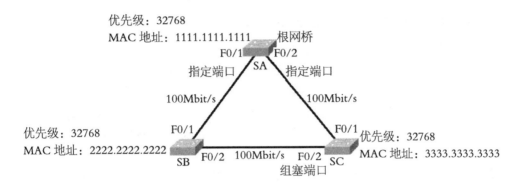

图 7-3 指定端口与阻塞端口

7.2.4 端口的状态

运行生成树协议的交换机，其所有端口都会经过端口状态变化过程。交换机上的端口可能处于以下 4 种状态之一：阻塞、侦听、学习和转发，图 7-4 所示的是交换机端口的 4 种状态转换图。

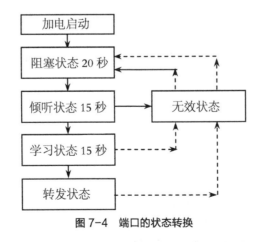

图 7-4 端口的状态转换

1．阻塞状态

当交换机启动时，其每个端口都处于阻塞状态以防止出现环路。此状态会持续 20 秒。

2．侦听状态

在侦听状态下，交换机间将继续收发 BPDU 消息，交换机将确定根端口和指定端口。此状态会持续 15 秒。

3．学习状态

在学习状态下，交换机开始接收用户数据，并根据用户数据内容建立桥接表，但仍然不能转发用户数据。此状态会持续 15 秒。

4．转发状态

在转发状态下，端口开始转发用户的数据包。

阻塞状态和转发状态是生成树协议的一般状态，侦听状态和学习状态是生成树协议的过渡状态。

一个端口从阻塞状态到转发状态需经历的时间：20+15+15=50 秒。

7.2.5 快速生成树协议 RSTP

STP 并不是已经被淘汰，实际上不少厂家目前还仅支持 STP。STP 的最大缺点就是它的收敛时间太长，RSTP 快速生成树的目的就是加快以太网环路故障收敛的速度。

为了解决 STP 协议收敛较慢的缺陷，IEEE 推出了 802.1W 标准，作为对 802.1D 标准的补充。在 IEEE 802.1W 标准里定义了快速生成树协议 RSTP（Rapid Spanning Tree Protocol）。RSTP 协议在 STP 协议基础上做了 4 点重要改进，使得收敛速度变得更快（最快 1 秒以内）。

第一点改进：为根端口和指定端口设置了快速切换用的替换端口（Alternate Port）和备份端口（Backup Port）两种角色。替换端口是作为根端口的备份端口，当根端口正常工作时，替换端口也接收 BPDU 报文，学习 MAC 地址，只是不转发数据。根端口一旦阻塞，替换端口就可以很快地进入转发状态。同样地，当指定端口阻塞时，备份端口也可以很快地进入转发状态，无须经过侦听和学习两个状态，从而大大提高了网络拓扑变化时的收敛速度。

第二点改进：在 RSTP 下，端口的角色与端口的状态独立开来。RSTP 的端口状态有 3 种。丢弃：稳定的活动拓扑以及拓扑同步和更改期间都会出现此状态。丢弃状态禁止转发数据帧，因而可以断开第二层环路。

第三点改进：在只连接了两个交换端口的点对点链路中，指定端口只需与下游网桥进行一次握手就可以无延时地进入转发状态。如果连接了 3 个以上网桥的共享链路，下游网桥是不会响应上游指定端口发出的握手请求的，只能等待两倍 Forward Delay 时间进入转发状态。

第四点改进：把直接与终端相连而不是与其他网桥相连的端口定义为边缘端口（Edge Port）。边缘端口可以直接进入转发状态，不需要任何延时。由于网桥无法知道端口是否是直接与终端相连的，所以需要人工配置。

RSTP 协议相对于 STP 协议改进了很多。为了支持这些改进，BPDU 的格式做了一些修改，但 RSTP 协议仍然向下兼容 STP 协议，可以混合组网。

STP 定义了四种不同的端口状态：侦听（Listening）、学习（Learning）、阻断（Blocking）和转发（Forwarding），其端口状态表现为在网络拓扑中端口状态混合（阻断或转发），在拓扑中的角色（根端口、指定端口等）。在操作上看，阻断状态和侦听状态没有区别，都是丢弃数据帧而且不学习 MAC 地址的，在转发状态下，无法知道该端口是根端口还是指定端口。RSTP 的端口状态只有 3 种状态：Discarding、Leaning 和 Forwarding。

表 7-2 端口的状态

STP 端口状态	RSTP 端口状态	端口是否激活	是否学习MAC地址
Disabled	Discarding	否	否
Blocking	Discarding	否	否
Listening	Discarding	是	否
Learning	Learning	是	是
Forwarding	Forwarding	是	是

7.3 任务需求

对大多数中小型企业而言，计算机网络显然是其不可或缺的重要部分，对网络中的交换机和路由器添加多余的链路会在网络中引入需要动态管理的通信环路。当一条交换机连接断开时，另一条链路要能迅速取代它的位置，同时不造成新的通信环路。在任务中，将学习生成树协议（STP）如何防止网络中的环路问题，以及 STP 协议的发展过程，了解其如何通过快速计算应阻塞的端口来确保基于 VLAN 的网络不会产生通信环路，具体内容如下。

- 根据拓扑图进行网络布线。
- 执行交换机上的基本配置任务。
- 观察并解释生成树协议（STP，802.1D）的默认行为。
- 观察对生成树拓扑变化的响应。

7.4 任务拓扑

STP 拓扑结构如图 7-5 所示。IP 地址分配如表 7-3 所示。

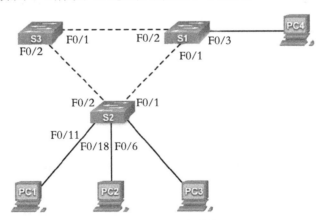

图 7-5 STP 拓扑结构

表 7-3 IP 地址分配表

设备名称	IP 地址	子网掩码	默认网关
S1	192.168.0.1	255.255.255.0	无
S2	192.168.0.2	255.255.255.0	无

设备名称	IP 地址	子网掩码	默认网关
S3	192.168.0.3	255.255.255.0	无
PC1	192.168.0.21	255.255.255.0	192.168.0.254
PC2	192.168.0.22	255.255.255.0	192.168.0.254
PC3	192.168.0.23	255.255.255.0	192.168.0.254
PC4	192.168.0.24	255.255.255.0	192.168.0.254

7.5　任务实施

7.5.1　基本交换机配置

（1）根据拓扑图完成网络电缆连接。

本任务中所使用的网络设备为 Cisco 2960 交换机。

（2）清除现有交换机所有配置。

删除 VLAN 数据库信息文件。

```
Switch>enable
Switch#
Switch#delete flash: vlan.dat
Delete filename [vlan.dat]? [Enter]
Delete flash: vlan.dat? [confirm] [Enter]
```

从 NVRAM 删除交换机启动配置文件。

```
Switch#erase startup-config
Erasing the nvram filesystem will remove all configuration files!
Continue?
[confirm] [Enter]
[OK]
Erase of nvram: complete
```

使用 show vlan 特权执行命令确认只存在默认 VLAN，并且所有端口都已分配给 VLAN 1。

```
S1#show vlan
VLAN Name Status Ports
1 default active Fa0/1, Fa0/2, Fa0/3, Fa0/4,
                 Fa0/5, Fa0/6, Fa0/7, Fa0/8,
                 Fa0/9, Fa0/10, Fa0/11, f/12,
                 Fa0/13, Fa0/14, Fa0/15,
                 Fa0/16, Fa0/17, Fa0/18, f0/19,
                 Fa0/20Fa0/21, Fa0/22,
                 Fa0/23, Fa0/24
                 Gig0/1, Gig0/2

1002 fddi-default active
```

```
1003 token-ring-default active
1004 fddinet-default active
1005 trnet-default active
```

（3）配置基本交换机参数。

根据以下指导原则配置 S1、S2 和 S3 交换机。

- 配置交换机主机名。
- 禁用 DNS 查找。
- 将执行模式口令配置为 class。
- 为控制台连接配置口令 Cisco。
- 为 VTY 连接配置口令 Cisco。

```
Switch#configure terminal
Enter configuration commands, one per line. End with CNTL/Z.
Switch(config)#hostname S1
S1(config)#enable secret class
S1(config)#no ip domain-lookup
S1(config)#line console 0
S1(config-line)#password Cisco
S1(config-line)#login
S1(config-line)#line vty 0 15
S1(config-line)#password Cisco
S1(config-line)#login
S1(config-line)#end
%SYS-5-CONFIG_I: Configured from console by console
S1#copy running-config startup-config
Destination filename [startup-config]?
Building configuration...
[OK]
```

7.5.2 准备网络

（1）使用 shutdown 命令禁用所有端口。使用 shutdown 命令确保交换机端口初始状态为非活动状态。使用 interfacerange 命令可简化此操作。

```
S1(config)#interface range fa0/1-24
S1(config-if-range)#shutdown
S1(config-if-range)#interface range gi0/1-2
S1(config-if-range)#shutdown
----------------------------------------------------------------
S2(config)#interface range fa0/1-24
S2(config-if-range)#shutdown
S2(config-if-range)#interface range gi0/1-2
S2(config-if-range)#shutdown
```

```
--------------------------------------------------------------
S3(config)#interface range fa0/1-24
S3(config-if-range)#shutdown
S3(config-if-range)#interface range gi0/1-2
S3(config-if-range)#shutdown
```

（2）以接入模式重新启用 S1 和 S2 上的用户端口。参考拓扑图，确定 S2 上供最终用户设备接入的交换机端口有哪些。这 3 个端口将配置为接入模式，并通过 no shutdown 命令启用。

```
S1(config)#interface fa0/3
S1(config-if)#switchport mode access
S1(config-if)#no shutdown
--------------------------------------------------------------
S2(config)#interface range fa0/6, fa0/11, fa0/18
S2(config-if-range)#switchport mode access
S2(config-if-range)#no shutdown
```

（3）在 S1、S2 和 S3 上启用中继端口。

```
S1(config-if-range)#interface range fa0/1, fa0/2
S1(config-if-range)#switchport mode trunk
S1(config-if-range)#no shutdown
--------------------------------------------------------------
S2(config-if-range)#interface range fa0/1, fa0/2
S2(config-if-range)#switchport mode trunk
S2(config-if-range)#no shutdown
--------------------------------------------------------------
S3(config-if-range)#interface range fa0/1, fa0/2
S3(config-if-range)#switchport mode trunk
S3(config-if-range)#no shutdown
```

（4）在所有 3 台交换机上配置管理接口地址。

```
S1(config)#interface vlan1
S1(config-if)#ip address 172.17.10.1 255.255.255.0
S1(config-if)#no shutdown
--------------------------------------------------------------
S2(config)#interface vlan1
S2(config-if)#ip address 172.17.10.2 255.255.255.0
S2(config-if)#no shutdown
--------------------------------------------------------------
S3(config)#interface vlan1
S3(config-if)#ip address 172.17.10.3 255.255.255.0
S3(config-if)#no shutdown
```

7.5.3　配置主机 PC

使用本任务地址表中的 IP 地址、子网掩码和网关配置 PC1、PC2、PC3 和 PC4 的以太网接口。

7.5.4　配置生成树

1. 检查 802.1D STP 的默认配置

在每台交换机上，使用 show spanning-tree 命令列出其上的生成树表。根选举取决于实验中每台交换机的 BID，因而会产生不同的输出结果。

2. 检查输出

存储在生成树 BPDU 中的网桥标识符（网桥 ID）包含网桥优先级、系统 ID 扩展和 MAC 地址。网桥优先级与系统 ID 扩展的组合或两者相加之和称为网桥 ID 优先级。系统 ID 扩展始终等于 VLAN 号。例如，VLAN 100 的系统 ID 扩展为 100。如果使用默认网桥优先级值 32768，则 VLAN 100 的网桥 ID 优先级为 32868（32768+100）。show spanning-tree 命令可显示网桥 ID 优先级的值。注意：括号中的"优先级"值的第一部分代表网桥优先级的值，第二部分代表系统 ID 扩展的值。根据输出回答下列问题。

（1）VLAN 1 上交换机 S1、S2 和 S3 的网桥 ID 优先级分别是多少？

a. S1_____

b. S2_____

c. S3_____

（2）哪台交换机是 VLAN 1 生成树的根？ _____

（3）S1 上哪些生成树端口处于阻塞状态？ _____

（4）S3 上哪些生成树端口处于阻塞状态？ _____

（5）STP 根据什么选择根交换机？ _____

（6）由于这些网桥的优先级全部相同，交换机会另外根据哪项信息来确定根网桥？

_____

7.5.5　观察 802.1D STP 对拓扑变化的响应

现在来观察当特意模拟断开链路时会发生什么情况？

（1）使用 debug spanning-tree events 命令将交换机置于生成树调试模式下。

```
S1#debug spanning-tree events
Spanning Tree event debugging is on
S2#debug spanning-tree events
Spanning Tree event debugging is on
S3#debug spanning-tree events
Spanning Tree event debugging is on
```

（2）特意关闭 S1 上的端口 Fa0/1。

```
S1(config)#interface fa0/1
S1(config-if)#shutdown
```

（3）记录 S2 和 S3 的调试输出。

（4）使用 show spanning-tree 命令检查生成树拓扑中发生了什么变化。

7.6 疑难故障排除与分析

7.6.1 常见故障现象

1. 现象一——PortFast 配置错误

PortFast 一般只对连接到主机的端口或接口启用。当此类端口上的链路开始工作时，网桥会跳过 STA 的第一个阶段，直接转换到转发模式。

图 7-6 所示，交换机 S1 上的端口 F0/1 已处于转发状态。端口 F0/2 上错误配置了 PortFast 功能。因此，当交换机 S2 再使用一条链路连接到 S1 上的 F0/2 时，该端口会自动转换到转发模式，并生成环路。

注意：不要对连接到其他交换机、集线器或路由器的交换机端口或接口使用 PortFast，否则可能形成网络环路。

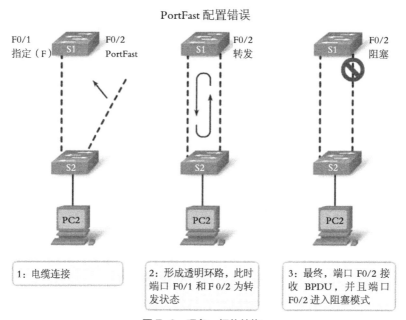

PortFast 配置错误

图 7-6 现象一拓扑结构

2. 现象二——网络直径问题

STP 计时器的默认值将最大网络直径保守的限制为 7。图 7-7 显示了一个直径为 8 的网络。最大网络直径限制了网络中交换机之间的最大距离。因此，两台不同交换机之间的距离不能超过 7 跳。造成此限制的部分原因是 BPDU 携带的老化时间字段。

当 BPDU 从根桥传播到树的枝叶时，BPDU 每经过一台交换机，BPDU 携带的老化时间字段就会递增一次。最后，如果老化时间字段超出了最大老化时间值，交换机就会丢弃该BPDU。如果根距离网络中的某些交换机太远，BPDU 就会被丢弃。此问题会影响到生成树的收敛。

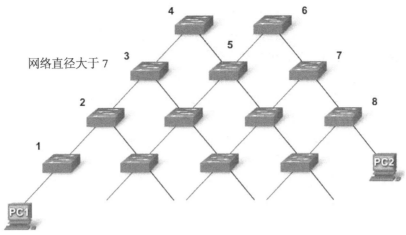

网络直径大于 7

图 7-7   现象二拓扑结构

7.6.2   故障解决方法

1．现象一解决方法

改变端口 f 0/2 处于转发状态。

2．现象二解决方法

当更改 STP 计时器的默认值时务必非常小心。试图通过此方法来获得更快的收敛速度可能会带来一定危险。STP 计时器变动会影响网络的直径以及 STP 的稳定性。可以更改交换机优先级来选举根桥，更改端口开销或优先级参数来控制冗余性和负载均衡。

7.7   课后训练

请读者自行练习交换机冗余备份的配置。

7.7.1   训练目的

（1）掌握生成树协议的工作原理。
（2）配置两个交换机之间的冗余主干道，对运行的生成树协议进行诊断。

7.7.2   训练拓扑

Cisco 交换机 CATALYST 2950 两台，控制台电缆一条，交叉双绞线若干。

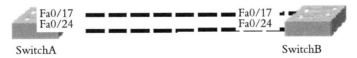

Fa0/17
Fa0/24

Fa0/17
Fa0/24

SwitchA   SwitchB

图 7-8   训练拓扑结构

7.7.3   训练要求

（1）按训练拓扑图连接交换机 SwitchA、SwitchB。
（2）将交换机 SwitchA 和 SwitchB 的第 17、24 号端口设置成为主干道接口。

```
SwitchA(config)#int f0/17
SwitchA(config-if)#switchport mode trunk
```

（3）用双绞线连接 SwitchA 和 SwitchB 的第 17 号端口。

（4）用双绞线连接 SwitchA 和 SwitchB 的第 24 号端口。

（5）在 SwitchA 和 SwitchB 上查看运行的生成树协议，并进行诊断。

```
SwitchA#show spanning-tree
SwitchB#show spanning-tree
```

问题：①STP 的根据是？②阻塞的端口是？

（6）断开处于转发状态的主干道接口，再次查看生成树协议的相关信息。

问题：阻塞的端口是否启用，端口状态经历几次变化？

第 2 篇

路由器配置与管理篇

任务八
路由器基本配置

8.1　任务背景

某学校的网络管理员在设备机房对路由器进行了初次配置后，他希望以后在办公室或出差时也可以对设备进行远程管理。先在路由器上完成配置，使其可以实现这一功能，本任务以一台 C2621 校园网络主校区的路由器为例，路由器命名为 zxq，一台 PC 机使用控制台线，通过串口（Com）连接到路由器的控制（Console）端口，使用交叉线，通过网卡连接到路由器的 Fastethernet0/0 端口。

8.2　技能要点

8.2.1　路由器的硬件组成

路由器具有创建路由、执行命令以及在网络接口上使用路由协议对数据包进行路由等功能。它的硬件基础是接口、CPU 和存储器，软件基础是网络互联操作系统 IOS。

1．路由器接口

路由器接口用作将路由器连接到网络，可以分为局域网接口和广域网接口两种。由于路由器型号的不同，接口数目和类型也不尽相同。常见的接口主要有以下几种。

- 高速同步串口，可连接 DDN、帧中继（Frame Relay）、X.25、PSTN（模拟电话线路）。
- 同步/异步串口，可用软件将端口设置为同步工作方式。
- AUI 端口，即粗缆口。一般需要外接转换器（AUI-RJ45），连接 10Base-T 以太网络。
- ISDN 端口，可以连接 ISDN 网络(2B+D)，可作为局域网接入 Internet 。
- AUX 端口，该端口为异步端口，主要用于远程配置，也可用于拨号备份，可与 Modem 连接，支持硬件流控制（Hardware Flow Ctrol）。
- Console 端口，该端口为异步端口，主要连接终端或运行终端仿真程序的计算机，在本地配置路由器，不支持硬件流控制。

2．路由器的CPU

路由器和PC机一样，有中央处理单元CPU，而且不同的路由器，其CPU一般也不相同，CPU是路由器的处理中心。

3．路由器的内存组件

内存是路由器存储信息和数据的地方，Cisco路由器有以下几种内存组件。

ROM（Read Only Memory）只读存储器

ROM中存储路由器加电自检（Power-On Self-Test，POST）、启动程序（Bootstrap Program）和部分或全部的IOS。路由器中的ROM是可擦写的，所以IOS是可以升级的。

NVRAM（Nonvolatile Random Access Memory）非易失的随机存储器

非易失RAM，存储路由器的启动配置文件，NVRAM是可擦写的，可将路由器的配置信息复制到NVRAM中。

FLASH 闪存

闪存是一种特殊的ROM，可擦写，也可编程，用于存储Cisco的IOS系统的其他版本，用于对路由器的IOS进行升级。

RAM（Random Access Memory）随机存储器

RAM与PC机上的内存相似，提供临时信息的存储，同时保存着当前的路由表和配置信息。

4．路由器的启动过程

① 加电之后，ROM运行加电自检程序（POST），检查路由器的处理器、接口及内存等硬件设备。

② 执行路由器中的启动程序（Bootstrap），搜索Cisco的IOS。路由器中的IOS可从ROM中装入，或从Flash RAM中装入，也可从TFTP服务器装入。

③ 装入IOS后，寻找配置文件。配置文件通常在NVRAM中。配置文件也可从TFTP服务器载入。

④ 加载配置文件后，其中的信息将激活有关接口、协议和网络参数。

⑤ 当找不到配置文件时，路由器进入配置模式。

8.2.2 路由器的基本接入方式

可通过以下几种途径对Cisco路由器进行配置。

1．控制台（Console）

将PC机的串口（Com）直接通过控制台线与路由器控制台端口Console相连，在PC计算机上运行仿真终端软件，与路由器进行通信，完成路由器的配置。也可将PC与路由器辅助端口AUX直接相连，进行路由器的配置。

2．虚拟终端（Telnet）

如果路由器已有一些基本配置，至少有一个端口有效（如Fastethernet口），就可通过运行Telnet程序的计算机作为路由器的虚拟终端与路由器建立通信，完成路由器的配置。

3．网络管理工作站

路由器可通过运行网络管理软件的工作站配置，如Cisco的CiscoWorks、HP的OpenView等。

4．Cisco ConfigMaker

ConfigMaker是一个由Cisco开发的免费的路由器配置工具。ConfigMaker采用图形化的方式对路由器进行配置，然后将所做的配置通过网络下载到路由器上。ConfigMaker 要求路由器运行在 IOS11.2 以上版本，可用 Show Version 命令查看路由器的版本信息。

5．TFTP（Trivial File Transfer Protocol）服务器

TFTP 是一个 TCP/IP 简单文件传输协议，可将配置文件或操作系统从路由器传送到 TFTP 服务器上，也可将配置文件或操作系统从 TFTP 服务器传送到路由器上。TFTP 不需要用户名和口令，使用非常简单。

8.2.3　路由器配置中的 3 种常用模式

当使用 CLI（命令行接口）时，每种模式由该模式独有的命令提示符来标识。命令提示符位于命令行输入区的左侧，由词语和符号组成。之所以使用词语提示符是因为系统正在提示输入。默认情况下，每个提示符都以设备名称开头，命令提示符中设备名称后的部分用于表明状态。路由器有 3 种基本的访问模式。

1．用户模式（User EXEC）

用户模式是路由器启动时的缺省模式，提供有限的路由器访问权限，允许执行一些非破坏性的操作，如查看路由器的配置参数，测试路由器的连通性等，但不能对路由器配置做任何改动。该模式下的提示符为：

```
Router>
```
enable 命令用于进入特权执行模式，路由器提示符在此模式下将从"＞"更改为"＃"。

2．特权模式（Privileged EXEC）

特权模式，也叫使能（Enable）模式，可对路由器进行更多的操作，使用的命令集比用户模式多，可对路由器进行更高级的测试，在特权模式提示符下输入 config　t 命令，进入全局配置模式。

3．全局配置模式（Global Configuration）

全局配置模式是路由器的最高操作模式，可以设置路由器上运行的硬件和软件的相关参数，配置各接口、路由协议和广域网协议，设置用户和访问密码等。

8.2.4　设备名称和口令的配置

1．设备名称配置

CLI 提示符中会使用主机名。如果未明确配置主机名，则路由器会使用出厂时默认的主机名"Router"。交换机的出厂默认主机名为"Switch"。如果网际网络中的多个路由器都采用默认名称"Router"，将会在网络配置和维护时造成很大的混乱。当使用 Telnet 或 SSH 访问远程设备时，如果所有设备都采用其默认名称，无法确定连接的是不是正确的设备。通过审慎的选择并记录名称，就容易记住、讨论和鉴别网络设备。要采用一致有效的方式命名设备，需要在整个公司（或至少在整个机房内）建立统一的命名约定。比较好的做法是在建立编址方案的同时建立命名约定，从而在整个组织内保持良好的可续性。

配置 IOS 主机名

从特权执行模式中输入 configure terminal 命令访问全局配置模式：Router#configure terminal

命令执行后，提示符会变为：Router(config)#

在全局配置模式下，输入主机名：Router(config)#hostname zxq

命令执行后，提示符会变为：zxq(config)#

请注意，该主机名出现在提示符中。要退出全局配置模式，请使用 exit 命令。

例如，要删除某设备的名称，请使用：

zxq(config)# no hostname

Router(config)#

可以看到，no hostname 命令使该路由器恢复到其默认主机名 "Router"。

2．设备口令的配置

使用机柜和上锁的机架限制人员实际接触网络设备是不错的做法，但口令仍是防范未经授权的人员访问网络设备的主要手段。必须从本地为每台设备配置口令以限制访问。在此介绍的口令如下。

（1）控制台口令——用于限制人员通过控制台连接访问设备。

（2）使能口令——用于限制人员访问特权执行模式。

（3）使能加密口令——经加密，用于限制人员访问特权执行模式。

（4）VTY 口令——用于限制人员通过 Telnet 访问设备。

作为一种良好的做法，应该为这些权限级别分别采用不同的身份验证口令。尽管使用多个不同的口令登录不太方便，但这是防范未经授权的人员访问网络基础设施的必要预防措施。此外，请使用不容易猜到的强口令。使用弱口令或容易猜到的口令一直是商业世界中无处不在的安全隐患。

选择口令时请考虑下列关键因素。

（1）口令长度应大于 8 个字符。

（2）在口令中组合使用小写字母、大写字母和数字序列。

（3）避免为所有设备使用同一个口令。

（4）避免使用常用词语，例如 password 或 administrator，因为这些词语容易被猜到。

（5）当设备提示用户输入口令时，不会将用户输入的口令显示出来。这么做是出于安全考虑，很多口令都是因遭偷窥而泄露的。

控制台口令

Cisco IOS 设备的控制台端口具有特别权限。作为最低限度的安全措施，必须为所有网络设备的控制台端口配置强口令。这可降低未经授权的人员将电缆插入实际设备来访问设备的风险。

可在全局配置模式下使用下列命令来为控制台线路设置口令。

```
Router(config)#line console 0
Router(config-line)#password password
Router(config-line)#login
```

命令 line console 0 用于从全局配置模式进入控制台线路配置模式。零 (0) 用于代表路由器的第一个（而且在大多数情况下是唯一的一个）控制台接口。

第二个命令 password password 用于为一条线路指定口令。

login 命令用于将路由器配置为在用户登录时要求身份验证。当启用了登录且设置了口令后，设备将提示用户输入口令。

一旦这 3 个命令执行完成后，每次用户尝试访问控制台端口时，都会出现要求输入口令的提示。

使能口令和使能加密口令

为提供更好的安全性，请使用 enable password 命令或 enable secret 命令。这几个口令都可用于在用户访问特权执行模式（使能模式）前进行身份验证。请尽可能使用 enable secret 命令，而不要使用较老版本的 enable password 命令。enable secret 命令可提供更强的安全性，因为使用此命令设置的口令会被加密。enable password 命令仅在尚未使用 enable secret 命令设置口令时才能使用。如果设备使用的 Cisco IOS 软件版本较旧，无法识别 enable secret 命令，则可使用 enable password 命令。

以下命令用于设置口令。

```
Router(config)#enable password password
Router(config)#enable secret password
```

注意：如果使能口令或使能加密口令均未设置，则 IOS 将不允许用户通过 Telnet 会话访问特权执行模式。

若未设置使能口令，Telnet 会话将作出如下响应。

```
Router>enable
% No password set
Rouer>
VTY Password
```

VTY 线路使用户可通过 Telnet 访问路由器。许多 Cisco 设备默认支持 5 条 VTY 线路，这些线路编号从 0 到 4。所有可用的 VTY 线路均需要设置口令。可为所有连接设置同一个口令。然而，理想的做法是为其中的一条线路设置不同的口令，这样可以为管理员提供一条保留通道，当其他连接均被使用时，管理员可以通过此保留通道访问设备以进行管理工作。下列命令用于为 VTY 线路设置口令。

```
Router(config)#line vty 0 4
Router(config-line)#password password
Router(config-line)#login
```

默认情况下，IOS 自动为 VTY 线路执行了 login 命令，可防止设备在用户通过 Telnet 访问设备时不事先要求其进行身份验证。如果用户错误的使用了 no login 命令，则会取消身份验证要求，这样未经授权的人员就可通过 Telnet 连接到该线路。这是一项重大的安全风险。

8.2.5 路由器接口的配置

路由器接口的配置主要完成以下任务：一是配置局域网 LAN 接口，二是广域网 WAN 接口，具体配置方法如下。

1. LAN 接口的配置

LAN 接口是路由器与局域网的连接点，每个 LAN 接口与一个子网相连，配置 LAN 接口就是将 LAN 接口子网地址范围内的一个 IP 地址分配给 LAN 接口，配置方法如下。

```
Router(config)#interface FastEthernet 0/0
Router(config-if)#ip address IP 地址子网掩码
Router(config-if)#no shutdown
```

配置完成后按 Ctrl+Z 组合键退出配置，回到特权模式。show ip interface f0/0 命令可用来查看配置参数。

2．WAN 接口的配置

串行接口用于将广域网连接到远程站点或 ISP 处的路由器。若要配置串行接口，请按照下列步骤执行。

① 进入全局配置模式。

② 进入接口配置模式。

③ 指定接口 IP 地址和子网掩码。

④ 如果连接了 DCE 电缆，则请设置时钟频率。如果连接了 DTE 电缆，则请跳过此步骤。

⑤ 打开该接口。

使用下列命令配置 IP 地址。

```
Router(config)#interface Serial 0/0
Router(config-if)#ip address  IP 地址子网掩码
```

串行接口需要时钟信号来控制通信定时。在大多数环境中，诸如 CSU/DSU 之类的 DCE 设备会提供时钟。默认情况下，Cisco 路由器是 DTE 设备，但它们可被配置为 DCE 设备。在直接互连的串行链路上（例如实验环境中），其中一端必须作为 DCE 提供时钟信号。时钟功能的启用及其速度是使用 clock rate 命令来设定的。特定串行接口可能不提供某些比特率，这取决于特定接口的性能。在实际运用中，如果需要为确定为 DCE 的接口设置始终频率，请使用 64000 的时钟频率。

```
Router(config)#interface Serial 0/0
Router(config-if)#clock rate 64000
Router(config-if)#no shutdown
```

按 Ctrl+Z 组合键结束接口配置，返回特权模式。show interface s0/0 命令可用来查看串口配置。

8.3 任务需求

某公司由于业务需要新购一批 Cisco 路由器，用于路由内网多个 VLAN 数据，该路由器刚出厂，未曾配置过。现要求尽快熟悉了解这批产品，并能够完成简单的安装、调试任务。首先要求能够登入路由器，并能够了解路由器的常用命令操作。

掌握路由器的常用登录方法。

掌握路由器的命令行的使用。

掌握路由器常用的一些命令。

掌握路由器的各种配置模式，以及在各种模式间如何切换的技巧。

8.4 任务拓扑

路由器基本配置拓扑如图 8-1 所示。

图 8-1 路由器基本配置拓扑

8.5 任务实施

8.5.1 路由器主名的配置

```
Router>en
Router#config t
Router(config)#hostname zxq
```

8.5.2 路由器接口 IP 地址的配置

```
zxq(config)#interface fastEthernet 0/0
zxq(config-if)#ip address 192.168.12.253 255.255.255.248
zxq(config-if)#no shutdown
zxq(config-if)#interface Serial0/0
zxq(config-if)#ip address 192.168.0.1 255.255.255.252
zxq(config-if)#clock rate 64000
zxq(config-if)#no shutdown
zxq(config-if)#end
```

8.5.3 常用查看命令

```
zxq#show run                  //查看运行配置文件
zxq#show ip interface brief   //查看接口主要信息
```

8.5.4 远程登录密码配置

```
zxq(config)#line vty 0 15
zxq(config-line)#login
zxq(config-line)#password Cisco
zxq(config-line)#end
```

8.5.5 控制台密码配置

```
zxq#config t
zxq(config)#line con 0
zxq(config-line)#login
zxq(config-line)#password Cisco
zxq(config-line)#exit
```

8.5.6 使能密码配置

```
zxq(config)#enable secret Cisco      //使能加密密码配置
zxq(config)#enable password Cisco    //使能明文密码配置
```

8.5.7 保存操作

```
zxq#copy running-config startup-config
zxq#sh startup-config          //显示启动配置文件
```

8.6 疑难故障排除与分析

8.6.1 常见故障现象

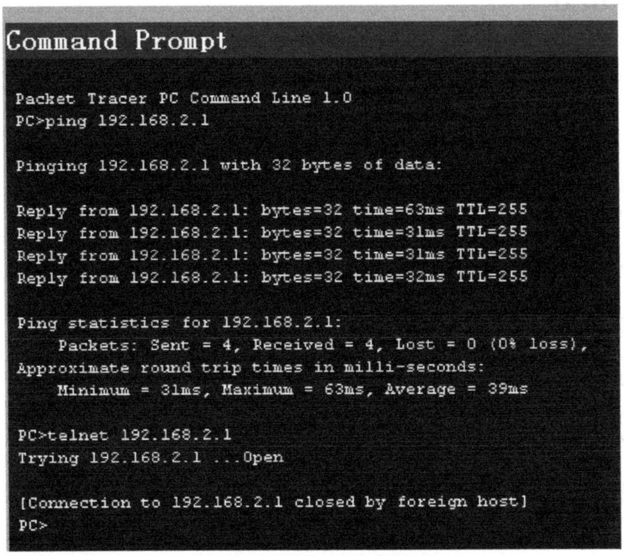

```
Command Prompt

Packet Tracer PC Command Line 1.0
PC>ping 192.168.2.1

Pinging 192.168.2.1 with 32 bytes of data:

Reply from 192.168.2.1: bytes=32 time=63ms TTL=255
Reply from 192.168.2.1: bytes=32 time=31ms TTL=255
Reply from 192.168.2.1: bytes=32 time=31ms TTL=255
Reply from 192.168.2.1: bytes=32 time=32ms TTL=255

Ping statistics for 192.168.2.1:
    Packets: Sent = 4, Received = 4, Lost = 0 (0% loss),
Approximate round trip times in milli-seconds:
    Minimum = 31ms, Maximum = 63ms, Average = 39ms

PC>telnet 192.168.2.1
Trying 192.168.2.1 ...Open

[Connection to 192.168.2.1 closed by foreign host]
PC>
```

图 8-2 测试故障现象图

8.6.2 故障解决方法

在 RouterA 路由器上配置 VTY 密码。

```
RouterA(config)#line vty 0 15
RouterA(config-line)#login
% Login disabled on line 66, until 'password' is set
% Login disabled on line 67, until 'password' is set
% Login disabled on line 68, until 'password' is set
% Login disabled on line 69, until 'password' is set
% Login disabled on line 70, until 'password' is set
% Login disabled on line 71, until 'password' is set
% Login disabled on line 72, until 'password' is set
% Login disabled on line 73, until 'password' is set
% Login disabled on line 74, until 'password' is set
% Login disabled on line 75, until 'password' is set
% Login disabled on line 76, until 'password' is set
% Login disabled on line 77, until 'password' is set
% Login disabled on line 78, until 'password' is set
% Login disabled on line 79, until 'password' is set
% Login disabled on line 80, until 'password' is set
% Login disabled on line 81, until 'password' is set
RouterA(config-line)#password cisco
```

8.7　课后训练

请读者熟悉路由器的基本配置。

8.7.1　训练目的

熟悉路由器的各个配置模式，熟练 Hostname、Enable Password、Rnable Secret、Config Terminal 等命令的使用，学会帮助的使用，记住常用的快捷键。

8.7.2　训练拓扑

课后训练拓扑结构如图 8-3 所示。

图 8-3　课后训练拓扑图

8.7.3　训练要求

（1）能够使用口令登录路由器。

（2）能够用 Enable 进入特权模式，用 Config Terminal 进入配置模式。

（3）会使用命令提示查看各模式下的可用命令。

① 首先用一根交叉线将 PC 与路由器的配置端口（Console）连接，在 PC 上用超级终端软件连接路由器。

超级终端设置 com 口设置：**Speed: 9600 bit/s**

```
Data bit/s: 8
Stop bit/s: 1
Parity: None
Flow control: None
```

② 登录到路由器查看用户模式下可用的命令。

用 enable 命令进入特权模式，查看特权模式可以用的命令；用 show version 命令查看路由器信息，配置寄存器的值；用 terminal history 命令设置命令缓冲区大小。

配置过程：

```
Router>enable
Router#show version
Router#terminal history size size
```

③ 用 configure terminal 命令进入全局配置模式，查看此模式下用户可以用的命令。

```
Router#config terminal
Router(config)#?
```

④ 在配置过程中，路由器命令行会经常弹出一些信息，可以用以下命令来保留在弹出消息前未输入完的命令。

```
Router(config)#line line_type line_#
Router(config-line)#logging synchronous
```

例如：router(config)#line console 0

Router(config)#logging synchrounous

⑤ 设置密码：Cisco 支持两个级别的密码：用户执行模式密码和特权执行模式密码。
用户执行密码在相应的 Line 类型下设置，下面列出 3 种用户执行模式密码的设置方法。

a. 控制台接口登录：

```
router(config)#line console 0
router(config-line)#password console_password
router(config-line)#exit
```

b. 虚拟终端登录：

```
router(config)#line vty 0 4
router(config-line)#login
router(config-line)#password telnet_password
```

c. 辅助接口：

```
router(config)#line aux 0
router(config-line)#password console_password
```

特权执行模式密码设置方法为：

```
router(config)#enable password privileged_exec_password
router(config)#enable secret privileged_exec_password
```

如果同时设置了 Enable Password 和 Enable Secret 两个特权执行模式的密码，路由器将用 Enable Secret 设置的密码来验证访问。

d. 在默认的 10 分钟内没有对路由器进行操作时，路由器将自动退出登录。

设置非活动超时时间为 20 分钟。

```
Router(config)#line line_type line_#
Router(config-line)#exec-timeout minutes seconds
```

例如，设置执行非活动超时时间为 25 分钟 50 秒：

```
Router(config)#line console 0
Router(config-line)#exec-timeout 25 50
```

⑥ 全局配置模式下用 banner motd #命令给路由器设置登录信息：welcome!。

配置方法为：

```
Router(config)#banner motd #输入登录信息#
```

⑦ 在特权配置模式下设置路由器的时钟。用 clock set 命令设置时间为 19：20：20 may 2004，之后用 show clock 确认时间设置。

```
Router#clock set hours: minutes: seconds day month year
Router#show clock
```

⑧ 用 terminal history size 命令设置命令缓冲区大小为 20。

```
Router#terminal history size 20
```

任务九
路由器密码恢复

9.1 任务背景

某高校网络中心管理员设置了中心路由器口令后，很长一段时间没有登录路由器，而且也没有对口令设置留有记录，当再次登录设备时无法正常访问路由器，而各网段和网络工作都正常。该管理员初步确定是自己设了较为复杂的用户口令，时间久未做记录，忘记口令。于是该管理员在下班后，试图对这台路由器进行口令恢复。本任务重点解决路由器密码丢失或者忘记后，如何解决密码的恢复问题。

9.2 技能要点

9.2.1 Cisco IOS 软件中的引导选项

在进行思科路由器密码恢复前需要了解 Cisco IOS 软件的一些常识，特别是引导选项在后面的密码恢复时就会用到它们。在 Cisco 系列中可以通过以下 3 种方式来引导 IOS 软件。

1．闪存（Flash Memory）

通过这种方法可以复制一个系统映像，而无需修改只读存储器(ROM)。当从 TFTP 服务器加载系统映像出现故障的时候，存储在闪存中的信息并不会因此而造成丢失现象。

2．网络服务器（Network Server）

```
router # configure terminal
router (config)#boot system tftp test.exe 172.16.13.111
router # copy running-config startup-config
```

3．ROM

如果闪存崩溃而且网络服务器也不能加载系统映像，那么从 ROM 中启动系统就是软件中最后一个引导选项了。然而 ROM 中的系统映像很可能是 Cisco IOS 软件的一个子集，但缺乏完整 Cisco IOS 软件所需的协议、属性和配置。而且如果在购买路由器后已经对软件进行了升级，那这也可能是 Cisco IOS 软件的一个更旧的版本。

```
router # configure terminal
router #(config)#boot system rom
```

```
router # copy running-config startup-config
```

9.2.2　Cisco 路由器密码恢复原理

Cisco 路由器可以保存几种不同的配置参数并存放在不同的内存模块中。以 Cisco 2500 系列为例，其内存包括 ROM、闪存（Flash Memory）、非易失 RAM（NVRAM）、RAM 和动态内存（DRAM）5 种。

一般情况下，当路由器启动时，首先运行 ROM 中的程序进行系统自检及引导。然后运行闪存中的 IOS，并在 NVRAM 中寻找路由器配置并装入 DRAM 中。

口令恢复的关键在于对配置登记码（Configuration Register Value）进行修改，从而让路由器从不同的内存中调用不同的参数表进行启动。有效口令存放在 NVRAM 中，因此，修改口令的实质是将登记码进行修改，从而让路由器跳过 NVRAM 中的配置表直接进入 ROM 模式，然后对有效口令和终端口令进行修改或者重新设置有效加密口令，完成后再将登记码恢复。

9.2.3　Cisco 路由器密码恢复类别

有效加密口令（Enabled Secret Password）：安全级别最高的加密口令，在路由器的配置表中以密码的形式出现。

有效口令（Enabled Password）：安全级别高的非加密口令，当没有设置有效加密口令时，使用该口令。

终端口令（Enabled Password）：用于防止非法或未授权用户修改思科路由器密码恢复，当用户通过主控终端对路由器进行设置时，使用该口令。

9.3　任务需求

本任务中，熟练掌握路由器控制台（Console）端口、辅助口（AUX）、虚拟终端（VTY）线路、特权模式(Enable)口令及密码的设置，并在此基础上掌握路由器口令的恢复。

9.4　任务拓扑

路由器密码恢复拓扑图如图 9-1 所示。

图 9-1　路由器密码恢复拓扑图

表 9-1　地址表

设　　备	接　　　口	IP 地址	子网掩码	默认网关
Router	F0/0	192.168.1.254	255.255.255.0	无
PC1	网卡	192.168.1.10	255.255.255.0	192.168.1.254

9.5 任务实施

9.5.1 路由器密码的配置与取消

步骤 1：进入全局配置模式。

```
Router>
Router> enable 进入特权模式
Router# config terminal 进入全局配置模式
Router(config)#
```

步骤 2：设置特权非加密口令。

```
Router(config)# enable password Cisco1//设置口令为 Cisco1
```

步骤 3：设置特权加密口令。

```
Router(config)# enable secret Cisco2        //设置口令为 Cisco2
```

步骤 4：设置控制台端口口令。

```
Router(config)# line console 0//进入控制台口初始化
Router(config-line)# login //允许登录
Router(config-line)# password Cisco3      //设置登录口令 Cisco3
```

步骤 5：设置 VTY 线路口令。

```
Router(config)# line vty 0 4//进入虚拟终端口 vty
Router(config-line)# login//允许登录
Router(config-line)# password Cisco4//设置登录口令 Cisco4
```

步骤 6：设置 Perform Password Encryption 对密码进行加密。

```
Router(config)# service password-encryption //加密明文口令
Router(config)# no service password-encryption    //取消加密口令
```

步骤 7：取消特权非加密口令。

```
Router(config)# no enable password
```

步骤 8：取消控制台端口口令。

```
Router(config)# line console 0 //进入控制台口初始化
Router(config-line)# no password
```

步骤 9：取消 VTY 线路口令。

```
Router(config)# line vty 0 4 //进入虚拟终端口
Router(config-line)# no password
```

9.5.2 路由器口令恢复的技巧（以 C2621 路由器为例）

步骤 1：在路由器启动过程中，60 秒内按下"Ctrl+Break"组合键，路由器启动后进入 Rommon 模式。

```
Rommon>
```

步骤 2：配置寄存器值 0x2142。

```
Rommon>confreg 0x2142
```

步骤 3：重新启动路由器。

```
Rommon>reset
```

步骤 4：在特权模式下将启动配置文件拷贝到运行配置(恢复路由器配置)。

```
Router# copy startup-config running-config
```

步骤 5：在全局配置模式下重新设置密码。

```
Route (config)#enable secret Cisco123
```

步骤 6：在配置模式下重新配置寄存器值。

```
Router(config)# config-register 0x2102
```

步骤 7：保存配置。

```
Router#write
```

步骤 8：重启路由器。

```
Router#reload
```

9.6 疑难故障排除与分析

9.6.1 常见故障现象

1. 现象一

Cisco2000 系列、2500 系列、3000 系列、使用 680x0MotorolaCPU 的 Cisco4000 系列、运行 10.0 版本以上 Cisco IOS 系统的 7000 系列路由器忘记或丢失 Enable 密码的情况时密码恢复的方法。

2. 现象二

Cisco1003、1600 系列、3600 系列、4500 系列、7200 系列、7500 系列和 IDTOrion-Based 路由器忘记或丢失 Enable 密码的情况时密码恢复的方法。

9.6.2 故障解决方法

1. 现象一解决方法

（1）在路由器的 Console 口接上一个终端或用安装仿真终端软件的 PC 机。

（2）输入 show version 命令，然后记下寄存器值，通常是 0x2102 或者 0x102。这个值显示在最后一行，注意寄存器的配置是否把 Break 设为 Enable 或 Disable。缺省配置寄存器值是 0x2102。这个值从左数第三个数字如果是 1，则是 DisableBreak；如果为 0，则 Break 为 Enabled。

（3）切断电源后再重启。

（4）在路由器启动的 60 秒内在终端机上按 Break 键，将显示 rommon>提示符。如果提示符不是这样，则终端没有发出正确的中断信号，检查 Break 键是否正确或是否被设为 Disable。

（5）在提示符下输入 o/r0x42 或 o/r0x41。o/r0x42 意思是从 Flashmemory 引导，o/r0x41 意思是从 ROMs 引导（注意：第一个字符是字母 o，不是数字 0）。本书建议最好用 0x42，在 Flashmemory 没有装或 Erase 的情况下，才用 0x41。如果用 0x41，则只能 View 或 Erase 配置，不能直接更改密码。

（6）在 rommon>提示符下输入初始化命令。

（7）输入系统配置对话提示符 No，一直等提示信息显示：PressRETURNtogetstarted!。

（8）敲回车，出现 Router>提示符。

（9）输入 Enable 命令，出现 Router#提示符。

（10）选择下面选项中的一项。

如果 Password 没有加密，直接用 morenvram：startup-config 命令可以看密码；在 Password 加密的情况下，无法看，只能修改，输入命令如下。

```
Router#configure memory
Router#configure terminal
Router(config)#enablesecret1234abcd
Router(config)#ctrl-z
Router#writememory
```

（11）在 EXEC 提示符输入 configureterminal 进入配置模式。输入 config-register 命令，把在第二步中记录的寄存器值复原。

（12）敲 Ctrl-Z，退出配置状态。

（13）在特权模式下用 write memory 命令保存配置，然后 Reboot 重启。

2．现象二解决方法

（1）在路由器的 Console 口接上一个终端或用安装仿真终端软件的 PC 机。

（2）输入 showversion 命令，然后记下寄存器值，通常是 0x2102or0x102。这个值显示在最后一行，注意：寄存器的配置是否把 Break 设为 Enable 或 Disable。缺省配置寄存器值是 0x2102。这个值从左数第三个数字如果是 1，则是 DisableBreak；如果为 0，则 Break 为 Enabled。

（3）切断电源后再重启。

（4）在路由器启动的 60 秒内在终端机上按 Break 键，将显示 rommon>提示符。如果提示符不是这样，则终端没有发出正确的中断信号，检查 Break 键是否正确或是否被设为 Disable。

（5）在 rommon>提示符下输入 confreg 命令。

Doyouwishtochangeconfiguration[y/n]?

输入 Yes，然后回车。在回答后面的问题时一直选择 No，直到出现"ignore system configinfo[y/n]?"时输入 Yes。接着继续敲 No 回答，一直到看到 "change boot characteristics[y/n]?" 时输入 Yes。

Enter to boot：在这个提示符下可以有 2 和 1 两种选择。如果 Flash memory Iserased 选择 1，这样只能 View or erase 配置，不能直接修改 Password。此处最好选择 2。出现如下提示：Do you wish to change configuration[y/n]?时，回答 No，然后回车，显示 "rommon>"。

（6）在特权 EXEC 下输入 Reload 命令。

9.7　课后训练

请读者自行练习 Cisco 2600 路由器密码恢复。

9.7.1　训练目的

熟练掌握路由器控制台（Console）端口、辅助口（AUX）、虚拟终端（VTY）线路、特权模式（Enable、Secret）口令及密码的设置，并在此基础上掌握路由器口令的恢复。

9.7.2 训练拓扑

图9-2 训练拓扑图

9.7.3 训练要求

（1）根据拓扑图进行网络布线。

（2）根据拓扑设计网络设备的 IP 编址情况，保证网络的连通性。

（3）按下"Ctrl+Break"组合键，进入 ROM Monitor 模式。

（4）使用该命令修改路由器的配置寄存器的值，使路由器在下次重启时不加载启动配置（NVRAM 中的 Startup-config），从而跳过用户口令及特权口令的验证，进入特权模式。

（5）使用该命令重新启动路由器，重启后，看到系统提示后，选择 No 直接进入 CLI 模式，按回车键继续下一步。

（6）此时使用 show version 命令查看配置寄存器的值为 0x2142。

（7）使用 show run 命令查看配置。

（8）将 NVRAM 中的配置内容 Startup-config 拷贝到 RAM 中的 Running-config 中，方便进行修改，然后设置新口令。若没有该步操作，会导致在下次重启后，新口令设置失败。

（9）路由器下次重启后将加载启动配置，须使用新口令进行验证，将 RAM 中的配置内容 Running-config 拷贝到 NVRAM 中的 Startup-config 中。

（10）Cisco 2500、2000、3000、4000 和 7000 系列路由器的口令恢复与上述操作基本相同，其主要差别为：修改配置寄存器的命令为"o/r 0x2142"，以及重启命令为"i"，其他系列的路由器与 2600 系列基本一致。

任务十
路由器系统的备份与恢复

10.1 任务背景

通过前面任务的学习，已经对 Cisco IOS 系统有了初步的认识，然而在网络管理员日常的网络设备管理中，对使用的 Cisco 路由器中的 IOS 系统软件进行备份、恢复和升级成为工作中必不可少的技能。某网络管理员描述了一个工作中遇到的问题，单位有一台路由器由于操作系统版本老化，不支持很多新的功能，为满足网络需求，管理员从网络上下载了最新的 IOS，并升级路由器操作系统。如何进行系统升级就是本次任务所要介绍的重点内容。

10.2 技能要点

10.2.1 TFTP 协议

TFTP 即为 Trivial File Transfer Protocol，简单文件传输协议，它是 TCP/IP 协议簇中被用来在服务器和客户机之间传输简单文件的协议，从名称上来看似乎和 FTP 协议很类似，其实两者都是用来传输文件，但不同的是，TFTP 较 FTP 在传输文件体积方面要小得多，比较适合传送小体积文件。比如，在对 Cisco 设备进行 IOS 升级或备份时，就是通过此协议连接到 Cisco 的 TFTP 服务器进行相关操作。除此之外，TFTP 操作非常简单，功能也很有限，不能像 FTP 一样实现如身份验证、文件目录查询等诸多功能。因此，在对路由器进行升级 IOS 操作的时候使用 TFTP Server 软件，该软件可在 Cisco 网站上下载。

10.2.2 Flash （闪存）

用来存储 IOS 软件映像文件，闪存是可以擦除存储器的，它能够用 IOS 的新版本覆写。IOS 升级主要是闪存中的 IOS 映像文件进行更换。

10.2.3 TFTP 服务器的使用

下载好 TFTP 服务器之后，可以直接在 PC 机上运行 TFTPServer.exe，如图 10-1 所示，接下来对 TFTP 服务器进行相关配置，主要设置 IOS 文件的存放位置，单击"查看"→"选项"→"TFTP 服务器根目录"，根目录即为 IOS 存放位置，如图 10-2 所示。

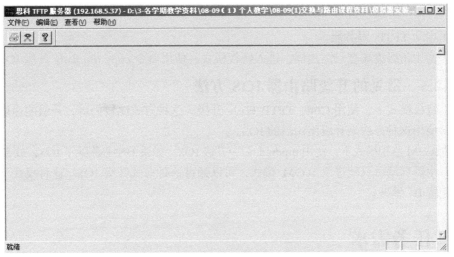

图 10-1　PC 机上运行 TFTP Server.exe

图 10-2　TFTP 服务器进行配置

10.2.4　路由器升级前准备

（1）以 Cisco2621 为例，如图 10-3 所示，对路由器和 PC 进行线路连接，使用控制台线实现 PC 机 COM 口与路由器的 Console 口的连接，其次使用 RJ45 双绞线连接 PC 的网卡与路由器的快速以太网口 F0/0。

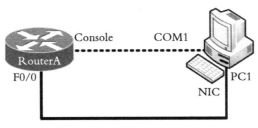

图 10-3　路由器和 PC 线路连接图

（2）分别设置 PC 的 IP 地址和路由器快速以太口 F0/0 的 IP 地址，保证路由器和 TFTP 服务器在相同网段。

（3）测试 PC 和路由器之间是否能够相互通信，在 PC 上 Ping 路由器接口 IP。如果连通说明满足升级要求。

（4）启动 TFTP 服务器。

（5）使用超级终端登录路由器，进入特权模式。使用命令 copy tftp flash 升级 IOS。

10.2.5 常见的升级路由器 IOS 方法

（1）特权模式下，使用 Copy TFTP Flash 升级。这种方式比较简单，升级的速度也比较快，通常使用这种方法来升级路由器的 IOS。

（2）ROM 监视模式下，使用 tftpdnld 命令升级 IOS。如果不小心删除了 IOS，或者 IOS 损坏，则路由器启动后只能进入 ROM 模式，可以通过这种方式升级 IOS。这种模式下需要对路由器配置 IP 地址。

10.3　任务需求

1．特权模式下路由器 IOS 系统升级

2．ROM 监视模式下路由器 IOS 系统升级

10.4　任务拓扑

系统备份拓扑结构如图 10-4 所示。

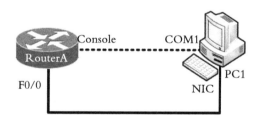

图 10-4　系统备份拓扑图

10.5　任务实施

10.5.1　特权模式下使用 copy tftp flash 命令升级 IOS

步骤 1：连接好网络拓扑结构，使用 RS232(DB9)-RJ45 连接路由器的 Console 口，使用 RJ45 双绞线连接路由器的 F0/0 口，在 PC 机上打开超级终端连接进入路由器。

步骤 2：设置路由器 F0/0 口的 IP 地址。

```
Router#conf t
Enter configuration commands, one per line. End with CNTL/Z.
Router(config)#int f0/0
Router(config-if)#ip ad
Router(config-if)#ip address 172.16.1.1 255.255.255.0
Router(config-if)#no shut
```

设置 PC 机的 IP 地址，如图 10-5 所示。

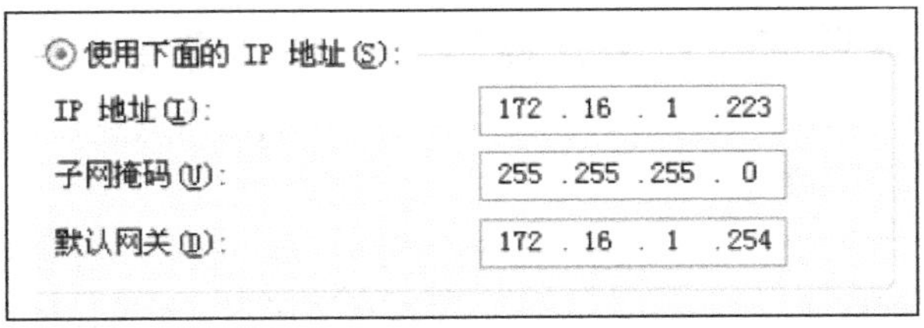

图 10-5　设置 PC 机的 IP 地址

注意： PC 机 的 IP 地址一定要和路由器的接口 IP 处于相同网段，也就是说设置好 PC 机的 IP 后，可以 Ping 通路由器的接口 IP。如果不通，则需要检查配置和硬件连接情况。

步骤 3：启动 Cisco TFTP Server 服务器，并将要升级的 IOS 文件（后缀为 Bin 的文件）放在 TFTP 服务器的根目录下。

步骤 4：在路由器的特权模式下，使用 copy tftp flash 命令。

```
Router#copy tftp flash
Address or name of remote host []? 172.16.1.223 *TFTP 服务器的 IP 地址
Source filename []? c2600-ik8o3s-mz.123-5b.bin *TFTP 服务器上的 IOS 文件名
Destination filename [c2600-ik8o3s-mz.123-5b.bin]? *
%Warning: There is a file already existing with this name
Do you want to over write? [confirm]
Accessing tftp: //172.16.1.223/c2600-ik8o3s-mz.123-5b.bin...
Erase flash: before copying? [confirm]
Erasing the flash filesystem will remove all files! Continue? [confirm]
Erasing device...
eeeeeeeeeeeeeeeeeeeeeeeeeeeeeeeeeeeeeeeeeeeeeeeeeeeeeeeeeeeeeeeeeeeeeeeeeeeeeeeeeeeeeeeeeeeeeeeeeeeeeeeeeeeeee...erasedee
Erase of flash: complete
Loading c2600-ik8o3s-mz.123-5b.bin from 172.16.1.223 (via FastEthernet0/0):
!!!!!!!!!!!!!!!!!!!!!!!!!!!!!!!!!!!!!!!!!!!!!!!!!!!!!!!!!!!!!!!!!!!!!!!!!!!!!!!!!!!!!!!!!!!!!!!!!!!!!!!!!!!!!!!!!!!!!!!!!!!!!!!!!!!!!!
[OK - 18773720 bytes]
Verifying checksum... OK (0x8ACD)
```

此时的 TFTP 服务器同步提示成功，如图 10-6 所示。

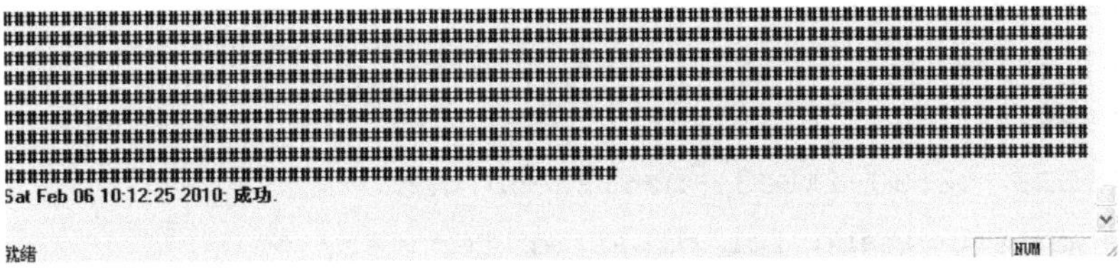

图 10-6　TFTP 服务器同步提示

10.5.2 ROM 监视模式下，使用 tftpdnld 命令升级 IOS

步骤 1：连接好网络拓扑结构，使用 RS232(DB9)–RJ45 连接路由器的 Console 口，使用 RJ45 双绞线连接路由器的 F0/0 口。

步骤 2：路由器加电启动，使用超级终端连接路由器。在开机过程中按"Ctrl+Break"组合键，进入 ROM 监视模式，即 rommon 1>，在这种情形下，对路由器的 IOS 进行升级，情况要稍微复杂一点。在 rommon 1>状态下，可点击？请求帮助（1 为命令行序号，每执行 1 条命令自动加 1）。

```
monitor: command "boot" aborted due to user interrupt
rommon 1 >
rommon 1 >
rommon 1 >
rommon 1 >
```

步骤 3：配置好 PC 机的 IP 地址为 172.16.1.223，子网掩码为 255.255.255.0。

步骤 4：在超级终端上，并在 ROM 模式下给路由器配置 IP 地址，具体做法如下。

```
rommon 3 >IP_ADDRESS = 172.16.1.1 （路由器的 IP 地址）
rommon 4 >IP_SUBNET_MASK = 255.255.255.0 （路由器的掩码）
rommon 5 >DEFAULT_GATEWAY = 172.16.1.223 （缺省网关，是 PC 机的 IP 地址）
rommon 6 >TFTP_SERVER = 172.16.1.223 （是 PC 机的 IP 地址，TFTP 服务器地址）
rommon 7 >TFTP_FILE = c2600-ik8o3s-mz.123-5b.bin （上传 ISO 文件的名称）
rommon 8>sync （保存参数配置）
rommon 9 >set （查看）
PS1=rommon 1 >
RET_2_RTS=
IP_ADDRESS=172.16.1.1
IP_SUBNET_MASK=255.255.255.0
TFTP_SERVER=172.16.1.223
TFTP_FILE=c2600-ik8o3s-mz.123-5b.bin
DEFAULT_GATEWAY=172.16.1.223
BSI=0
RET_2_RCALTS=
?=0
```

步骤 5：在超级终端上执行如下操作。

```
rommon 10 > tftpdnld
IP_ADDRESS:  172.16.1.1
IP_SUBNET_MASK:  255.255.255.0
DEFAULT_GATEWAY:  172.16.1.223
TFTP_SERVER:  172.16.1.223
TFTP_FILE:  c2600-ik8o3s-mz.123-5b.bin
Invoke this command for disaster recovery only.
WARNING: all existing data in all partitions on flash will be lost!
```

```
Do you wish to continue? y/n: [n]: y
Receiving c2600-ik8o3s-mz.123-5b.bin from 172.16.1.223
!!!!!!!!!!!!!!!!!!!!!!!!!!!!!!!!!!!!!!!!!!!!!!!!!!!!!!!!!!!!!!!!!!!!!!
!!!!!!!!!!!!!!!!!!!!!!!!!!!!!!!!!!!!!!!!!!!!!!!!!!!!!!!!!!!!!!!!!!!!!!
File reception completed.
```

10.6 疑难故障排除与分析

10.6.1 常见故障现象

1. 现象一

测试 PC 机和路由器之间的网络不连通。

2. 现象二

在 R1 上使用命令 copy tftp flash 升级 IOS 的映像文件时，Flash 没有足够的空间存放 IOS 的映像文件。

10.6.2 故障解决方法

1. 现象一解决方法

首先检查硬件的连接是否正常，如果在硬件无故障的情况下，检查 PC 机 的 IP 地址和路由器接口的 IP 地址，一定要使 PC 机 IP 和路由器的接口 IP 处于相同网段，也就是说设置好 PC 机 的 IP 后，可以 Ping 通路由器的接口 IP。

2. 现象二解决方法

如果 Flash 空间不够，用命令 delete flash：c2600.bin 删除已有的 IOS 文件。但在删除了 Flash 里的映像文件后不能重启设备，也不能断电。

10.7 课后训练

请读者自行练习路由器 IOS 操作系统的备份与升级。

10.7.1 训练目的

Cisco 的网际操作系统（IOS）是思科设备的核心，随着网络技术的不断发展，通过升级以适应不断变化的技术，满足新的需求，本次训练的目的如下。

（1）备份 R1 的 NVRAM（Startup-config）。

（2）备份 R1 的 IOS 映像文件。

（3）升级 R1 的 IOS 文件。

注意：首先保证 TFTP Server 和路由器是连通的。本训练中用 PC1 作为 TFTP 服务器（PC1 装上 TFTP Server 的软件就可以作为一台 TFTP Server）。

10.7.2 训练拓扑

训练拓扑结构如图 10-7 所示。

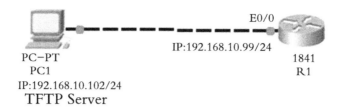

图 10-7　训练拓扑图

10.7.3　训练要求

1. 备份 R1 的 NVRAM（Startup-config）

（1）配置 R1。

（2）配置 PC1 的 IP 地址。

（3）保证 PC1 到 R1 的连通性。

（4）安装 TFTP Server 软件。

（5）在 R1 上使用 copy startup-config tftp：备份 NVRAM 到 TFTP Server。

（6）在 TFTP Server 上查看是否备份成功。

2. 备份 R1 的 IOS 映像文件

（1）在 R1 上使用 show flash：查看映像文件的名字。

（2）在 R1 上使用 copy flash： tftp：备份 IOS 的映像文件到 TFTP Server。

（3）在 R1 上查看备份的映像文件。

3. 升级 R1 的 IOS 文件

（1）查看正在运行的 IOS 映像文件。

注意：在 R1 上使用命令 copy tftp flash 升级 IOS 的映像文件，必须要保证 Flash 有足够的空间存放 IOS 的映像文件，如果 Flash 空间不够，用命令 delete flash：c2600.bin 删除已有的 IOS 文件。注意：如果删除了 Flash 里的映像文件后不能重启设备，也不能断电。

（2）R1#copy tftp: flash。

PART 11

任务十一
静态路由协议的配置

11.1 任务背景

　　某高校今年扩大办学规模，新建了一栋新教学楼，现在要求新教学楼通过路由器能与校园网相连。现要对路由器做适当的配置，实现校园网络主机相互通信。本任务重点理解路由概念，掌握静态路由与默认路由各自的特性，并能够根据具体情况正确配置路由相关参数。掌握静态路由及默认路由的概念及建立要点，能够熟练的进行静态路由、默认路由的配置。

11.2 技能要点

11.2.1 路由器的角色

路由器的功能如下。

1．确定发送数据包的最佳路径

2．将数据包转发到目的地

　　路由器通过获知远程网络和维护路由信息来进行数据包转发。路由器是多个 IP 网络的汇合点或结合部分。路由器主要依据第三层信息，即目的 IP 地址来做出转发决定。路由表最后会确定用于转发数据包的送出接口，然后路由器会将数据包封装为适合该送出接口的数据链路帧。

11.2.2 带下一跳地址的静态路由

路由器可通过两种方式获知远程网络。

（1）手动方式：通过配置的静态路由获知。

（2）自动方式：通过动态路由协议获知。

　　如图 11-1 所示，在 R1 和 R2 之间运行路由协议是一种浪费资源的行为，因为 R1 只有一条路径用于发送非本地通信。因此，使用静态路由来连接到不与路由器直连的远程网络。在 R2 上配置一条静态路由，用于到达与 R1 相连的 LAN。

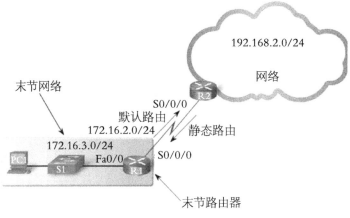

图 11-1　静态路由配置拓扑

配置静态路由的命令是 ip route。配置静态路由的完整语法如下。

Router(config)#**ip route**network-address subnet-mask {ip-address | exit-interface}

network-address：要加入路由表的远程网络的目的网络地址。

subnet-mask：要缴入路由表的远程网络的子网掩码。

IP-address：一般指下一跳路由器的 IP 地址。

exit-interface：将数据包转发到目的网络时使用的送出接口。

11.2.3　带送出接口的静态路由

现在使用另外一种方法来配置这些静态路由。图 11-1 所示，R1 到远程网络 192.168.2.0/24 静态路由配置的下一跳 IP 地址为 172.16.2.2，即为路由器 R2 的 S0/0/0 接口 IP 地址。配置如下所示：

```
R1（config）#ip route 192.168.2.0 255.255.255.0 172.16.2.2
```

此静态路由需要再进行一次路由表查找才能将下一跳 IP 地址 172.16.2.2 解析到送出接口。多数静态路由都可以配置送出接口，这使得路由表可以在一次搜索中解析出送出接口，而不用进行两次搜索。

现在重新配置该静态路由，使用送出接口来取代下一跳 IP 地址。首先删除当前的静态路由，可以通过 no ip route 命令完成这一操作。

```
Router(config)#no ip rotue 192.168.2.0 255.255.255.0 172.16.2.2
Router(config)#ip route 192.168.2.0 255.255.255.0 s0/0/0
Router(config)#end
Router#show ip route
```

在使用 show ip route 命令检查路由表的变化时，将看到路由表中的这一条目不再使用下一跳 IP 地址，而是直接指向送出接口。此送出接口与该静态路由使用下一跳 IP 地址时最终解析出的送出接口相同。

```
S 192.168.2.0/24 is directly connected, Serial0/0/0
```

现在，当路由表过程发现数据包与该静态路由匹配时，它查找一次便能将路由解析到送出接口。而第一种方式的静态路由仍然必须经过两步处理才能解析到相同的 Serial 0/0/0 接口。

当目的网络不再存在或拓扑发生变化时，应删除相应的静态路由，但现有的静态路由无法修改，必须将现有的静态路由删除，然后重新配置一条。要删除静态路由，只需在用于添加静态路由的 ip route 命令前添加 no 即可。

11.2.4 静态路由总结

较小的路由表可以使路由表查找过程更加有效率，因为需要搜索的路由条数更少。如果可以使用一条静态路由代替多条静态路由，则可减小路由表。在许多情况中，一条静态路由可用于代表数十、数百，甚至数千条路由，所以可以使用一个网络地址代表多个子网。例如，10.0.0.0/16、10.1.0.0/16、10.2.0.0/16、10.3.0.0/16、10.4.0.0/16、10.5.0.0/16 一直到 10.255.0.0/16，以上所有这些网络都可以用一个网络地址代表：10.0.0.0/8。如图 11-2 所示，R3 有 3 条静态路由。所有 3 条路由都通过相同的 Serial0/0/1 接口转发通信。R3 上的这 3 条静态路由分别如下。

```
ip route 172.16.1.0 255.255.255.0 Serial0/0/1
ip route 172.16.2.0 255.255.255.0 Serial0/0/1
ip route 172.16.3.0 255.255.255.0 Serial0/0/1
```

如果可能，将所有这些路由总结成一条静态路由。172.16.1.0/24、172.16.2.0/24 和 172.16.3.0/24 可以总结成 172.16.0.0/22 网络。

多条静态路由是否可以总结成一条静态路由，前提是符合以下条件。

首先，目的网络可以总结成一个网络地址，并且多条静态路由都使用相同的送出接口或下一跳 IP 地址，这种情况称为路由总结。

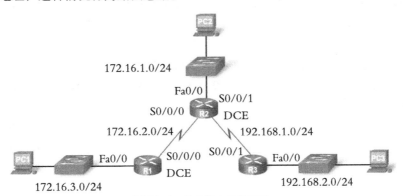

图 11-2 静态路由总结拓扑

具体总结路由的计算过程如图 11-3 所示。以下以创建总结路由 172.16.1.0/22 为例。

（1）以二进制格式写出想要总结的所有网络。

（2）找出用于总结的子网掩码，从最左侧的位开始。

（3）将所有二进制格式的网络地址从左向右数，找出所有连续匹配的位。

（4）当发现有位不匹配时，立即停止。当前所在的位即为总结边界。

（5）计算从最左侧开始的匹配位数，本例中为 22。该数字即为总结路由的子网掩码，本例中为 /22 或 255.255.252.0。

（6）找出用于总结的网络地址，方法是复制匹配的 22 位并在其后用 0 补足 32 位。

通过上述步骤，便可将 R3 上的 3 条静态路由总结成一条静态路由，该路由使用总结网络地址 172.16.0.0 255.255.252.0。

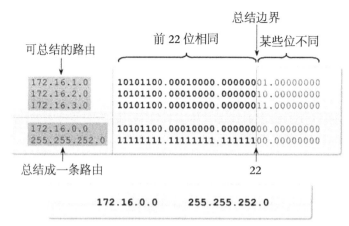

图 11-3　静态路由总结计算示例

配置总结路由前，必须首先删除当前的 3 条静态路由。

```
R3(config)#no ip route 172.16.1.0 255.255.255.0 serial0/0/1
R3(config)#no ip route 172.16.2.0 255.255.255.0 serial0/0/1
R3(config)#no ip route 172.16.3.0 255.255.255.0 serial0/0/1
```

接下来，将配置总结静态路由。

```
R3(config)#ip route 172.16.0.0 255.255.252.0 serial0/0/1
```

11.2.5　默认路由

默认路由是与所有数据包都匹配的路由。出现以下情况时，便会用到默认路由。

路由表中没有其他路由与数据包的目的 IP 地址匹配。也就是说，路由表中不存在更为精确的匹配。

配置默认静态路由的语法类似于配置其他静态路由,但网络地址和子网掩码均为 0.0.0.0:

```
Router(config)#ip route 0.0.0.0 0.0.0.0 [exit-interface | ip-address ]
```

0.0.0.0 0.0.0.0 网络地址和掩码也称为"全零"路由。

如图 11-4 所示，R1 是末节路由器。它仅连接到 R2。目前 R1 有 3 条静态路由，这些路由用于到达拓扑结构中的所有远程网络。所有 3 条静态路由的送出接口都是 Serial 0/0/0,并且都将数据包转发至下一跳路由器 R2。

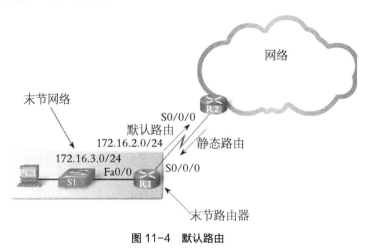

图 11-4　默认路由

R1 上的 3 条静态路由分别如下。

```
ip route 172.16.1.0 255.255.255.0 Serial 0/0/0
ip route 192.168.1.0 255.255.255.0 Serial 0/0/0
ip route 192.168.2.0 255.255.255.0 Serial 0/0/0
```

R1 非常适合进行路由总结，在 R1 上可以用一条默认路由来取代所有静态路由。首先，删除 3 条静态路由。

```
R1(config)#no ip route 172.16.1.0 255.255.255.0 Serial 0/0/0
R1(config)#no ip route 192.168.1.0 255.255.255.0 Serial 0/0/0
R1(config)#no ip route 192.168.2.0 255.255.255.0 Serial 0/0/0
```

接下来，使用与之前 3 条静态路由相同的送出接口 Serial 0/0/0 配置一条默认静态路由：R1(config)#ip route 0.0.0.0 0.0.0.0 Serial 0/0/0。

使用 show ip route 命令检验路由表的更改。

```
S* 0.0.0.0/0 is directly connected, Serial0/0/0
```

请注意 S 旁边的 *（星号）表明该路由是一条默认路由。

11.3 任务需求

在本任务中，将分配一个网络地址，并对这个网络地址进行子网划分，以便完成网络编址。目前，连接到 ISP 路由器的 LAN 编址和 R2 与 ISP 路由器之间的链路已经完成。但还需要配置静态路由以便非直连网络中的主机能够彼此通信。

11.4 任务拓扑

任务拓扑结构如图 11-5 所示。

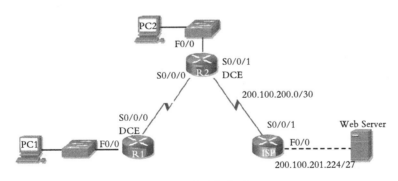

图 11-5 任务拓扑图

表 11-1 地址表

设　　备	接　　口	IP 地址	子网掩码	默认网关
R1	F0/0			无
	S0/0/0			无

设　备	接　口	IP 地址	子网掩码	默认网关
R2	F0/0			无
	S0/0/0			无
	S0/0/1	200.100.200.2	255.255.255.252	无
ISP	F0/0	200.100.201.225	255.255.255.224	无
	S0/0/0	200.100.200.1	255.255.255.252	无
PC1	网卡			
PC2	网卡			
Web 服务器	网卡	200.100.201.253	255.255.255.224	200.100.201.225

11.5　任务实施

11.5.1　对地址空间划分子网

连接到 ISP 路由器的 LAN 编址和 R2 与 ISP 路由器之间的链路已经完成。在网络设计中，可以使用 192.168.2.0/24 地址空间。请对该网络进行子网划分，以提供足够的 IP 地址来支持 60 台主机。

需要将 192.168.2.0/24 网络划分为多少个子网？ _____

这些子网的网络地址分别是什么？

子网 0：_____

子网 1：_____

子网 2：_____

子网 3：_____

这些网络以点分十进制格式表示的子网掩码是什么？ _____

以斜杠格式表示的网络子网掩码是什么？ _____

每个子网可支持多少台主机？ _____

为拓扑图分配子网地址。

将子网 1 分配给连接到 R2 的 LAN。

将子网 2 分配给 R2 和 R1 之间的 WAN 链路。

将子网 3 分配给连接到 R1 的 LAN。

子网 0 用于供将来扩展。

11.5.2　确定接口地址

为设备接口分配适当的地址。

（1）将子网 1 中第一个有效主机地址分配给 R2 上的 LAN 接口。

（2）将子网 1 中最后一个有效主机地址分配给 PC2。

（3）将子网 2 中第一个有效主机地址分配给 R1 上的 WAN 接口。

（4）将子网 2 中第二个有效主机地址分配给 R2 上的 WAN 接口。

（5）将子网 3 中第一个有效主机地址分配给 R1 的 LAN 接口。

（6）将子网 3 中最后一个有效主机地址分配给 PC1。

将要使用的地址记录在拓扑图下方的表格中。

11.5.3 准备网络

构建一个拓扑图所示的网络。

11.5.4 执行基本路由器配置

根据以下说明对 R1、R2 和 ISP 路由器进行基本配置。

（1）配置路由器主机名。

（2）禁用 DNS 查找。

（3）配置执行模式口令。

（4）配置控制台连接的口令。

（5）配置 VTY 连接的口令。

11.5.5 配置并激活串行地址和以太网地址

1．配置 R1、R2 和 ISP 路由器上的接口

使用拓扑图下方表格中的 IP 地址配置 R1、R2 和 ISP 路由器上的接口。配置完成后将运行配置保存到路由器的 NVRAM 中。

2．配置以太网接口

使用拓扑图下方表格中的 IP 地址配置 PC1、PC2 和 Web 服务器上的以太网接口。

11.5.6 检查直连网络的连通性

现在，终端设备之间应该无法连通。但是，直连网络之间以及终端设备与其默认网关之间是连通的。

11.5.7 配置 R1 上的静态路由

（1）R1 路由表中目前有哪些网络？以斜杠记法列出这些网络。

_____

_____

（2）R1 路由表中目前缺少哪些网络？以斜杠记法列出这些网络。

_____

_____

（3）可以创建一条总结路由来涵盖所有缺少的网络吗？_____

（4）为 R1 配置指向 HQ 的默认路由。

11.5.8 配置 R2 上的静态路由

（1）R2 路由表中目前有哪些网络？以斜杠记法列出这些网络。

_____

_____

（2）R2 路由表中目前缺少哪些网络？以斜杠记法列出这些网络。

（3）可以创建一条总结路由来涵盖所有缺少的网络吗？ _____

（4）为 R2 配置默认路由。

11.5.9　配置 ISP 上的静态路由

（1）ISP 路由表中目前有哪些网络？以斜杠记法列出这些网络。

_____

_____

（2）ISP 路由表中目前缺少哪些网络？以斜杠记法列出这些网络。

_____

_____

_____

（3）可以创建一条总结路由来涵盖所有缺少的网络吗？ _____

（4）为 ISP 配置总结静态路由。

11.5.10　检查配置

回答下列问题，以验证网络是否按预期运行。

（1）在 PC2 上是否能 Ping 通 PC1？ _____

（2）在 PC2 上是否能 Ping 通 Web 服务器？ _____

（3）在 PC1 上是否能 Ping 通 Web 服务器？ _____

以上问题的回答都应该为能。

11.6　疑难故障排除与分析

11.6.1　常见故障现象

1．现象一

管理员输入了错误的配置导致路由不可达。

2．现象二

接口故障导致路由不可达。

11.6.2　故障解决方法

1．现象一解决方法

使用命令 ping、traceroute 或 show ip route 找出缺失（或配置错误）的路由。要纠正此问题，可删除错误的路由，并为网络添加一条正确的路由。

2．现象二解决方法

使用命令 show ip interface brief 找出故障端口，并根据端口状态判断是连通性问题还是 IP 地址配置问题，根据问题纠正错误。

11.7 课后训练

请读者自行练习配置静态路由和默认路由。

11.7.1 训练目的
掌握路由器静态路由、默认路由的配置方法。

11.7.2 训练拓扑
训练拓扑结构如图11-6所示。

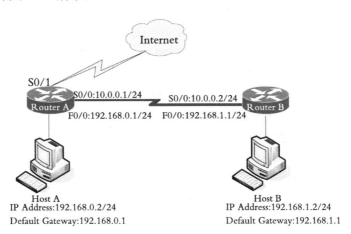

图11-6 训练拓扑

11.7.3 训练要求

（1）按拓扑图连接路由器和各工作站。

（2）按拓扑图配置路由器和各工作站IP 地址等参数。

在路由器A (假设为DCE 端)上作如下配置。

```
router>en
router#conf t
router(config)#int s0/0
router(config-if)#ip address 10.0.0.1 255.255.255.0
router(config-if)#clockrate 64000
router(config-if)#no shut
router(config)#int f0/0
router(config-if)#ip add 192.168.0.1 255.255.255.0
router(config-if)#no shut
router(config-if)#exit
```
在路由器B (假设为DTE 端)上作如下配置。
```
router>en
router#conf t
router(config)#int s0/0
router(config-if)#ip address 10.0.0.2 255.255.255.0
```

```
router(config-if)#no shut
router(config)#int f0/0
router(config-if)#ip address 192.168.1.1 255.255.255.0
router(config-if)#no shut
router(config-if)#exit
```

查看如下实验结果。

a. 在路由器 A 上是否能 Ping 通路由器 B 的串口 S0/0 (10.0.0.2)。

b. 在路由器 A 上是否能 Ping 通路由器 B 的以太口 F0/0 (192.168.1.1)。

（3）配置路由器 RouterA 和 RouterB 上的静态路由。

在路由器 A 上：router (config)#ip route 192.168.1.0 255.255.255.0 10.0.0.2。

在路由器 B 上：router(config)#ip route 192.168.0.0 255.255.255.0 10.0.0.1。

查看如下实验结果：

a. 在路由器 A 上是否能 Ping 通路由器 B 的串口 S0/0 (10.0.0.2)。

b. 在路由器 A 上是否能 Ping 通路由器 B 的以太口 F0/0 (192.168.1.1)。

（4）测试各工作站之间的连通性。

（5）配置路由器 RouterA 上的默认路由，使其指向 Internet。

（6）检查路由器 RouterA 和 RouterB 的路由表。

（7）检查路由器 RouterA 和 RouterB 的运行配置文件内容。

PART 12

任务十二
RIP 协议的配置

12.1　任务背景

　　某高校今年扩大了办学规模，新建了一栋教学楼，现在要求新教学楼通过路由器能与校园网相连。现要对路由器做适当的配置，实现校园网络主机相互通信。本任务重点掌握路由协议工作原理及动态路由协议 RIP 特性，能够根据实际的工作需要正确地配置动态路由协议RIP 的相关参数，掌握 RIP 协议的基本配置技能。

12.2　技能要点

12.2.1　动态路由协议概述

1．动态路由概述

　　大型和复杂的网络环境通常不宜采用静态路由。一方面，网络管理员很难全面地了解整个网络的拓扑结构；另一方面，当网络的拓扑结构和链路状态发生变化时，路由器中的静态路由信息需要大范围地调整，工作的难度和复杂程度非常高。而采用动态路由就解决了上面所提到的问题，动态路由能够在网络发生变化的情况下自动调整路由表，从而达到动态路由的效果。

2．动态路由分类

　　动态路由协议可分为距离向量、链路状态和混合算法。距离向量路由协议确定网络中任意一条链路的方向和距离；链路状态路由协议建立整个网路的精确拓扑结构；而混合路由协议结合了距离向量和链路状态的特点。距离向量路由协议的典型代表是 RIP 协议，链路状态路由协议的代表是 OSPF，混合路由协议的代表是 EIGRP。

3．RIP 路由协议

　　RIP（Routing Information Protocol）路由协议是一种相对古老，在小型及同介质网络中得到广泛应用的路由协议。RIP 采用距离向量算法，是一种距离向量协议。RIP 分为 RIPV1版本和 RIPV2 版本。不同的是 RIPV2 版本支持明文认证、MD5 密文认证和可变长子网掩码。RIP 使用 UDP 报文交换路由信息，UDP 端口号为 520。通常情况下，RIPV1 报文为广播报文；RIPV2 报文为组播报文，组播地址为 224.0.0.9。RIP 每隔 20 秒向外发送一次更新报文，如果路由器经过 180 秒仍没有收到来自对端的更新报文，则将此路由器的路由信息标志为不可达，若在 240 秒内仍未收到更新报文就将这些路由从路由表中删除。RIP 使用跳数来衡量到达目的地的距离，称为路由度量。在 RIP 中，路由器与它直接相连的网络跳数为 0；通过一个路由器可达的网络为 1，其余的依次类推；不可达的网络跳数为 16，这限制了网络的规模。RIP 的管理距离为 120。

12.2.2　RIP 工作原理

路由器周期性地向其相邻路由器广播自己知道的路由信息，用于通知相邻路由器自己可以到达的网络以及到达该网络的距离。相邻路由器可以根据收到的路由信息修改和刷新自己的路由表。过程如下。

（1）路由器在刚刚开始工作时，只知道到直接连接的网络的距离（此距离定义为 0）。

（2）以后，每一个路由器也只和数目非常有限的相邻路由器交换并更新路由信息。

（3）经过若干次更新后，所有的路由器最终都会知道到达本自治系统中任何一个网络的最短距离和下一跳路由器的地址。为了维持所学路由的正确性及与邻居的一致性，运行距离矢量路由协议的路由器之间要周期性地向邻居传递自己的整个路由表。

实例： 如图 12-1 所示，当路由器冷启动后，在开始交换路由信息之前，路由器将首先发现与其自身直连的网络以及子网掩码。以下信息会添加到路由器的路由表中。

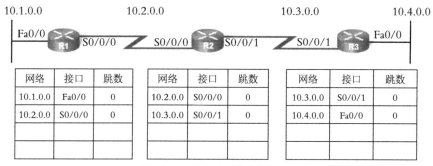

图 12-1　冷启动后路由信息

配置路由协议后，路由器就会开始交换路由更新。一开始，这些更新仅包含有关其直连网络的信息。收到更新后，路由器会检查更新，从中找出新信息。任何当前路由表中没有的路由都将被添加到路由表中。

第一次更新如下。

R1、R2 和 R3 开始初次交换的过程。所有 3 台路由器都向其邻居发送各自的路由表，此时路由表仅包含直连网络。每台路由器处理更新的方式如下。

R1：

　　将有关网络 10.1.0.0 的更新从 Serial0/0/0 接口发送出去；

　　将有关网络 10.2.0.0 的更新从 FastEthernet0/0 接口发送出去；

　　接收来自 R2 的有关网络 10.3.0.0 且度量为 1 的更新；

　　在路由表中存储网络 10.3.0.0，度量为 1 。

R2:

　　将有关网络 10.3.0.0 的更新从 Serial 0/0/0 接口发送出去；

　　将有关网络 10.2.0.0 的更新从 Serial 0/0/1 接口发送出去；

　　接收来自 R1 的有关网络 10.1.0.0 且度量为 1 的更新；

　　在路由表中存储网络 10.1.0.0，度量为 1；

　　接收来自 R3 的有关网络 10.4.0.0 且度量为 1 的更新；

　　在路由表中存储网络 10.4.0.0，度量为 1。

R3:

　　将有关网络 10.4.0.0 的更新从 Serial 0/0/0 接口发送出去；

　　将有关网络 10.3.0.0 的更新从 FastEthernet0/0 发送出去；

　　接收来自 R2 的有关网络 10.2.0.0 且度量为 1 的更新；

　　在路由表中存储网络 10.2.0.0，度量为 1。

　　第一轮更新交换后的结果如图 12-2 所示，每台路由器都能获知其直连邻居的相连网络。但是，R1 尚不知道 10.4.0.0，而且 R3 也不知道 10.1.0.0。因此，还需要经过一次路由信息交换，这样网络才能达到完全收敛。

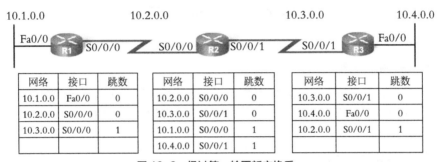

图 12-2　经过第一轮更新交换后

第二次更新如下。

R1、R2 和 R3 向各自的邻居发送最新的路由表。每台路由器处理更新的方式如下。

R1:

　　将有关网络 10.1.0.0 的更新从 Serial 0/0/0 接口发送出去；

　　将有关网络 10.2.0.0 和 10.3.0.0 的更新从 FastEthernet0/0 接口发送出去；

　　接收来自 R2 的有关网络 10.4.0.0 且度量为 2 的更新；

　　在路由表中存储网络 10.4.0.0，度量为 2。

　　来自 R2 的同一个更新包含有关网络 10.3.0.0 且度量为 1 的信息。因为网络没有发生变化，所以该路由信息保留不变。

R2:

　　将有关网络 10.3.0.0 和 10.4.0.0 的更新从 Serial 0/0/0 接口发送出去；

　　将有关网络 10.1.0.0 和 10.2.0.0 的更新从 Serial 0/0/1 接口发送出去；

　　接收来自 R1 的有关网络 10.1.0.0 的更新，因为网络没有发生变化，所以该路由信息保留不变；

　　接收来自 R3 的有关网络 10.4.0.0 的更新，因为网络没有发生变化，所以该路由信息保留不变。

R3：

　　将有关网络 10.4.0.0 的更新从 Serial 0/0/0 接口发送出去；

　　将有关网络 10.2.0.0 和 10.3.0.0 的更新从 FastEthernet0/0 接口发送出去；

　　接收来自 R2 的有关网络 10.1.0.0 且度量为 2 的更新；

　　在路由表中存储网络 10.1.0.0，度量为 2。

来自 R2 的同一个更新包含有关网络 10.2.0.0 且度量为 1 的信息。因为网络没有发生变化，所以该路由信息保留不变，如图 12-3 所示。

图 12-3　第二次更新路由表信息

12.2.3　路由环路

1．什么是路由环路

路由环路是指数据包在一系列路由器之间不断传输却始终无法到达其预期目的网络的一种现象。当两台或多台路由器的路由信息中存在错误地指向不可达目的网络的有效路径时，就可能发生路由环路。

2．造成环路的可能原因

造成环路的可能原因有：静态路由配置错误，路由重分布配置错误（重分布表示将来自一种路由协议的路由信息转给另一种路由协议的过程），发生了改变的网络中收敛速度缓慢，不一致的路由表未能得到更新或错误配置或添加了丢弃的路由。

3．发生路由环路的后果

路由环路会对网络造成严重影响，导致网络性能降低，甚至使网络瘫痪。路由环路可能造成以下后果。

（1）环路内的路由器占用链路带宽来反复收发流量。

（2）路由器的 CPU 因不断循环数据包而不堪重负。

（3）路由器的 CPU 承担了无用的数据包转发工作，从而影响到网络收敛。

（4）路由更新可能会丢失或无法得到及时处理。这些状况可能会导致更多的路由环路，使情况进一步恶化。

4．消除路由环路的机制

路由环路一般是由距离矢量路由协议引发的，目前有多种机制可以消除路由环路。这些机制包括以下几点。

（1）定义最大度量以防止计数至无穷大

为了防止度量无限增大，可以通过设置最大度量值来界定"无穷大"。例如，RIP 将无穷大定义为 16 跳，大于等于此值的路由即为"不可达"。一旦路由器计数达到该"无穷大"值，则该路由就会被标记为不可达。

（2）抑制计时器

假设现在存在一个不稳定的网络，在很短的时间内，接口被重置为 Up，然后是 Down，接着再重置为 Up，则该路由将发生摆动。抑制计时器可用来防止定期更新消息错误地恢复某条可能已经发生故障的路由。抑制计时器指示路由器将那些可能会影响路由的更改保持一段特定的时间。如果确定某条路由为 Down（不可用）或 Possibly Down（可能不可用），则在规定的时间段内，任何包含相同状态或更差状态的有关该路由的信息都将被忽略。这表示路由器将在一段足够长的时间内将路由标记为 Unreachable（不可达），以便路由更新能够传递带有最新信息的路由表。

（3）水平分割

防止由于距离矢量路由协议收敛缓慢而导致路由环路的另一种方法是水平分割。水平分割规则规定，路由器不能使用接收更新的同一接口来通告同一网络。

（4）路由毒化或毒性反转

路由毒化是距离矢量路由协议用来防止路由环路的一种方法。路由毒化用于在发往其他路由器的路由更新中将路由标记为不可达。标记"不可达"的方法是将度量设置为最大值。对于 RIP，毒化路由的度量为 16。

毒性反转可以与水平分割技术结合使用。这种方法称为带毒性反转的水平分割。"带毒性反转的水平分割"规则规定，从特定接口向外发送更新时，将通过该接口获知的所有网络标示为不可达。

（5）触发更新

当拓扑结构发生改变时，为了加速收敛，RIP 将使用触发更新。触发更新是一种路由表更新方式，此类更新会在路由发生改变后立即发送出去。触发更新不需要等待更新计时器超时。检测到拓扑结构变化的路由器会立即向相邻路由器发送更新消息。接收到这一消息的路由器将依次生成触发更新，以通知邻居拓扑结构发生了改变。

当发生以下情况之一时，就会发出触发更新。

（1）接口状态改变（开启或关闭）。

（2）某条路由进入（或退出）不可达状态。

（3）路由表中增加了一条路由。

12.2.4 配置 RIPV2

1. 创建 RIP 路由进程

```
router(config)#router rip                    //创建 RIP 路由进程
router(config-router)#network 10.0.0.0       //声明关联网络
注：RIP 只对外通告关联网络的路由信息；
RIP 只向关联网络所属接口通告路由信息。
```

2. RIP 版本定义

Cisco 路由器上的 RIP 版本配置非常简单，只需要一条命令就可以完成。

```
router (config)#router rip
router (config-router)#version {1|2}
```

3. 配置被动接口

如果路由器的某个接口没必要接收 RIP 路由更新广播信息，或者是出于某种目的不想公布自己某些网络信息，可采用被动接口。

```
router(config)#router rip
router(config-router)#passive-interface fastEthernet 0/0
```

4. RIP 数据包的发送和接收控制

可以在路由器上控制路由器某个接口接收和发送任何一个版本的路由更新信息，具体配置方法如下

```
route(config)#int f0/0
route(config-if)#ip rip send version 1      //指定发送 RIPV1 数据包
route(config-if)#ip rip send version 2      //指定发送 RIPV2 数据包
route(config-if)#ip rip send version 1 2    //指定发送 RIPV1 和 RIPV2
                                              数据包
route(config-if)#ip rip receive version 1 //指定接收 RIPV1 数据包
route(config-if)#ip rip receive version 2 //指定接收 RIPV2 数据包
route(config-if)#ip rip receive version 1 2 //指定接收 RIPV1 和 RIPV2
                                              数据包
```

5. RIP 取消自动总结

默认情况下，RIPV2 与 RIPV1 一样都会在主网边界上自动总结，禁用自动总结后，RIPV2 不再在边界路由器上将网络总结为有类地址。

```
router(config)#router rip
router(config-router)#no auto-summary
```

6. RIPV2 认证

认证是 RIPV2 的特性之一。要求认证的 RIP 路由器在收到其他 RIP 路由发送来的 RIP 路由更新时，会检查其 RIP 更新包中的密钥，只有和本路由器 RIP 密钥相同的路由更新才被接受，并保存到本地路由表中。RIPV2 的认证有两种方式：明文认证和密文（MD5）认证。在 RIPV2 明文认证方式中，密钥以明文的方式存储在 RIP 更新报文中发送，在密文认证方式中，密钥以 MD5 的加密形式存储在 RIP 更新报文中发送。需要注意的是，RIPV2 版本的认证是基于链路（接口）的认证方式，即在同一台路由器上存在多条链路，可以在一个接口上启用明文认证，一个接口上启用密文验证，一个接口上不进行认证。

明文认证的配置方法如下所示。

```
Router(config)#key chain nb //创建一个名字为 nb 的密钥链，不必和路由器
B 相同
Router(config-keychain)#key 1 //指明引用第一个密钥
Router(config-keychain-key)#key-string nb123 //设置第一个密钥值为
```

nb123，必须与路由器 B 相同

```
    Router(config-keychain-key)#exit
    Router(config-keychain)#exit
    Router(config)#int f0/0 //进入需要配置验证的接口
    Router(config-if)#ip rip authentication key-chain nb //启用 RIP 认
证并引用前面定义的密钥链 nb
    Router(config-if)#ip rip authentication mode text //定义验证模式为
明文验证
```

暗文认证的配置方法如下所示。

```
    Router(config)#key chain nb //创建一个名字为 nb 的密钥链，不必和路由器 B
相同
    Router(config-keychain)#key 1 //指明引用第一个密钥
    Router(config-keychain-key)#key-string nb123 //设置第一个密钥值为
nb123，必须与路由器 B 相同
    Router (config-keychain-key)#exit
    Router(config-keychain)#exit
    Router(config)#int f0/0 //进入需要配置验证的接口
    Router(config-if)#ip rip authentication key-chain nb //启用 RIP 认
证并引用前面定义的密钥链 nb
    Router(config-if)#ip rip authentication mode MD5 //定义验证模式为
MD5 密文验证
```

12.3 任务需求

　　某企业网络拓扑图中包含了一个不连续网络：172.30.0.0。该网络已使用 VLSM 划分子网。172.30.0.0 的子网在物理上和逻辑上被至少一个其他有类网络或主网隔开，在任务中分隔它们的是两个串行接口连接的网络 209.165.200.228/30 和 209.165.200.232/30。当采用的路由协议所包含的信息不足以区分单个子网时，可能会出现问题。管理员选择了 RIPV2 无类路由协议来实现，因为 RIPV2 可以在路由更新中提供子网掩码信息。这样 VLSM 子网信息就能够通过网络传播。

- 根据拓扑图进行网络布线。
- 检查网络的当前状态。
- 在所有路由器上配置 RIPV2。
- 禁用自动总结。
- 检验网络连通性。

12.4 任务拓扑

　　RIP 协议配置拓扑结构如图 12-4 所示。

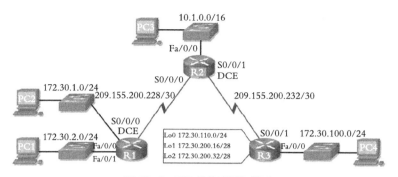

图 12-4 RIP 协议配置拓扑图

表 12-1 地址表

设　　备	接　　口	IP 地址	子网掩码	默认网关
R1	F0/0	172.30.1.1	255.255.255.0	无
	F0/1	172.30.2.1	255.255.255.0	无
	S0/0/0	209.165.200.230	255.255.255.252	无
R2	F0/0	10.1.0.1	255.255.0.0	无
	S0/0/0	209.165.200.229	255.255.255.252	无
	S0/0/1	209.165.200.233	255.255.255.252	无
R3	F0/0	172.30.150.1	255.255.255.0	无
	S0/0/1	209.165.200.234	255.255.255.252	无
	Lo0	172.30.100.1	255.255.255.0	无
	Lo1	172.30.200.17	255.255.255.240	无
	Lo2	172.30.200.33	255.255.255.240	无
PC1	网卡	172.30.1.10	255.255.255.0	172.30.1.1
PC2	网卡	172.30.2.10	255.255.255.0	172.30.2.1
PC3	网卡	10.1.0.10	255.255.0.0	10.1.0.1
PC4	网卡	172.30.150.10	255.255.255.0	172.30.150.1

12.5　任务实施

12.5.1　准备网络

根据拓扑图所示完成网络电缆连接。

12.5.2　执行路由器的基本配置

根据以下指导原则配置路由器。

- 配置路由器主机名。
- 禁用 DNS 查找。
- 将执行模式口令配置为 class。
- 为控制台连接配置口令 Cisco。

● 为 VTY 连接配置口令 Cisco。

12.5.3　根据地址表在路由器上配置所有接口 IP 地址

12.5.4　根据地址表配置所有 PC 机的 IP 地址

12.5.5　配置 RIP V2

```
R2(config)#router rip
R2(config-router)#version 2
R1(config)#router rip
R1(config-router)#version 2
R3(config)#router rip
R3(config-router)#version 2
```

注意：RIPV2 消息在路由更新的一个字段中包含子网掩码，使得子网及其掩码能够包含在路由更新中。然而，默认情况下 RIPV2 也会像 RIPV1 一样在主网边界总结网络，只不过其更新中会包括子网掩码。

检验路由器上是否正在运行 RIPV2。

使用 debug ip rip、show ip protocols 和 show run 命令都可以用来确认 RIPV2 的运行情况。

12.5.6　禁用自动总结

可以使用 no auto-summary 命令关闭 RIPV2 中的自动总结。在所有路由器上禁用自动总结。路由器不会在主网边界处总结路由。

```
R2(config)#router rip
R2(config-router)#no auto-summary
R1(config)#router rip
R1(config-router)#no auto-summary
R3(config)#router rip
R3(config-router)#no auto-summary
```

12.5.7　在 R1、R2 和 R3 上使用命令 show ip route 检查路由表

12.5.8　检验网络连通性

1. 检查 R2 路由器和 PC 之间的连通性

2. 检查 PC 之间的连通性

12.6　疑难故障排除与分析

12.6.1　常见故障现象

1. 现象一——版本问题

对运行 RIP 的网络进行故障排除的一个很好的切入点是检验所有的路由器是否都配置了 RIP 第 2 版。虽然 RIPV1 和 RIPV2 相互兼容，但 RIPV1 不支持不连续子网、VLSM 或 CIDR 超网路由。除非有特殊原因，否则所有路由器上最好都使用相同的路由协议。

2．现象二——network 语句

network 语句不正确或缺少 network 语句也会造成问题。network 语句有两个作用。
启用路由协议，以在任何本地接口上发送和接收所属网络的更新。
在发往邻居路由器的路由更新中包括所属网络。
network 语句不正确或缺少将导致路由更新丢失以及接口无法发送或接收路由更新。

3．现象三——自动总结

如果希望发送具体的子网而不仅是总结路由，那么请务必禁用自动总结功能。

12.6.2　故障解决方法

1．现象一解决方法：修改路由器 RIP 协议版本

```
router (config)#router rip
router (config-router)#version {1|2}
```

2．现象二解决方法

检查路由表信息，查找 network 语句不正确或缺少 network 语句的情况。

3．现象三解决方法

检查路由表信息，查找 network 语句不正确或缺少 network 语句的情况。

```
router (config)#router rip
router (config-router)#no auto-summary
```

12.7　课后训练

请读者自行练习 RIP 路由协议配置。

12.7.1　训练目的

掌握 RIP 动态路由协议的配置、诊断方法。

12.7.2　训练拓扑

训练拓扑结构如图 12-5 所示。

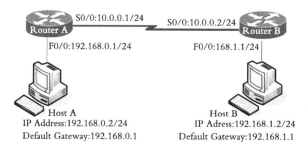

图 12-5　训练拓扑图

12.7.3　训练要求

（1）搭建训练环境。
（2）按拓扑图配置路由器和各工作站 IP 地址等参数。

（3）配置路由器 RouterA 和 RouterB 上的 RIP 协议。

（4）测试各工作站之间的连通性。

（5）检查路由器 RouterA 和 RouterB 的路由表。

```
RouterA#show ip protocols //显示路由器上配置的动态路由协议信息
RouterA#show ip rip        //显示 RIP 当前运行状态及配置信息
RouterA#debug ip rip       //可以显示 RIP 的所有活动，显示接收和发送的接
```
口，更新信息的 RIP 版本及每条路由的度量

（6）检查路由器 RouterA 和 RouterB 的运行配置文件内容。

任务十二　RIP 协议的配置

PART 13

任务十三
EIGRP 路由协议的配置

13.1 任务背景

EIGRP（Enhanced Interior Gateway Routing Protocol，增强型内部网关路由协议）是 Cisco 公司开发的一个平衡混合型路由协议，它融合了距离向量和链路状态两种路由协议的优点，支持 IP、IPX、ApplleTalk 等多种网络层协议。由于 TCP / IP 是当今网络中最常用的协议，因此本任务只配置 IP 网络环境中的 EIGRP。

13.2 技能要点

13.2.1 EIGRP 概述

1. EIGRP——增强型距离矢量路由协议

尽管 EIGRP 被称为增强型距离矢量路由协议，但它仍是一种距离矢量路由协议。EIGRP 使用扩散更新算法（DUAL）。尽管 EIGRP 仍是一种距离矢量路由协议，但因为使用 DUAL，所以具有传统距离矢量路由协议所不具备的新功能。EIGRP 不会发送定期更新，路由条目也不会过期。而且，EIGRP 使用一种轻巧的 Hello 协议来监控它与邻居的连接状态，仅当路由信息变化时（例如新增了链路或链路变得不可用时），才会产生路由更新。EIGRP 路由更新仍然是传输给直连邻居的距离矢量。

EIGRP 的 DUAL 则在路由表之外另行维护一个拓扑表，该拓扑表不仅包含通向目的网络的最佳路径，还包含被 DUAL 确定为无环路径的所有备用路径。"无环"表示邻居没有通过本路由器到达目的网络的路由。

路径必须满足一个称为可行性条件的要求，才能被 DUAL 确定为有效的无环备用路径。符合此条件的所有备用路径一定是无环路径。由于 EIGRP 是一种距离矢量路由协议，因此可能存在不符合可行性条件的无环备用路径，并且这些路径不会被 DUAL 作为有效无环备用路径存入拓扑表。

如果一条路径变得不可用，DUAL 会在其拓扑表中搜索有效的备用路径。如果存在有效的备用路径，该路径会立即被输入到路由表中。如果不存在，则 DUAL 会执行网络发现过程，看是否存在不符合可行性条件要求的备用路径。

2．收敛

EIGRP 不使用抑制计时器，而是使用一种在路由器间协调的路由计算系统（扩散计算）来实现无环路径。

13.2.2　EIGRP 协议中常用术语

可行距离（FD）：到达一个目的网络的最小度量值。

通告距离（RD）：邻居路由器所通告的它自己到达目的网络的最小的度量值。

可行性条件（FC）：是 EIGRP 路由器更新路由表和拓扑表的依据。可行性条件可以有效地阻止路由环路，实现路由的快速收敛。可行性条件的公式为：AD<FD。

后继：是一个直接连接的邻居路由器，通过它到达目的网络的路由最优。

可行后继：是一个邻居路由器，但是通过它到达目的地的度量值比其他路由器高，但它的通告距离小于通过后继路由器到达目的网络的可行距离，因而被保存在拓扑表中，用做备份路由。

13.2.3　EIGRP 中 5 种常见数据包类型

（1）Hello：以组播的方式定期发送，用于建立和维持邻居关系。

（2）更新：当路由器收到某个邻居路由器的第一个 Hello 包时，以单播传送方式回送一个包含它所知道的路由信息的更新包。当路由信息发生变化时，以组播的方式发送只包含变化信息的更新包。

（3）查询：当一条链路失效，路由器重新进行路由计算，但在拓扑表中没有可行的后继路由时，路由器就以组播的方式向它的邻居发送一个查询包，以询问它们是否有一条到目的地的后继路由。

（4）答复：以单播的方式回传给查询方，对查询数据包进行应答。

（5）确认：以单播的方式传送，用来确认更新、查询、答复数据包。

13.2.4　基本 EIGRP 配置

1．EIGRP 网络拓扑

EIGRP 网络拓扑如图 13-1 所示。

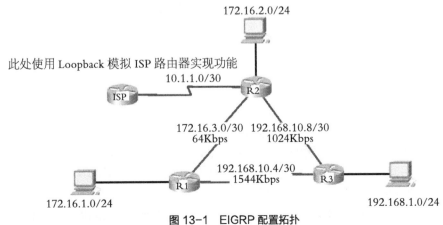

图 13-1　EIGRP 配置拓扑

路由器 R1 和 R2 都具有子网，其子网都属于有类网络 172.16.0.0/16，该网络地址为 B

类地址。之所以要指出 172.16.0.0 是 B 类地址，在于 EIGRP 和 RIP 一样是在有类边界自动总结。

配置中实际上不存在 ISP 路由器。R2 和 ISP 路由器之间的连接使用 R2 上的环回接口来表示。环回接口可用于代表路由器上未实际连接到网络中的物理链路的接口。环回地址可通过 Ping 命令来检验，并且可包括在路由更新中。

2. 自治系统（AS）和进程 ID

自治系统（AS）是由单个实体管理的一组网络，这些网络通过统一的路由策略连接到 Internet。图 13-2 所示，A、B、C、D 4 家公司全部由 ISP1 管理和控制。ISP1 在代表这些公司向 ISP2 通告路由时，会提供一个统一的路由策略。

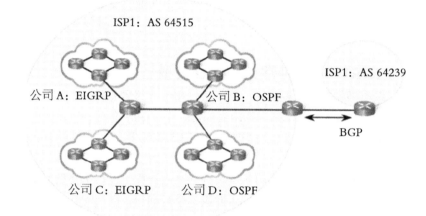

图 13-2 自治系统

需要自治系统编号的通常为 ISP（Internet 服务提供商）、Internet 主干提供商以及连接其他实体的大型机构。这些 ISP 和大型机构使用外部网关路由协议 BGP（边界网关协议）来传播路由信息。BGP 是唯一一个在配置中使用实际自治系统编号的路由协议。

使用 IP 网络的绝大多数公司和机构不需要 AS 编号，因为它们都由诸如 ISP 等更高一级的机构来管理。这些公司在自己的网络内部使用 RIP、EIGRP、OSPF 和 IS-IS 等内部网关协议来路由数据包。它们是 ISP 的自治系统内各自独立的诸多网络之一。ISP 负责在自治系统内以及与其他自治系统之间路由数据包。EIGRP 和 OSPF 都使用一个进程 ID 来代表各自在路由器上运行的协议实例。

```
Router(config)#router eigrp autonomous-system
```

尽管 EIGRP 将该参数称为"自治系统"编号，它实际上起进程 ID 的作用。此编号与前面谈到的自治系统编号无关，可以为其分配任何 16 位值。

```
Router(config)#router eigrp 1
```

在本例中，编号 1 用于标识在此路由器上运行的此特定 EIGRP 进程。为建立邻接关系，EIGRP 要求使用同一个进程 ID 来配置同一个路由域内的所有路由器。一般来说，在一台路由器上，只会为每个路由协议配置一个进程 ID。

注意：RIP 不使用进程 ID，因此，它只支持一个 RIP 实例。EIGRP 和 OSPF 都支持各自路由协议的多个实例，但实际上一般不需要或不推荐实施这种多路由协议的情况。

```
R1(config)#router eigrp 1
R1(config-router)#
-----------------------------------------------------------
R2(config)#router eigrp 1
R2(config-router)#
-----------------------------------------------------------
R3(config)#router eigrp 1
R3(config-router)#
```

13.2.5　network 命令

EIGRP 中的 network 命令与其他 IGP 路由协议中的 network 命令功能相同。

此路由器上任何符合 network 命令中的网络地址的接口都将被启用，可发送和接收 EIGRP 更新。此网络（或子网）将包括在 EIGRP 路由更新中。

network 命令在路由器配置模式下使用。

```
Router(config-router)#network network-address
```

network-address 是此接口的有类网络地址。图 13-3 所示为 R1 和 R2 上的 EIGRP 的配置结构。

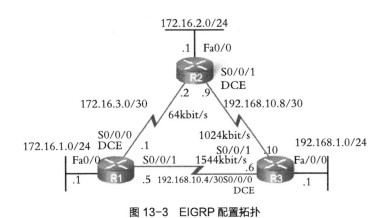

图 13-3　EIGRP 配置拓扑

图中在 R1 上使用了一个有类 network 语句来包括 172.16.1.0/24 和 172.16.3.0/30 子网。

```
R1(config-router)#network 172.16.0.0
```

当在 R2 上配置好 EIGRP 后，DUAL 向控制台发送一个通知消息，说明已与另一台 EIGRP 路由器建立了邻接关系。此邻接关系自动建立，因为 R1 和 R2 都使用相同的 EIGRP 1 路由进程，且都在 172.16.0.0 网络上发送更新。

```
R2(config-router)#network 172.16.0.0
%DUAL-5-NBRCHANGE: IP-EIGRP 1: Neighbor 172.16.3.1 (Serial0/0) is
up: new adjacency
```

```
R1(config)#router eigrp 1
R1(config-router)#network 172.16.0.0
```

```
R1(config-router)#network 192.168.10.0
-----------------------------------------------------------------
R2(config)#router eigrp 1
R2(config-router)#network 172.16.0.0
```

默认情况下，当在 network 命令中使用诸如 172.16.0.0 等有类网络地址时，该路由器上属于该有类网络地址的所有接口都将启用 EIGRP。然而，有时网络管理员并不想为所有接口启用 EIGRP。要配置 EIGRP 仅通告特定子网，请将 wildcard-mask 选项与 network 命令一起使用。

```
Router(config-router)#network network-address [wildcard-mask]
```

通配符掩码 (wildcard-mask) 可看作子网掩码的反掩码。子网掩码 255.255.255.252 的反掩码为 0.0.0.3。要计算子网掩码的反掩码，请用 255.255.255.255 减去该子网掩码，如下所示。

255.255.255.255

– 255.255.255.252 （减去子网掩码）

0.0.0.3 （通配符掩码）

在图中，R2 配置有子网 192.168.10.8，通配符掩码为 0.0.0.3。

```
R2(config-router)#network 192.168.10.8 0.0.0.3
```

某些 IOS 版本可以直接输入子网掩码。例如，可以输入下列命令：

```
R2(config-router)#network 192.168.10.8 255.255.255.252
```

不过，IOS 会自动将该命令转换为通配符掩码格式，这可通过 show run 命令来检查。

```
R2#show run
<省略部分输出>
!
router eigrp 1
network 172.16.0.0
network 192.168.10.8 0.0.0.3
auto-summary
!
```

图中还显示了 R3 的配置。一旦配置好有类网络 192.168.10.0 后，R3 即会与 R1 和 R2 建立邻接关系。

13.2.6 检验 EIGRP

路由器只有与其邻居建立邻接关系，EIGRP 才能发送或接收更新。EIGRP 路由器通过与相邻路由器交换 EIGRP Hello 数据包来建立邻接关系。

使用 show ip eigrp neighbors 命令来查看邻居表并检验 EIGRP 是否已与其邻居建立邻接关系。对于每台路由器，应该能看到相邻路由器的 IP 地址以及通向该 EIGRP 邻居的接口。如图 13-4 所示，可验证所有路由器均已建立了必要的邻接关系。每台路由器的邻居表里都列有两个邻居。

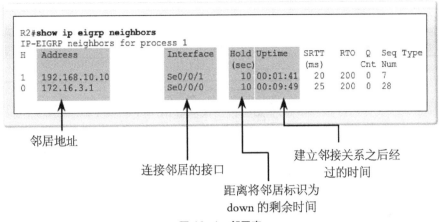

邻居地址

连接邻居的接口

距离将邻居标识为
down 的剩余时间

建立邻接关系之后经
过的时间

图 13-4　邻居表

13.2.7　EIGRP 命令汇总

　　EIGRP 发送部分更新（或称限定更新），这种更新仅包含路由更改，且只发送给受更改影响的路由器。EIGRP 复合度量使用带宽、延迟、可靠性和负载来确定最佳路径。默认情况下，仅使用带宽和延迟。默认计算方法为从该路由器到目的网络沿途的所有传出接口的最低带宽加上总延迟。

　　IGRP 的核心是 DUAL（扩散更新算法）。DUAL 有限状态机用于确定通向每个目的网络的最佳路径和潜在备用路径。后继路由器是一台相邻路由器，用于将数据包通过开销最低的路由转发到目的网络。可行距离 （FD） 是计算出的经过后继路由器通向目的网络的最低度量。可行后继路由器 （FS） 是一个邻居，它具有一条通向后继路由器所连通的同一个目的网络的无环备用路径，且满足可行性条件。当邻居通向一个网络的报告距离（RD） 比本地路由器通向同一个目的网络的可行距离短时，即符合可行性条件（FC）。报告距离为 EIGRP 邻居通向相同目的网络的可行距离。

表 13-1　EIGRP 命令总结

命　令	作　用
show ip eigrp neighbors	查看 EIGRP 邻居表
show ip eigrp topology	查看 EIGRP 拓扑结构数据库
show ip eigrp interface	查看运行 EIGRP 路由协议的接口的状况
show ip eigrp traffic	查看 EIGRP 发送和接收到的数据包的统计情况
debug eigrp neighbors	查看 EIGRP 动态建立邻居关系的情况
debug eigrp packets	显示发送和接收的 EIGRP 数据包
ip hello-interval eigrp	配置 EIGRP 的 Hello 发送周期
ip hold-time eigrp	配置 EIGRP 的 Hello hold 时间
router eigrp	启动 EIGRP 路由进程
no auto-summary	关闭自动汇总

命 令	作 用
ip authentication mode eigrp	配置 EIGRP 的认证模式
ip authentication key-chain eigrp	在接口上调用钥匙链
variance	配置非等价负载均衡
delay	配置接口下的延迟
bandwidth	配置接口下的带宽
ip summary-address eigrp	手工路由汇总

13.3 任务需求

在本任务中,将学习如何使用拓扑图中显示的网络来配置路由协议 EIGRP。在 R2 路由器上,将使用环回地址来模拟到 ISP 的连接,所有发往非本地网络的通信都将发往 ISP。某些网段已使用 VLSM 进行了子网划分。EIGRP 属于无类路由协议,在路由更新中,可以使用该协议提供子网掩码信息。这将使 VLSM 子网信息可以在整个网络中传播。具体需求如下。

(1)根据拓扑图进行网络布线。

(2)在路由器上执行基本的配置任务。

(3)配置并激活接口。

(4)在所有路由器上配置 EIGRP 路由。

(5)使用 show 命令检验 EIGRP 路由。

(6)禁用自动总结。

(7)配置静态默认路由。

(8)向使用 EIGRP 协议的邻居传播默认路由。

13.4 任务拓扑

EIGRP 配置结构如图 13-5 所示。

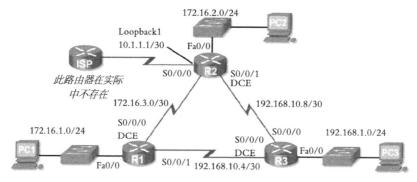

图 13-5 EIGRP 配置拓扑

设备的具体详情如表 13-2 所示。

表 13-2　地址表

设　　备	接　　口	IP 地址	子网掩码	默认网关
R1	F0/0	172.16.1.1	255.255.255.0	无
	S0/0/0	172.16.3.1	255.255.255.252	无
	S0/0/1	195.168.10.5	255.255.255.252	无
R2	F0/0	172.16.2.1	255.255.0.0	无
	S0/0/0	172.16.3.2	255.255.255.252	无
	S0/0/1	195.168.10.9	255.255.255.252	无
	Lo1	10.1.1.1	255.255.255.252	无
R3	F0/0	195.168.1.1	255.255.255.0	无
	S0/0/0	195.168.10.6	255.255.255.252	无
	S0/0/1	195.168.10.10	255.255.255.252	无
PC1	网卡	172.16.1.10	255.255.255.0	172.16.1.1
PC2	网卡	172.16.2.10	255.255.255.0	172.16.2.1
PC3	网卡	195.168.1.10	255.255.255.0	195.168.1.1

13.5　任务实施

13.5.1　准备网络

根据拓扑图所示完成网络电缆连接。

13.5.2　执行路由器的基本配置

按照以下指导说明对 R1 路由器、R2 路由器和 R3 路由器执行基本配置。

1. 配置路由器的主机名。
2. 禁用 DNS 查找。
3. 配置执行模式口令。
4. 配置控制台连接口令。
5. 配置 VTY 连接口令。

13.5.3　配置并激活串行地址和以太网地址

1. 配置 R1、R2 和 R3 路由器的接口

使用拓扑图下面表格中的 IP 地址配置 R1、R2 和 R3 路由器的接口。

2. 检验 IP 地址和接口

使用 show ip interface brief 命令检验 IP 地址是否正确并且接口是否处于激活状态。完成后，应确保将运行配置保存到路由器的 NVRAM 中。

3. 配置 PC1、PC2 和 PC3 的以太网接口

使用拓扑图下面表格中的 IP 地址和默认网关配置 PC1、PC2 和 PC3 的以太网接口。

13.5.4 在 R1 路由器上配置 EIGRP

（1）启用 EIGRP。在 R1 路由器上，在全局配置模式下使用 router eigrp 命令启用 EIGRP。输入进程 ID 1 作为自治系统参数。

```
R1(config)#router eigrp 1
R1(config-router)#
```

（2）配置有类网络 172.16.0.0。在 Router EIGRP 配置子模式下，配置有类网络 172.16.0.0，将其包含在从 R1 发出的 EIGRP 更新中。

```
R1(config-router)#network 172.16.0.0
R1(config-router)#
```

路由器将开始从属于 172.16.0.0 网络的每个接口发出 EIGRP 更新信息。因为 FastEthernet0/0 接口和 Serial0/0/0 接口都处于 172.16.0.0 网络的子网中，所以路由器将通过这两个接口发送 EIGRP 更新。

（3）配置 R1 路由器以通告连接到 Serial0/0/1 接口的 192.168.10.4/30 网络。在 network 命令中使用通配符掩码选项，以指定仅通告该子网而不是整个 192.168.10.0 有类网络。

注意：可以将通配符掩码看作是子网掩码的反掩码。子网掩码 255.255.255.252 的反掩码是 0.0.0.3。要计算该子网掩码的反掩码，只需用 255.255.255.255 减去该子网掩码，如下所示。

$$255.255.255.255$$
$$- \quad 255.255.255.252 \quad 减去该子网掩码$$
$$\overline{}$$
$$0.\ 0.\ 0.\ 3 \quad 通配符掩码$$

```
R1(config-router)# network 195.168.10.4 0.0.0.3
R1(config-router)#end
```

13.5.5 在 R2 和 R3 路由器上配置 EIGRP

（1）在 R2 路由器上，使用 router eigrp 命令启用 EIGRP 路由，使用进程 ID 1。

```
R2(config)#router eigrp 1
R2(config-router)#network 172.16.0.0
R2(config-router)#network 195.168.10.8 0.0.0.3
R2(config-router)#end
```

（2）在 R3 路由器上，使用 router eigrp 命令和 network 命令配置 EIGRP。

① 使用进程 ID 1。
② 使用与 FastEthernet0/0 接口相连的网络的有类网络地址。
③ 包括与 Serial0/0/0 接口和 Serial 0/0/1 接口相连的网络的通配符掩码。
④ 完成配置后，返回特权执行模式。

```
R3(config)#router eigrp 1
R3(config-router)#network 195.168.1.0
```

```
R3(config-router)#network 195.168.10.4 0.0.0.3
R3(config-router)#network 195.168.10.8 0.0.0.3
R3(config-router)#end
R3#
```

13.5.6　检验 EIGRP 的运作

（1）使用 show ip eigrp neighbors 命令查看邻居表。在 R1 路由器上，使用 show ip eigrp neighbors 命令查看邻居表，检验 EIGRP 是否已建立了 R1 与 R2 和 R3 路由器的邻接关系。从表中应该可以看到每台相邻路由器的 IP 地址，以及 R1 与 EIGRP 邻居通信所使用的接口。

（2）使用 show ip protocols 命令查看路由协议信息。请注意，输出结果中会显示在任务五中配置的信息（如协议、进程 ID 以及网络）。此外，还会显示相邻路由器的 IP 地址。

（3）使用 show ip route 检查路由表中的 EIGRP 路由。在路由表中，EIGRP 路由以 D 表示。D 代表 DUAL（扩散更新算法），是 EIGRP 使用的路由算法。

（4）使用 show ip eigrp topology 命令查看 EIGRP 拓扑表。

13.5.7　禁用 EIGRP 自动总结

在检查 R3 路由器的路由表时，发现 R3 不会接收到有关 172.16.1.0/24、172.16.2.0/24 和 172.16.3.0/24 子网的各条路由，其路由表中仅有一条通过 R1 路由器到达有类网络地址 172.16.0.0/16 的总结路由。这样，发往 172.16.2.0/24 网络的数据包将通过 R1 路由器发送，而不是直接发送到 R2 路由器。

在所有 3 个路由器上，使用 no auto-summary 命令禁用自动总结。

```
R1(config)#router eigrp 1
R1(config-router)#no auto-summary
R2(config)#router eigrp 1
R2(config-router)#no auto-summary
R3(config)#router eigrp 1
R3(config-router)#no auto-summary
```

13.5.8　配置并发布默认路由

1. 在 R2 路由器上配置默认路由

```
R2(config)#ip route 0.0.0.0 0.0.0.0 loopback1
R2(config)#
```

2. 在 EIGRP 更新中包含所配置的静态路由

```
R2(config)#router eigrp 1
R2(config-router)#redistribute static
R2(config-router)#
```

13.5.9　文档记录

在每台路由器上，截取以下命令的输出并保存为文本（.txt）文件，以供将来参考。

● show running-config

- show ip route
- show ip interface brief
- show ip protocols

13.6 疑难故障排除与分析

13.6.1 常见故障现象

1. 现象一

EIGRP passive-interface 命令为什么删除了一个接口的所有邻居?

2. 现象二

有两个路由: 172.16.1.0/24 和 172.16.1.0/28。当在 EIGRP 中允许 172.16.1.0/24 时,如何才能拒绝 172.16.1.0/28?

13.6.2 故障解决方法

1. 现象一解决方法

passive-interface 命令用于在接口上禁用 EIGRP hello 数据包的传输和接收。与 IGRP 或 RIP 不同,EIGRP 发送 hello 数据包是为了建立和保持相邻关系。没有相邻关系,EIGRP 就无法与邻居交换路由。因此,passive-interface 命令用于防止接口上的路由交换。尽管 EIGRP 在使用 passive-interface 命令配置的接口上不会发送或接收路由更新,它仍然会在其他非被动接口发送的路由更新中包含该接口的地址。

2. 现象二解决方法

为了实现此目的,需要使用如下所示的前缀列表。

```
router eigrp 100
network 172.16.0.0
distribute-list prefix test in
auto-summary
no eigrp log-neighbor-changes
ip prefix-list test seq 5 permit 172.16.1.0/24
```

该列表只允许 172.16.1.0/24 前缀,因此拒绝 172.16.1.0/28。

注意: 在这种情况下,在 EIGRP 下使用 ACL 和分配列表不起作用。这是因为 ACL 不检查掩码,只检查网络部分。由于网络部分是相同的,当允许 172.16.1.0/24 时,也就允许了 172.16.1.0/28。

13.7 课后训练

请读者自行练习配置 EIGRP。

13.7.1 训练目的

1．使用拓扑图中显示的网络来配置路由协议 EIGRP

2．使用 EIGRP 协议实现端到端的通信

13.7.2 训练拓扑

训练拓扑结构如图 13-6 所示。

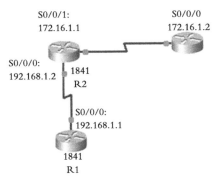

图 13-6 训练拓扑

13.7.3 训练要求

1．定义自治系统（AS）号并启用 EIGRP

```
R1(config)#router eigrp {AS-number}
```

2．宣告直连主类网络号

```
R1(config-router)#network {network-number}
```

解析 EIGRP 作为 IGRP 的扩展，它同时集合了距离矢量和链路状态路由协议的特点。参与同一 EIGRP 进程的 EIGRP 路由器必须处于相同的 AS 里。

3．宣告直连的主类网络号

自治系统（AS）指定区域里，有统一的管理策略，对外表现出一个单一实体的属性，每个自治系统有一个全局唯一的自治系统号。

```
R1 配置
R1>enable
R1#configure terminal
R1(config)#interface Serial0/0/0
R1(config-if)#ip address 192.168.1.1 255.255.255.0
R1(config-if)#no shutdown
R1(config)#router eigrp 100
R1(config-router)#network 192.168.1.0
```

R2 配置与 R3 配置同 R1 类似，请同学们自己配置。

4．验证

```
R3#show ip route
```

部分省略……

```
Gateway of last resort is not set
C 172.16.0.0/16 is directly connected, Serial0/0/0
D 192.168.1.0/24 [90/21024000] via 172.16.1.1, 00: 00: 36,
Serial0/0/0
```

PART 14

任务十四
OSPF 路由协议的配置

14.1　任务背景

RIP 路由协议中用于表示目的网络远近的唯一参数为跳（HOP），也即到达目的网络所要经过的路由器个数。在 RIP 路由协议中，该参数被限制为最大 15，也就是说 RIP 路由信息最多能传递至第 16 个路由器。对于 OSPF 路由协议，路由表中表示目的网络的参数为 Cost，该参数为一虚拟值，与网络中链路的带宽等相关，也就是说 OSPF 路由信息不受物理跳数的限制。并且，OSPF 路由协议还支持 TOS（Type Of Service）路由，因此，OSPF 比较适合应用于大型网络中。

14.2　技能要点

14.2.1　OSPF 概述

OSPF 路由协议是一种典型的链路状态（Link-state）的路由协议，一般用于同一个路由域内。在这里，路由域是指一个自治系统（Autonomous System，AS），它是指一组通过统一的路由政策或路由协议互相交换路由信息的网络。在这个 AS 中，所有的 OSPF 路由器都维护一个相同的描述这个 AS 结构的数据库，该数据库中存放的是路由域中相应链路的状态信息，OSPF 路由器正是通过这个数据库计算出其 OSPF 路由表的。作为一种链路状态的路由协议，OSPF 将链路状态广播数据包 LSA（Link State Advertisement）传送给在某一区域内的所有路由器，这一点与距离矢量路由协议不同。运行距离矢量路由协议的路由器是将部分或全部的路由表传递给与其相邻的路由器。

14.2.2　OSPF 基本算法

1. SPF 算法及最短路径树

SPF 算法是 OSPF 路由协议的基础。SPF 算法有时也被称为 Dijkstra 算法，这是因为最短路径优先算法 SPF 是 Dijkstra 发明的。SPF 算法将每一个路由器作为根（Root）来计算其到每一个目的地路由器的距离，每一个路由器根据一个统一的数据库会计算出路由域的拓扑结构图，该结构图类似于一棵树，在 SPF 算法中，被称为最短路径树。在 OSPF 路由协议中，最短路径树的树干长度，即 OSPF 路由器至每一个目的地路由器的距离，称为 OSPF 的 Cost，其算法为：Cost = 100×106/链路带宽，在这里，链路带宽以 bit/s 来表示。也就是说，OSPF 的 Cost 与链路的带宽成反比，带宽越高，Cost 越小，表示 OSPF 到目的地的距离越近。举例来说，FDDI 或快速以太网的 Cost 为 1，2M 串行链路的 Cost 为 48，10M 以太网的 Cost 为 10 等。

2．链路状态算法

作为一种典型的链路状态的路由协议，OSPF 还得遵循链路状态路由协议的统一算法。链路状态的算法非常简单，在这里将链路状态算法概括为以下 4 个步骤。

（1）当路由器初始化或当网络结构发生变化（例如增减路由器，链路状态发生变化等）时，路由器会产生链路状态广播数据包 LSA（Link-state Advertisement），该数据包里包含路由器上所有相连链路，也即为所有端口的状态信息。

（2）所有路由器会通过一种被称为刷新（Flooding）的方法来交换链路状态数据。Flooding 是指路由器将其 LSA 数据包传送给所有与其相邻的 OSPF 路由器，相邻路由器根据其接收到的链路状态信息更新自己的数据库，并将该链路状态信息转送给与其相邻的路由器，直至稳定的一个过程。

（3）当网络重新稳定下来，也可以说 OSPF 路由协议收敛下来时，所有的路由器会根据其各自的链路状态信息数据库计算出各自的路由表。该路由表中包含路由器到每一个可到达目的地的 Cost 以及到达该目的地所要转发的下一个路由器（Next-hop）。

（4）第 4 个步骤实际上是指 OSPF 路由协议的一个特性。当网络状态比较稳定时，网络中传递的链路状态信息是比较少的，或者可以说，当网络稳定时，网络中是比较安静的。这也正是链路状态路由协议区别于距离矢量路由协议的一大特点。

14.2.3　OSPF 基本术语

1．Router-ID

假设这个世界上的人名是没有重复的，每个人的名字都不相同，当有一天遇上一个陌生人，告诉你有任何麻烦可以找他，他一定能够帮你解决。等到你有麻烦的时候，你想找那个人帮忙，可是如果你连那个人的名字都不知道，那么也就不可能找到那个人了。OSPF 就类似于上述情况，网络中每台 OSPF 路由器都相当于一个人，OSPF 路由器之间相互通告链路状态，就等于告诉别人可以帮别人的忙，如此一来，如果路由器之间分不清谁是谁，没有办法确定各自的身份，那么通告的链路状态就是毫无意义的，所以必须给每一个 OSPF 路由器定义一个身份，就相当于人的名字，这就是 Router-ID，并且 Router-ID 在网络中绝对不可以有重名，否则路由器收到的链路状态，就无法确定发起者的身份，也就无法通过链路状态信息确定网络位置，OSPF 路由器发出的链路状态都会写上自己的 Router-ID，可以理解为该链路状态的签名，不同路由器产生的链路状态，签名绝不会相同。

每一台 OSPF 路由器只有一个 Router-ID，Router-ID 使用 IP 地址的形式来表示，确定 Router-ID 的方法如下。

（1）手工指定 Router-ID。

（2）路由器上活动 Loopback 接口中 IP 地址最大的，也就是数字最大的，如 C 类地址优先于 B 类地址，一个非活动接口的 IP 地址是不能被选为 Router-ID 的。

（3）如果没有活动的 Loopback 接口，则选择活动物理接口 IP 地址最大的。

注意：如果一台路由器收到一条链路状态，无法到达该 Router-ID 的位置，就无法到达链路状态中的目标网络。Router-ID 只在 OSPF 启动时计算，或者重置 OSPF 进程后计算。

2．Cost

OSPF 使用接口的带宽来计算 Metric，例如一个 10 Mbit/s 的接口，计算 Cost 的方法如下。

将 10 Mbit 换算成 bit，为 10 000 000 bit，然后用 100 000 000 除以该带宽，结果为 100 000 000/10 000 000 bit = 10，所以一个 10 Mbit/s 的接口，OSPF 认为该接口的 Metric 值为 10，需要注意的是，计算中，带宽的单位取 bit/s，而不是 Kbit/s，例如一个 100 Mbit/s 的接口，Cost 值为 100 000 000 /100 000 000=1，因为 Cost 值必须为整数，所以即使一个 1000 Mbit/s（1GBbit/s）的接口，Cost 值和 100Mbit/s 一样，为 1。如果路由器要经过两个接口才能到达目标网络，那么很显然，两个接口的 Cost 值要累加起来，才算是到达目标网络的 Metric 值，所以 OSPF 路由器计算到达目标网络的 Metric 值，必须将沿途中所有接口的 Cost 值累加起来，在累加时，同 EIGRP 一样，只计算出接口，不计算进接口。

OSPF 会自动计算接口上的 Cost 值，但也可以通过手工指定该接口的 Cost 值，手工指定的优先于自动计算的值。

OSPF 计算的 Cost，同样是和接口带宽成反比，带宽越高，Cost 值越小。到达目标相同 Cost 值的路径，可以执行负载均衡，最多 6 条链路同时执行负载均衡。

3．链路（Link）

就是路由器上的接口，在这里，应该指运行在 OSPF 进程下的接口。

4．链路状态（Link-state）

链路状态（LSA）就是 OSPF 接口上的描述信息，例如接口上的 IP 地址、子网掩码、网络类型、Cost 值等，OSPF 路由器之间交换的并不是路由表，而是链路状态（LSA），OSPF 通过获得网络中所有的链路状态信息，从而计算出到达每个目标精确的网络路径。OSPF 路由器会将自己所有的链路状态毫不保留地全部发给邻居，邻居将收到的链路状态全部放入链路状态数据库（Link-state Database），邻居再发给自己的所有邻居，并且在传递过程中，绝对不会有任何更改。最终，网络中所有的 OSPF 路由器都拥有网络中所有的链路状态，并且所有路由器的链路状态应该能描绘出相同的网络拓扑。比如要计算一条地铁线路图，如上海地铁二号线某段的图，如果不直接将该图给别人看，图好比是路由表，只是报给别人各个站的信息，该信息好比是链路状态，通过告诉别人各个站前一站是什么，后一站是什么，别人也能通过该信息（链路状态）画出完整的线路图（路由表），得到各站信息。

5．OSPF 区域

因为 OSPF 路由器之间会将所有的链路状态（LSA）相互交换，毫不保留，当网络规模达到一定程度时，LSA 将形成一个庞大的数据库，势必会给 OSPF 计算带来巨大的压力。为了能够降低 OSPF 计算的复杂程度，缓存计算压力，OSPF 采用分区域计算，将网络中所有 OSPF 路由器划分成不同的区域，每个区域负责各自区域精确的 LSA 传递与路由计算，然后再将一个区域的 LSA 简化和汇总之后转发到另外一个区域，这样一来，在区域内部，拥有网络精确的 LSA，而在不同区域，则传递简化的 LSA。区域的划分为了能够尽量设计成无环网络，所以采用了 Hub-spoke 的拓扑架构，也就是采用核心与分支的拓扑，如图 14-1 所示。

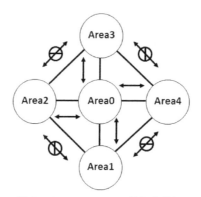

图 14-1　Hub-spoke 的拓扑结构

区域的命名可以采用整数数字，如 1、2、3、4；也可以采用 IP 地址的形式，如 0.0.0.1、0.0.0.2，因为采用了 Hub-spoke 的架构，所以必须定义出一个核心，然后其他部分都与核心相连，OSPF 的区域 0 就是所有区域的核心，称为 Backbone 区域（骨干区域），而其他区域称为 Normal 区域（常规区域），在理论上，所有的常规区域应该直接和骨干区域相连，常规区域只能和骨干区域交换 LSA，常规区域与常规区域之间即使直连也无法互换 LSA，如上图中 Area 1、Area 2、Area 3、Area 4 只能和 Area 0 互换 LSA，然后再由 Area 0 转发。Area 0 就像是一个中转站，两个常规区域需要交换 LSA，只能先交给 Area 0，再由 Area 0 转发，而常规区域之间无法互相转发。

OSPF 区域是基于路由器的接口划分的，而不是基于整台路由器划分的，一台路由器可以属于单个区域，也可以属于多个区域，如图 14-2 所示。

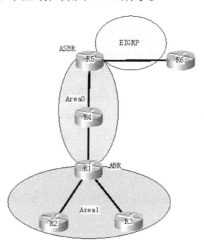

图 14-2　OSPF 区域

可以配置任何 OSPF 路由器成为 ABR 或 ASBR。

由于 OSPF 有着多种区域，所以 OSPF 的路由在路由表中也以多种形式存在，共分以下几种。

如果是同区域的路由，叫做 Intra-area Route，在路由表中用 O 来表示。

如果是不同区域的路由，叫做 Inter-area Route 或 Summary Route，在路由表中使用 O IA 来表示。

如果并非 OSPF 的路由，或者是不同 OSPF 进程的路由，只是被重分布到 OSPF 的，叫做 External Route，在路由表中使用 O E2 或 OE 1 来表示。

当存在多种路由可以到达同一目的地时，OSPF 将根据先后顺序来选择要使用的路由，所有路由的先后顺序为：

Intra-Area — Inter-Area — External E1 — External E2，即 O — O IA — O E1 — O E2。

注意：

一台路由器可以运行多个 OSPF 进程，不同进程的 OSPF，可视为没有任何关系，如需要获得相互的路由信息，需要重分布；

每个 OSPF 进程可以有多个区域，而路由器的链路状态数据库是分进程和分区域存放的。

6. 邻居（Neighbor）

OSPF 只有在邻居之间才会交换 LSA，路由器会将链路状态数据库中所有的内容毫不保留地发给所有邻居，要想在 OSPF 路由器之间交换 LSA，必须先形成 OSPF 邻居。OSPF 邻居靠发送 Hello 包来建立和维护，Hello 包会在启动了 OSPF 的接口上周期性发送，在不同的网络中，发送 Hello 包的间隔也会不同，当超过 4 倍的 Hello 时间，也就是 Dead 时间过后还没有收到邻居的 Hello 包时，邻居关系将被断开。

两台 OSPF 路由器只有满足 4 个条件，才能形成 OSPF 邻居，4 个必备条件如下。

（1）Area-id（区域号码），即路由器之间必须配置在相同的 OSPF 区域，否则无法形成邻居。

（2）Hello and Dead Interval（Hello 时间与 Dead 时间），即路由器之间的 Hello 时间和 Dead 时间必须一致，否则无法形成邻居。

（3）Authentication（认证），路由器之间必须配置相同的认证密码，如果密码不同，则无法形成邻居。

（4）Stub Area Flag（末节标签），路由器之间的末节标签必须一致，即处在相同的末节区域内，否则无法形成邻居。

注意：

OSPF 只能使用接口的 Primary 地址建立邻居，不能使用 Secondary 建立邻居。

路由器双方接口要么都为手工配置地址（Numbered），要么都为借用地址（Unnumbered），否则无法建立邻居。

7. 邻接（Adjacency）

两台 OSPF 路由器能够形成邻居，但并不一定能相互交换 LSA，只要能交换 LSA，关系则称为邻接（Adjacency）。邻居之间只交换 Hello 包，而邻接（Adjacency）之间不仅交换 Hello 包，还要交换 LSA。

8. DR/BDR

当多台 OSPF 路由器连到同一个多路访问网段时，如果每两台路由器之间都相互交换 LSA，那么该网段将充满着众多 LSA 条目。为了能够尽量减少 LSA 的传播数量，通过在多路访问网段中选择出一个核心路由器，即 DR（Designated Router），网段中所有的 OSPF 路由器都和 DR 互换 LSA，这样一来，DR 就会拥有所有的 LSA，并且将所有的 LSA 转发给每一台路由器。DR 就像是该网段的 LSA 中转站，所有的路由器都与该中转站互换 LSA，如果 DR 失效后，那么就会造成 LSA 的丢失与不完整，所以在多路访问网络中除了选举出 DR 之外，还会选举出一台路由器作为 DR 的备份，称为 BDR（Backup Designated Router）。BDR 在 DR 不可用时，代替 DR 的工作。而既不是 DR，也不是 BDR 的路由器称为 DRother。事实上，

DRother 除了和 DR 互换 LSA 之外，同时还会和 BDR 互换 LSA。

DR 与 BDR 并没有任何本质与功能的区别，只有在多路访问的网络环境，才需要 DR 和 BDR。DR 与 BDR 的选举是在一个二层网段内选举的，即在多个路由器互连的接口范围内，与 OSPF 区域没有任何关系，一个区域可能有多个多路访问网段，那么就会存在多个 DR 和 BDR，但一个多路访问网段，只能有一个 DR 和 BDR。

选举 DR 和 BDR 的规则如下。

（1）比较接口优先级。选举优先级最高的成为 DR，优先级数字越大，表示优先级越高，被选为 DR 的几率就越大，次优先级的为 BDR，优先级范围是 0~255，默认为 1，优先级为 0 表示没有资格选举 DR 和 BDR。

（2）Route-ID 大小。如果在优先级都相同的情况下，Route-Id 最大的成为 DR，其次是 BDR，数字越大，被选为 DR 的几率就越大。

因为所有路由器都能与 DR 和 BDR 互换 LSA，所以所有路由器都与 DR 和 BDR 是邻接（Adjacency）关系，而 Drother 与 Drother 之间无法互换 LSA，所以 Drother 与 Drother 之间只是邻居关系。

在一个多路访问网络中，选举 DR 和 BDR 是有时间限制的，该时间为 Wait 时间，默认为 4 倍的 Hello 时间，即与 Dead 时间相同。如果 OSPF 路由器在超过 Wait 时间后也没有其他路由器与自己竞争 DR 与 BDR 的选举，那么就选自己为 DR。当一个多路访问网络中选举出 DR 与 BDR 之后，在 DR 与 BDR 没有失效的情况下，不会进行重新选举，也就是在选举出 DR 与 BDR 之后，即使有更高优先级的路由器加入网络，也不会影响 DR 与 BDR 的角色，在越出选举时间（Wait 时间）后，只有 DR 与 BDR 失效后，才会重新选举。DR 失效后，会同时重新选举 DR 与 BDR，而在 BDR 失效后，只会重新选举 BDR。

DR 和 BDR 与 DRother 的数据包处理会有所不同。所有 OSPF 路由器，包括 DR 与 BDR，都能够接收和传递目标地址为 224.0.0.5 的数据包。只有 DR 和 BDR 才能接收和传递目标地址为 224.0.0.6 的数据包。

由此可见，DRother 路由器将数据包发向目标地址 224.0.0.6，只能被 DR 和 BDR 接收，其他 DRother 不能接收，而 DR 和 BDR 将数据包发向目标地址 224.0.0.5，可以被所有路由器接收。

14.2.4　OSPF 定义的 5 种网络类型

（1）点到点网络(Point-to-point)，由 Cisco 提出的网络类型，自动发现邻居，不选举 DR/BDR，Hello 时间 10s。

（2）广播型网络(Broadcast)，由 Cisco 提出的网络类型，自动发现邻居，选举 DR/BDR，Hello 时间 10s。

（3）非广播型（NBMA）网络 (Non-broadcast)，由 RFC 提出的网络类型，手工配置邻居，选举 DR/BDR，Hello 时间 30s。

（4）点到多点网络 (Point-to-multipoint)，由 RFC 提出，自动发现邻居，不选举 DR/BDR，Hello 时间 30s。

（5）点到多点非广播，由 Cisco 提出的网络类型，手动配置邻居，不选举 DR/BDR，Hello 时间 30s。

14.2.5　OSPF 工作过程

在 DR 和 BDR 出现之前,每一台路由器和他的所有邻居成为完全网状的 OSPF 邻接关系,这样 5 台路由器之间将需要形成 10 个邻接关系,同时将产生 20 条 LSA。而且在多址网络中,还存在自己发出的 LSA 从邻居的邻居发回来,导致网络上产生很多 LSA 的拷贝,所以基于这种考虑,产生了 DR 和 BDR。

DR 将完成如下工作。

(1)描述这个多址网络和该网络上剩下的其他相关路由器。

(2)管理这个多址网络上的 Flooding 过程。

(3)同时为了冗余性,还会选取一个 BDR,作为双备份之用。

1．DR/BDR 选取规则

DR/BDR 选取是以接口状态机的方式触发的。

路由器的每个多路访问(Multi-access)接口都有个路由器优先级(Router Priority),8 位长的一个整数,范围是 0 到 255,Cisco 路由器默认的优先级是 1,优先级为 0 的话将不能选举为 DR/BDR。优先级可以通过命令 ip ospf priority 进行修改。

Hello 包里包含了优先级的字段,还包括了可能成为 DR/BDR 的相关接口的 IP 地址。

当接口在多路访问网络上初次启动的时候,它把 DR/BDR 地址设置为 0.0.0.0,同时设置等待计时器(Wait Timer)的值等于路由器无效间隔(Router Dead Interval)。

2．DR/BDR 选取过程

(1)路由器 X 在和邻居建立双向(2-Way)通信之后,检查邻居的 Hello 包中的 Priority,DR 和 BDR 字段,列出所有可以参与 DR/BDR 选举的邻居(Priority 不为 0)。

(2)如果有一台或多台这样的路由器宣告自己为 BDR(也就是说,在其 Hello 包中将自己列为 BDR,而不是 DR),选择其中拥有最高路由器优先级的成为 BDR。如果相同,选择拥有最大路由器标识的。如果没有路由器宣告自己为 BDR,选择列表中路由器拥有最高优先级的为 BDR(同样排除宣告自己为 DR 的路由器);如果优先级相同,再根据路由器标识。

(3)按如下计算网络上的 DR。如果有一台或多台路由器宣告自己为 DR(也就是说,在其 Hello 包中将自己列为 DR),选择其中拥有最高路由器优先级的成为 DR。如果优先级相同,选择拥有最大路由器标识的。如果没有路由器宣告自己为 DR,将新选举出的 BDR 设定为 DR。

(4)如果路由器 X 新近成为 DR 或 BDR,或者不再成为 DR 或 BDR,重复步骤(2)和(3),然后结束选举。这样做是为了确保路由器不会同时宣告自己为 DR 和 BDR。

(5)要注意的是,当网络中已经选举了 DR/BDR 后,又出现了 1 台新的优先级更高的路由器,DR/BDR 是不会重新选举的。

(6)DR/BDR 选举完成后,DRother 只和 DR/BDR 形成邻接关系。所有的路由器将组播 Hello 包到 AllSPFRouters 地址 224.0.0.5,以便它们能跟踪其他邻居的信息,即 DR 将泛洪 Update Packet 到 224.0.0.5;DRother 只组播 Update Packet 到 AllDRouter 地址 224.0.0.6,只有 DR/BDR 侦听这个地址。

14.3 任务需求

在本任务中有两个独立的情境。在第一个情境中,将使用情境 A 学习如何配置 OSPF 路由协议。在第二个情境中,将使用情境 B 学习在多路访问网络中配置 OSPF。通过两个情境的学习进一步了解 OSPF 选举过程,从而确定指定路由器 (DR)、后备指定路由器 (BDR) 和 DRother 状态。

14.4 任务拓扑

14.4.1 情境A

情境 A 拓扑如图 14-3 所示。

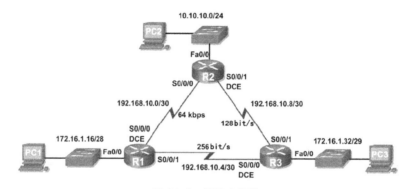

图 14-3 情境 A 拓扑

各设备地址分配表如表 14-1 所示。

表 14-1 地址表

设备名称	接　　口	IP 地址	子网掩码	网　　关
R1	F0/0	172.16.1.17	255.255.255.240	无
	S0/0/0	192.168.10.1	255.255.255.252	无
	S0/0/1	192.168.10.5	255.255.255.252	无
R2	F0/0	10.10.10.1	255.255.255.0	无
	S0/0/0	192.168.10.2	255.255.255.252	无
	S0/0/1	192.168.10.9	255.255.255.252	无
R3	F0/0	172.16.1.33	255.255.255.248	无
	S0/0/0	192.168.10.6	255.255.255.252	无
	S0/0/1	192.168.10.10	255.255.255.252	无
PC1	网卡	172.16.1.20	255.255.255.240	172.16.1.17
PC2	网卡	10.10.10.10	255.255.255.0	10.10.10.1
PC3	网卡	172.16.1.35	255.255.255.248	172.16.1.33

14.4.2 情境 B

情境 B 拓扑如图 14-4 所示。

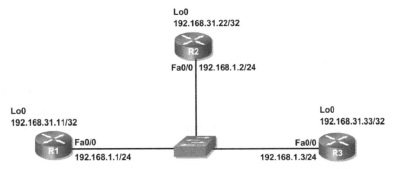

图 14-4　情境 B 拓扑

情境 B 各设备地址分配表如表 14-2 所示。

表 14-2　地址表

设备名称	接　　口	IP 地址	子网掩码	网　　关
R1	F0/0	192.168.1.1	255.255.255.0	无
	Loopback1	192.168.31.11	255.255.255.255	无
R2	F0/0	192.168.1.2	255.255.255.0	无
	Loopback1	192.168.31.22	255.255.255.255	无
R3	F0/0	192.168.1.3	255.255.255.0	无
	Loopback1	192.168.31.33	255.255.255.255	无

14.5　任务实施

14.5.1 情境 A 实施

步骤 1：根据拓扑图所示完成网络电缆连接。

步骤 2：执行基本路由器配置。

根据下列指导原则在路由器 R1、R2 和 R3 上执行基本配置。

① 配置路由器主机名。

② 禁用 DNS 查找。

③ 配置特权执行模式口令。

④ 配置当日消息标语。

⑤ 为控制台连接配置口令。

⑥ 为 VTY 连接配置口令。

步骤 3：配置并激活串行地址和以太网地址。

① 在 R1、R2 和 R3 上配置接口。

② 检验 IP 地址和接口。

③ 配置 PC1、PC2 和 PC3 的以太网接口。

④ 通过在 PC 上 Ping 默认网关测试 PC 配置。

步骤 4：在路由器 R1 上配置 OSPF。

在路由器 R1 上，在全局配置模式下使用 router ospf 命令启用 OSPF。对于 Process-ID 参数，输入进程 ID 1。

```
R1(config)#router ospf 1
R1(config-router)#
```

一旦处于 OSPF 配置子模式后，请将 LAN 172.16.1.16/28 配置为包括在从 R1 发出的 OSPF 更新中。与 EIGRP 相似，OSPF network 命令也使用 network-address 和 wildcard-mask 参数组合。但与 EIGRP 不同的一点是，在 OSPF 中必须输入通配符掩码。对于 area-ID 参数，使用区域 ID 0。在本拓扑的所有 network 语句中使用 0 作为 OSPF 区域 ID。

```
R1(config-router)#network 172.16.1.16 0.0.0.15 area 0
R1(config-router)#
```

配置路由器，使其通告 Serial0/0/0 接口所连接的网络 192.168.10.0/30。

```
R1(config-router)# network 192.168.10.0 0.0.0.3 area 0
R1(config-router)#
```

配置路由器，使其通告 Serial0/0/1 接口所连接的网络 192.168.10.4/30。

```
R1(config-router)# network 192.168.10.4 0.0.0.3 area 0
R1(config-router)#end
R1#
```

步骤 5：在路由器 R2 和 R3 上配置 OSPF。

使用 router ospf 命令在路由器 R2 上启用 OSPF 路由。使用 1 作为进程 ID。

```
R2(config)#router ospf 1
R2(config-router)#
```

配置路由器，使其在 OSPF 更新中通告 LAN 10.10.10.0/24。

```
R2(config-router)#network 10.10.10.0 0.0.0.255 area 0
R2(config-router)#
```

配置路由器，使其通告 Serial0/0/0 接口所连接的网络 192.168.10.0/30。

```
R2(config-router)#network 192.168.10.0 0.0.0.3 area 0
R2(config-router)#
00:07:27: %OSPF-5-ADJCHG:Process 1, Nbr 192.168.10.5 on Serial0/0/0
from EXCHANGE to FULL, Exchange Done
```

注意：当将从 R1 到 R2 的串行链路添加到 OSPF 配置时，路由器会向控制台发送一条通知消息，声明已与另一台 OSPF 路由器建立相邻关系。

配置该路由器，使其通告 Serial0/0/1 接口所连接的网络 192.168.10.8/30。完成后，返回到特权执行模式。

```
R2(config-router)#network 192.168.10.8 0.0.0.3 area 0
R2(config-router)#end
%SYS-5-CONFIG_I: Configured from console by console
R2#
```

在 R3 上使用 router ospf 和 network 命令配置 OSPF。使用 1 作为进程 ID 配置该路

由器，使其通告 3 个直连网络。完成后，返回到特权执行模式。

```
R3(config)#router ospf 1
R3(config-router)#network 172.16.1.32 0.0.0.7 area 0
R3(config-router)#network 192.168.10.4 0.0.0.3 area 0
R3(config-router)#
00:17:46: %OSPF-5-ADJCHG:Process 1, Nbr 192.168.10.5 on Serial0/0/0
from LOADING to FULL, Loading Done
R3(config-router)#network 192.168.10.8 0.0.0.3 area 0
R3(config-router)#
00:18:01: %OSPF-5-ADJCHG:Process 1, Nbr 192.168.10.9 on Serial0/0/1
from EXCHANGE to FULL, Exchange Done
R3(config-router)#end
%SYS-5-CONFIG_I: Configured from console by console
R3#
```

注意：将从 R3 到 R1 以及从 R3 到 R2 的串行链路添加到 OSPF 配置时，该路由器会向控制台发送一条通知消息，声明已与另一台 OSPF 路由器建立相邻关系。

步骤 6：配置 OSPF 路由器 ID。

OSPF 路由器 ID 用于在 OSPF 路由域内唯一标识每台路由器。一个路由器 ID 其实就是一个 IP 地址。Cisco 路由器根据下列 3 个条件得出路由器 ID。

① 通过 OSPF router-id 命令配置的 IP 地址。

② 路由器的环回地址中的最高 IP 地址。

③ 路由器的所有物理接口的最高活动 IP 地址。

检查拓扑中当前的路由器 ID。因为这 3 台路由器上未配置路由器 ID 或环回接口，所以各台路由器的路由器 ID 由各自活动接口的最高 IP 地址确定。

R1 的路由器 ID 是什么？　_____

R2 的路由器 ID 是什么？　_____

R3 的路由器 ID 是什么？　_____

还可在 show ip protocols、show ip ospf 和 show ip ospf interfaces 命令的输出中看到路由器 ID。

```
R3#show ip protocols
Routing Protocol is "ospf 1"
Outgoing update filter list for all interfaces is not set
Incoming update filter list for all interfaces is not set
Router ID 192.168.10.10
Number of areas in this router is 1. 1 normal 0 stub 0 nssa
Maximum path: 4
```

使用环回地址来更改拓扑中路由器的路由器 ID。

```
R1(config)#interface loopback 0
R1(config-if)#ip address 10.1.1.1 255.255.255.255
R2(config)#interface loopback 0
R2(config-if)#ip address 10.2.2.2 255.255.255.255
```

```
R3(config)#interface loopback 0
R3(config-if)#ip address 10.3.3.3 255.255.255.255
```

重新加载路由器以强制使用新的 Router ID。

新配置的路由器 ID 在 OSPF 进程重新启动后才生效。确保将当前配置保存到 NRAM 中，然后使用 reload 命令重新启动每台路由器。

R1 重新启动后的路由器 ID 是什么？ _____

R2 重新启动后的路由器 ID 是什么？ _____

R3 重新启动后的路由器 ID 是什么？ _____

步骤 7：验证 OSPF 的运行情况。

在路由器 R1 上使用 show ip ospf neighbor 命令查看与 OSPF 相邻路由器 R2 和 R3 相关的信息，应该能够看到每台相邻路由器的邻居 ID 和 IP 地址以及 R1 用于连接该 OSPF 邻居的接口。

```
R1#show ip ospf neighbor
Neighbor ID Pri State Dead Time Address
Interface
10.2.2.2 0 FULL/- 00: 00: 32 192.168.10.2
Serial0/0/0
10.3.3.3 0 FULL/- 00: 00: 32 192.168.10.6
Serial0/0/1
R1#
```

在路由器 R1 上使用 show ip protocols 命令查看与该路由协议运行情况相关的信息。

注意： 输出中会显示上述任务中所配置的信息，例如协议、进程 ID、邻居 ID 和网络。还会显示邻居的 IP 地址（图中加深处为显示信息）。

```
R1#show ip protocols
Routing Protocol is "ospf 1"
Outgoing update filter list for all interfaces is not set
Incoming update filter list for all interfaces is not set
Router ID 10.1.1.1
Number of areas in this router is 1. 1 normal 0 stub 0 nssa
Maximum path: 4
Routing for Networks:
172.16.1.16 0.0.0.15 area 0
192.168.10.0 0.0.0.3 area 0
192.168.10.4 0.0.0.3 area 0
Routing Information Sources:
Gateway Distance Last Update
10.2.2.2 110 00: 11: 43
10.3.3.3 110 00: 11: 43
Distance: (default is 110)
R1#
```

注意：输出指出了 OSPF 所用的进程 ID。请记住，所有路由器上的进程 ID 必须相同，这样 OSPF 才能建立相邻关系并共享路由信息。

步骤 8：检查路由表中的 OSPF 路由。

在路由器 R1 上查看路由表。在路由表中，OSPF 路由标有 "O"。

```
R1#show ip route
Codes: C - connected, S - static, I - IGRP, R - RIP, M - mobile, B -
BGP
D - EIGRP, EX - EIGRP external, O - OSPF, IA - OSPF inter area
N1 - OSPF NSSA external type 1, N2 - OSPF NSSA external type 2
E1 - OSPF external type 1, E2 - OSPF external type 2, E - EGP
i - IS-IS, L1 - IS-IS level-1, L2 - IS-IS level-2, ia - IS-IS
inter area
* - candidate default, U - per-user static route, o - ODR
P - periodic downloaded static route
Gateway of last resort is not set
10.0.0.0/8 is variably subnetted, 2 subnets, 2 masks
C 10.1.1.1/32 is directly connected, Loopback0
O 10.10.10.0/24 [110/65] via 192.168.10.2, 00: 01: 02, Serial0/0/0
172.16.0.0/16 is variably subnetted, 2 subnets, 2 masks
C 172.16.1.16/28 is directly connected, FastEthernet0/0
O 172.16.1.32/29 [110/65] via 192.168.10.6, 00: 01: 12, Serial0/0/1
192.168.10.0/30 is subnetted, 3 subnets
C 192.168.10.0 is directly connected, Serial0/0/0
C 192.168.10.4 is directly connected, Serial0/0/1
O 192.168.10.8 [110/128] via 192.168.10.6, 00: 01: 12, Serial0/0/1
                [110/128] via 192.168.10.2, 00: 01: 02, Serial0/0/0
```

步骤 9：重新分配 OSPF 默认路由。

在路由器 R1 上配置一个环回接口，以模拟通向 ISP 的链路。

```
R1(config)#interface loopback1
%LINK-5-CHANGED: Interface Loopback1, changed state to up
%LINEPROTO-5-UPDOWN: Line protocol on Interface Loopback1, changed
state to up
R1(config-if)#ip address 172.30.1.1 255.255.255.252
```

在路由器 R1 上配置一条静态默认路由，使用已配置的用于模拟通向 ISP 的链路的环回地址作为出口接口。

```
R1(config)#ip route 0.0.0.0 0.0.0.0 loopback1
R1(config)#
```

使用 default-information originate 命令将该静态路由包括在从路由器 R1 发出的 OSPF 更新中。

```
R1(config)#router ospf 1
```

```
R1(config-router)#default-information originate
R1(config-router)#
```

在路由器 R2 上查看路由表，验证该静态默认路由是否正在通过 OSPF 重分布。

```
R2#show ip route
<省略部分输出>
Gateway of last resort is 192.168.10.1 to network 0.0.0.0
10.0.0.0/8 is variably subnetted, 2 subnets, 2 masks
C 10.2.2.2/32 is directly connected, Loopback0
C 10.10.10.0/24 is directly connected, FastEthernet0/0
172.16.0.0/16 is variably subnetted, 2 subnets, 2 masks
O 172.16.1.16/28 [110/1563] via 192.168.10.1, 00: 29: 28,
Serial0/0/0
O 172.16.1.32/29 [110/1563] via 192.168.10.10, 00: 29: 28,
Serial0/0/1
192.168.10.0/30 is subnetted, 3 subnets
C 192.168.10.0 is directly connected, Serial0/0/0
O 192.168.10.4 [110/3124] via 192.168.10.10, 00: 25: 56,
Serial0/0/1
[110/3124] via 192.168.10.1, 00: 25: 56, Serial0/0/0
C 192.168.10.8 is directly connected, Serial0/0/1
O*E2 0.0.0.0/0 [110/1] via 192.168.10.1, 00: 01: 11, Serial0/0/0
R2#
```

14.5.2   情境 B 实施

步骤 1：根据拓扑图所示完成网络电缆连接。

在此拓扑中，3 台路由器共享一个公共以太网多路访问网络 192.168.1.0/24。在每台路由器的快速以太网接口上配置一个 IP 地址，并配置一个环回地址以充当路由器 ID。

步骤 2：执行基本路由器配置。

根据下列指导原则在路由器 R1、R2 和 R3 上执行基本配置。

① 配置路由器主机名。

② 禁用 DNS 查找。

③ 配置特权执行模式口令。

④ 配置当日消息标语。

⑤ 为控制台连接配置口令。

⑥ 为 VTY 连接配置口令。

步骤 3：配置并激活以太网地址和环回地址。

在 R1、R2 和 R3 上配置接口，使用 show ip interface brief 命令验证 IP 地址是否正确以及接口是否已激活。完成后，确保将运行配置保存到路由器的 NVRAM 中。

步骤 4：在 DR 路由器上配置 OSPF。

一旦多路访问网络中第一台具有启用了 OSPF 的接口的路由器开始工作，DR 和 BDR

选举过程即开始。这可能发生在路由器开机时或配置 OSPF network 命令时。如果在选出 DR 和 BDR 后有新路由器加入网络，即使新路由器的 OSPF 接口优先级或路由器 ID 比当前 DR 或 BDR 高，也不会成为 DR 或 BDR。首先在具有最高路由器 ID 的路由器上配置 OSPF 进程，以确保此路由器成为 DR。

在路由器 R3 上，在全局配置模式下使用 router ospf 命令启用 OSPF。

对于 process-ID 参数，输入进程 ID 1。配置该路由器，使其通告 192.168.1.0/24 网络。对于 network 语句中的 area-id 参数，使用区域 ID 0。

```
R3(config)#router ospf 1
R3(config-router)#network 192.168.1.0 0.0.0.255 area 0
R3(config-router)#end
R3#
```

使用 show ip ospf interface 命令验证是否已正确配置 OSPF 以及 R3 是否为 DR。

```
R3#show ip ospf interface
FastEthernet0/0 is up, line protocol is up
Internet address is 192.168.1.3/24, Area 0
Process ID 1, Router ID 192.168.31.33, Network Type BROADCAST,
Cost: 1
Transmit Delay is 1 sec, State DR, Priority 1
Designated Router (ID) 192.168.31.33 ,   Interface address
192.168.1.3
No backup designated router on this network
Timer intervals configured, Hello 10, Dead 40, Wait 40, Retransmit 5
Hello due in 00: 00: 07
Index 1/1, flood queue length 0
Next 0x0(0)/0x0(0)
Last flood scan length is 1, maximum is 1
Last flood scan time is 0 msec, maximum is 0 msec
Neighbor Count is 0, Adjacent neighbor count is 0
Suppress hello for 0 neighbor(s)
R3#
```

步骤 5：在 DR 路由器上配置 OSPF。

接下来，在具有第二高路由器 ID 的路由器上配置 OSPF 进程，以确保此路由器成为 BDR。在路由器 R2 上，在全局配置模式下使用 router ospf 命令启用 OSPF。对于 process-ID 参数，输入进程 ID 1。配置该路由器，使其通告 192.168.1.0/24 网络。对于 network 语句中的 area-id 参数，使用区域 ID 0。

```
R2(config)#router ospf 1
R2(config-router)#network 192.168.1.0 0.0.0.255 area 0
R2(config-router)#end
%SYS-5-CONFIG_I: Configured from console by console
```

```
R2#
00: 08: 51: %OSPF-5-ADJCHG: Process 1, Nbr 192.168.31.33 on
FastEthernet0/0 from LOADING to FULL, Loading Done
```

注意：R2 会与路由器 R3 形成相邻关系。路由器 R3 可能需要 40 秒钟才会发送 Hello 数据包。当收到此数据包时，就会形成相邻关系。

使用 show ip ospf interface 命令验证是否已正确配置 OSPF 以及 R2 是否为 BDR。

```
R2#show ip ospf interface
FastEthernet0/0 is up, line protocol is up
Internet address is 192.168.1.2/24, Area 0
Process ID 1, Router ID 192.168.31.22, Network Type BROADCAST,
Cost: 1
Transmit Delay is 1 sec, State BDR, Priority 1
Designated Router (ID) 192.168.31.33 ,    Interface address
192.168.1.3
Backup Designated Router (ID) 192.168.31.22, Interface address
192.168.1.2
Timer intervals configured, Hello 10, Dead 40, Wait 40, Retransmit 5
Hello due in 00: 00: 03
Index 1/1, flood queue length 0
Next 0x0(0)/0x0(0)
Last flood scan length is 1, maximum is 1
Last flood scan time is 0 msec, maximum is 0 msec
Neighbor Count is 1, Adjacent neighbor count is 1
Adjacent with neighbor 192.168.1.3 (Designated Router)
Suppress hello for 0 neighbor(s)
R2#
```

使用 show ip ospf neighbors 命令查看与该 OSPF 区域内的其他路由器相关的信息。

注意：R3 为 DR。

```
R2#show ip ospf neighbor
Neighbor ID Pri State Dead Time Address
Interface
192.168.31.33 1 FULL/DR 00: 00: 33 192.168.1.3
FastEthernet0/0
```

步骤 6：在 DR 路由器上配置 OSPF。

最后，在具有最低路由器 ID 的路由器上配置 OSPF 进程。此路由器将被指定为 DRother 而非 DR 或 BDR。在路由器 R1 上，在全局配置模式下使用 router ospf 命令启用 OSPF。对于 process-ID 参数，输入进程 ID 1。配置该路由器，使其通告 192.168.1.0/24 网络。对于 network 语句中的 area-id 参数，使用区域 ID 0。

```
R1(config)#router ospf 1
R1(config-router)#network 192.168.1.0 0.0.0.255 area 0
```

```
R1(config-router)#end
%SYS-5-CONFIG_I: Configured from console by console
R1#
00: 16: 08: %OSPF-5-ADJCHG: Process 1, Nbr 192.168.31.22 on
FastEthernet0/0 from LOADING to FULL, Loading Done
00: 16: 12: %OSPF-5-ADJCHG: Process 1, Nbr 192.168.31.33 on
FastEthernet0/0 from EXCHANGE to FULL, Exchange Done
```

注意：路由器 R1 会与路由器 R2 及 R3 形成相邻关系。路由器 R2 和 R3 可能需要 40 秒才会发送各自使用 show ip ospf interface 命令验证是否已正确配置 OSPF 以及 R1 是否为 DRother 的信息。

```
R1#show ip ospf interface
FastEthernet0/0 is up, line protocol is up
  Internet address is 192.168.1.1/24, Area 0
  Process ID 1, Router ID 192.168.31.11, Network Type BROADCAST,
Cost: 1
  Transmit Delay is 1 sec, State DROTHER, Priority 1
  Designated  Router  (ID)  192.168.31.33 ,   Interface  address
192.168.1.3
  Backup Designated Router (ID) 192.168.31.22, Interface address
  192.168.1.2
  Timer intervals configured, Hello 10, Dead 40, Wait 40, Retransmit 5
  Hello due in 00: 00: 00
  Index 1/1, flood queue length 0
  Next 0x0(0)/0x0(0)
  Last flood scan length is 1, maximum is 1
  Last flood scan time is 0 msec, maximum is 0 msec
  Neighbor Count is 2, Adjacent neighbor count is 2
  Adjacent with neighbor 192.168.31.33 (Designated Router)
  Adjacent with neighbor 192.168.31.22 (Backup Designated Router)
  Suppress hello for 0 neighbor(s)
R1#
```

使用 show ip ospf neighbors 命令查看与该 OSPF 区域内的其他路由器相关的信息。

注意：R3 是 DR，R2 是 BDR。

```
R1#show ip ospf neighbor
Neighbor ID Pri State Dead Time Address
Interface
192.168.31.22 1 FULL/BDR 00: 00: 35 192.168.1.2
FastEthernet0/0
192.168.31.33 1 FULL/DR 00: 00: 30 192.168.1.3
FastEthernet0/0
```

步骤 7：使用 OSPF 优先级确定 DR 和 BDR。

使用 ip ospf priority 接口命令将路由器 R1 的 OSPF 优先级更改为 255，这是允许的最高优先级。

```
R1(config)#interface fastEthernet0/0
R1(config-if)#ip ospf priority 255
R1(config-if)#end
```

使用 ip ospf priority 接口命令将路由器 R3 的 OSPF 优先级更改为 100。

```
R3(config)#interface fastEthernet0/0
R3(config-if)#ip ospf priority 100
R3(config-if)#end
```

使用 ip ospf priority 接口命令将路由器 R2 的 OSPF 优先级更改为 0。优先级为 0 导致路由器不具备参与 OSPF 选举并成为 DR 或 BDR 的资格。

```
R2(config)#interface fastEthernet0/0
R2(config-if)#ip ospf priority 0
R2(config-if)#end
```

可关闭每台路由器的 FastEthernet0/0 接口，然后将其重新启用，以强制进行 OSPF 选举。在 3 台路由器上逐台关闭 FastEthernet0/0 接口。请注意，关闭该接口时，会失去 OSPF 相邻关系。

R1:
```
R1(config)#interface fastethernet0/0
R1(config-if)#shutdown
%LINK-5-CHANGED: Interface FastEthernet0/0, changed state to
administratively down
%LINEPROTO-5-UPDOWN: Line protocol on Interface FastEthernet0/0,
changed state to down
02: 17: 22: %OSPF-5-ADJCHG: Process 1, Nbr 192.168.31.22 on
FastEthernet0/0 from FULL to Down: Interface down or detached
02: 17: 22: %OSPF-5-ADJCHG: Process 1, Nbr 192.168.31.33 on
FastEthernet0/0 from FULL to Down: Interface down or detached
----------------------------------------------------------------
```
R2:
```
R2(config)#interface fastethernet0/0
R2(config-if)#shutdown
%LINK-5-CHANGED: Interface FastEthernet0/0, changed state to
administratively down
%LINEPROTO-5-UPDOWN: Line protocol on Interface FastEthernet0/0,
changed state to down
02: 17: 06: %OSPF-5-ADJCHG: Process 1, Nbr 192.168.31.33 on
FastEthernet0/0 from FULL to Down: Interface down or detached
02: 17: 06: %OSPF-5-ADJCHG: Process 1, Nbr 192.168.31.11 on
```

FastEthernet0/0 from FULL to Down: Interface down or detached
----

R3:

R3(config)#**interface fastethernet0/0**

R3(config-if)#**shutdown**

%LINK-5-CHANGED: Interface FastEthernet0/0, changed state to
administratively down

%LINEPROTO-5-UPDOWN: Line protocol on Interface FastEthernet0/0,
changed state to down

02: 17: 22: %OSPF-5-ADJCHG: Process 1, Nbr 192.168.31.22 on
FastEthernet0/0 from FULL to Down: Interface down or detached

02: 17: 22: %OSPF-5-ADJCHG: Process 1, Nbr 192.168.31.11 on
FastEthernet0/0 from FULL to Down: Interface down or detached

在路由器 R2 上重新启用 FastEthernet0/0 接口。

R2(config-if)#**no shut**

R2(config-if)#**end**

%SYS-5-CONFIG_I: Configured from console by console

R2#

在路由器 R1 上重新启用 FastEthernet0/0 接口。

注意：R1 会与路由器 R2 形成相邻关系。路由器 R2 可能需要 40 秒才会发送 Hello 数据包。

R1(config-if)#**no shutdown**

%LINK-5-CHANGED: Interface FastEthernet0/0, changed state to up

%LINEPROTO-5-UPDOWN: Line protocol on Interface FastEthernet0/0,
changed

state to up

R1(config-if)#**end**

%SYS-5-CONFIG_I: Configured from console by console

R1#

02: 31: 43: %OSPF-5-ADJCHG: Process 1, Nbr 192.168.31.22 on
FastEthernet0/0 from EXCHANGE to FULL, Exchange Done

在路由器 R1 上使用 show ip ospf neighbor 命令查看该路由器的 OSPF 邻居信息。

注意：尽管路由器 R2 的路由器 ID 比 R1 的高，R2 的状态仍然被设为 DRother，原因在于其 OSPF 优先级被设为 0。

R1#**show ip ospf neighbor**

Neighbor ID Pri State Dead Time Address

Interface

192.168.31.22 0 FULL/DROTHER 00: 00: 33 192.168.1.2

FastEthernet0/0

R1#

在路由器 R3 上重新启用 FastEthernet0/0 接口。

注意：R3 会与路由器 R1 及 R2 形成相邻关系。路由器 R1 和 R2 可能需要 40 秒才会发送各自的 Hello 数据包。

```
R3(config-if)#no shutdown
%LINK-5-CHANGED: Interface FastEthernet0/0, changed state to up
%LINEPROTO-5-UPDOWN: Line protocol on Interface FastEthernet0/0,
changed
state to up
R3(config-if)#end
%SYS-5-CONFIG_I: Configured from console by console
02: 37: 32: %OSPF-5-ADJCHG: Process 1, Nbr 192.168.31.11 on
FastEthernet0/0 from LOADING to FULL, Loading Done
02: 37: 36: %OSPF-5-ADJCHG: Process 1, Nbr 192.168.31.22 on
FastEthernet0/0 from EXCHANGE to FULL, Exchange Done
```

在路由器 R3 上使用 show ip ospf interface 命令验证 R3 是否已成为 BDR。

```
R3#show ip ospf interface
FastEthernet0/0 is up, line protocol is up
Internet address is 192.168.1.3/24, Area 0
Process ID 1, Router ID 192.168.31.33, Network Type BROADCAST,
Cost: 1
Transmit Delay is 1 sec, State BDR, Priority 100
Designated Router (ID) 192.168.31.11, Interface address 192.
168.1.1
```
<省略部分输出>

14.6 疑难故障排除与分析

14.6.1 常见故障现象

由于 OSPF 协议自身的复杂性，在配置的过程中可能会出现错误。OSPF 协议正常运行的标志是：在每一台运行该协议的路由器上，应该得到的路由一条也不少，并且都是最优路径。

1. 现象一：协议基本配置是否正确

2. 现象二：邻居路由器之间的故障

排除故障的步骤如下。

（1）配置故障处理：检查是否已经启动并正确配置了 OSPF 协议。

（2）局部故障处理：检查两台直接相连的路由器之间协议运行是否正常。

（3）全局故障处理：检查一下系统设计（主要是指区域的划分）是否正确。

（4）其他疑难问题：路由时通时断，路由表中存在路由却无法 Ping 通该地址。需要针对不同的情况具体分析。

14.6.2　故障解决方法

1．现象一解决方法

在排除故障之前，应首先检查基本的协议配置是否正确。

（1）是否已经配置了 Router ID。

使用命令 **router idRouter-id**，Router-id 可以配置为与本路由器一个接口的 IP 地址相同，需要注意的是：不能有任何两台路由器的 Router ID 是完全相同的。

（2）检查 OSPF 协议是否已成功地被激活。使用命令 ospfenable 启动协议的运行，该命令是协议正常运行的前提。

（3）检查需要运行 OSPF 的接口是否已配置属于特定的区域，使用命令 ospf enable areaarea_id 将接口配置属于特定区域。可通过命令 display ospf interface interfacename 来查看该接口是否已经配置成功。

（4）检查是否已正确地引入了所需要的外部路由。实际运行中可能经常需要引入自治系统外部路由（其他协议如 BGP 或静态路由）。如果需要，是否已经通过命令 import 配置了引入。

2．现象二解决方法

由于 OSPF 协议需要整个自治系统中所有路由器的协调工作，所以任意两台相邻路由器之间的故障都会导致网络中全部或部分路由错误。

如何判断相邻的路由器之间是否运行正常？

在两台路由器上分别执行 display ospf peer 命令，查看在相应的接口上是否已发现对端路由器为自己的邻居，并且邻居状态机达到 Full 状态。需要注意的是：在 Broadcast 和 NBMA 类型的网络中，两台接口状态是 DROther 的路由器之间邻居状态机停留在"2-Way"状态，这是正常的，但都应该与 DR 之间达到 Full 状态。两台路由器之间达到 Full 需要一定的时间，一般在几秒钟至 3 分钟之间为正常。如果超过这段时间仍旧没有发现邻居或没有达到 Full 状态，则可以判断为出现故障。若出现故障可按下列几点来检查。

（1）检查物理连接及下层协议是否正常运行。OSPF 正常运行需要下层协议来发送和接收报文，所以必须确保下层协议运行无误。可通过 Ping 命令测试，若从本地路由器 Ping 对端路由器不通，则表明物理连接和下层协议有问题。但需要注意的是：Ping 命令发送的是单播报文；而 OSPF 除了在 NBMA 类型的接口之外，都发送多播报文。所以除了能够 Ping 通对端之外，还必须具有能够收发多播报文的能力。

（2）检查双方在接口上的配置是否一致。如果物理连接和下层协议正常，则检查在接口上配置的 OSPF 参数，必须保证和与该接口相邻的路由器的参数一致。这些参数包括 ospf timer hello、ospf timer dead 和 authentication-mode。区域（Area）号必须相同。网段与掩码也必须一致（点到点与虚连接的网段与掩码可以不同）。这些错误可以通过命令 display ospf error 来查看。关于常用的 OSPF 错误值可以参见附录的说明。

（3）Hello 时间与 Dead 时间之间的关系。按照协议规定，接口上的 Dead 的值必须大于 Hello 的值，并且至少在 4 倍以上，否则会引起邻居状态之间的震荡。

（4）若网络的类型为广播或 NBMA，至少有一台路由器的 Priority 应大于零。协议规定，接口的 Priorty = 0 的路由器没有被选举权，即不能被选为 DR 或 BDR。而在广播或 NBMA

类型网络中所有的路由器只与 DR 之间交换路由信息，所以至少应有一台路由器的 priority 应大于零。

（5）区域的 STUB 属性必须一致。

如果一个 AREA 配置成 STUB AREA，则在与这个区域相连的所有路由器中都应将该区域配置成 STUB AREA。

（6）接口的网络类型必须一致。

两台直接相连的路由器之间接口的网络类型必须一致，否则可能无法正确计算出路由。查看接口的网络类型可以使用命令 display ospf interface，如果发现双方类型不一致，可使用接口配置模式下的 ospf network-type 命令来修改。需要特别注意的是：当两台路由器的接口类型不一致时，双方的邻居状态机仍旧有可能达到 Full 状态，但无法正确计算路由。

（7）在 NBMA 类型的网络中手工配置邻居。

协议规定在 NBMA 类型的网络中发送单播报文，这样就不能通过发送多播报文来动态发现邻居，所以必须手工指定邻接点的 IP 地址。

14.7 课后训练

利用本章所学知识，配置 OSPF 路由协议。

14.7.1 训练目的

本公司下设 3 个公司，总公司和分公司各有一台路由器，现在要求配置 OSPF 协议，公司间通过 T1 链路连接，总公司端为 DCE 端，要求全网内的主机间可以互相通信。

14.7.2 训练拓扑

训练拓扑如图 14-5 所示。

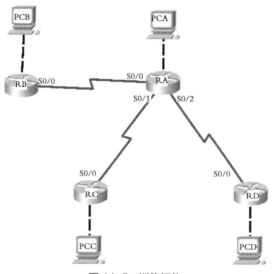

图 14-5 训练拓扑

14.7.3 训练要求

各设备地址分配如表 14-3 所示。

表 14-3　地址表

设备名称		IP 地址	网　关
RA	F0/0	192. 168. 0. 1/24	无
	S0/0	192. 168. 4. 1/24	无
	S0/1	192. 168. 5. 1/24	无
	S0/2	192. 168. 6. 1/24	无
RB	S0/0	192. 168. 4. 2/24	无
	F0/0	192. 168. 1. 1/24	无
RC	S0/0	192. 168. 5. 2/24	无
	F0/0	192. 168. 2. 1/24	无
RD	S0/0	192. 168. 6. 2/24	无
	F0/0	192. 168. 3. 1/24	无
PCA		192. 168. 0. 2/24	192. 168. 0. 1
PCB		192. 168. 1. 2/24	192. 168. 1. 1
PCC		192. 168. 2. 2/24	192. 168. 2. 1
PCD		192. 168. 3. 2/24	192. 168. 3. 1

简单配置过程

RA 配置

```
RA#config t
RA(config)#router ospf 11
RA(config-router)#network 192.168.0.0 0.0.0.255 area 0
RA(config-router)#network 192.168.4.0 0.0.0.255 area 0
RA(config-router)#network 192.168.5.0 0.0.0.255 area 0
RA(config-router)#network 192.168.6.0 0.0.0.255 area 0
RA(config-router)#end
```

RB 配置

```
RB#config t
RB(config)#router ospf 11
RB(config-router)#network 192.168.1.0 0.0.0.255 area 0
RB(config-router)#network 192.168.4.0 0.0.0.255 area 0
RB(config-router)#end
```

RC 配置

```
RC#config t
RC(config)#router ospf 11
RC(config-router)#network 192.168.2.0 0.0.0.255 area 0
RC(config-router)#network 192.168.5.0 0.0.0.255 area 0
RC(config-router)#end
```

```
RD 配置
RD#config t
RD(config)#router ospf 11
RD(config-router)#network 192.168.3.0 0.0.0.255 area 0
RD(config-router)#network 192.168.6.0 0.0.0.255 area 0
RD(config-router)#end
```

第 3 篇

广域网配置与管理篇

任务十五
PPP 协议的配置与管理

15.1　任务背景

用户接入 Internet（因特网）的方法一般有两种，一种是用户拨号上网，另一种是使用专线接入，不管使用哪一种方法，在传送数据时都需要有数据链路层协议。目前，在 Internet 中使用得最为广泛的就是 SLIP（Serial Line IP，串行线路协议）和 PPP（Point to PointProtocol，点对点连接协议）。如果家庭使用的计算机需要连到某个已与 Internet 连接的局域网上，可以选择 SLIP 和 PPP 方式。用户接入 Internet 的连接方式如图 15-1 所示。

图 15-1　用户接入 Internet 的方式

PPP 协议即点对点连接，是一种最常见的 WAN（Wide Area Network，广域网）连接方式。点对点连接用于将 LAN（Local Area Network，局域网）连接到服务提供商 WAN，还用于将企业网络内部的各个 LAN 段互连在一起。LAN 到 WAN 的点对点连接也称为串行连接或租用线路连接，这是因为这些线路是从电信公司租用的，并且专供租用该线路的公司使用。如果公司为两个远程站点之间的持续连接支付费用，那么该线路将持续活动，始终可用。用户使用 PPP 协议的连接方式如图 15-2 所示。

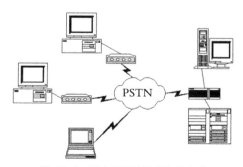

图 15-2　用户使用协议的连接方式

PPP 协议是目前广域网上应用最广泛的协议之一，它的优点在于简单、具备用户验证能力、可以解决 IP 地址分配等问题。家庭拨号上网就是通过 PPP 在用户端和运营商的接入服务器之间建立通信链路的。目前，宽带接入取代拨号上网已成为趋势，在宽带接入技术日新月异的今天，PPP 也衍生出新的应用。其中一个典型的应用是在 ADSL（Asymmetric Digital Subscriber Loop，非对称数据用户环线）接入方式当中，PPP 与其他协议共同派生出了符合宽带接入要求的新协议，如 PPPoE（PPP over Ethernet）、PPPoA（PPP over ATM）。

利用 Ethernet（以太网）资源，在 Ethernet 上运行 PPP 来进行用户认证接入的方式称为 PPPoE。PPPoE 既保护了用户的以太网资源，又完成了 ADSL 的接入要求，是目前 ADSL 接入方式中应用最广泛的技术标准。同样，在 ATM（Asynchronous Transfer Mode，异步传输模式）网络上运行 PPP 协议来管理用户认证的方式称为 PPPoA。它与 PPPoE 的原理相同，作用相同。不同的是，PPPoA 是在 ATM 网络上运行，而 PPPoE 是在 Ethernet 网络上运行，所以它们分别适应 ATM 标准和 Ethernet 标准。

15.2　技能要点

15.2.1　PPP 协议概述

PPP 点对点协议是为在两个对等实体间传输数据包，建立简单连接而设计的。这种连接提供了同时的双向全双工操作，并且假定数据包是按顺序投递的。PPP 协议的封装模式如图 15-3 所示。

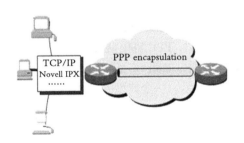

图 15-3　PPP 协议封装模式

PPP 协议还满足了动态分配 IP 地址的需要，并能够对上层的多种协议提供支持。PPP 在 TCP/IP 协议集中位于数据链路层，其物理实现方式有两种，一种是通过以太网口，另一种就是利用普通的串行接口。PPP 是在原来的 HDLC（High-Level Data Link Control，高级链路控制协议）规范之后设计的，设计将许多当时只在私有数据链路协议中的附加特性包含了进来。PPP 协议与 TCP/IP 协议之间的关系如图 15-4 所示。

应用	FTP SMTP HTTP……		DNS ……	
传输	TCP		UDP	
Internet	IP		IPV6	
网络接入	PPP			
	PPPoE	PPPoA	PPP	
	Ethernet	ATM	串口线	调制解调器

图 15-4　PPP 协议和 TCP/IP 协议栈

15.2.2 PPP 协议组成

PPP 协议是目前应用最广的广域网协议之一，它提供了一整套方案来解决链路建立、维护、拆除、上层协议协商、认证等问题。PPP 协议主要由以下 3 部分组成，如图 15-5 所示。

① 在串行线路中对上层数据包的封装（HDLC）。

② 链路控制协议（Link Control Protocol，LCP），LCP 负责创建、维护或终止一次物理连接，用于建立、配置和检测数据链路连接。

③ 用于建立和配置不同网络层协议的网络控制协议（Network Control Protocol，NCP）协议簇。NCP 负责解决物理连接上运行网络协议的选择，以及解决上层网络协议发生的问题。

④ 链路认证过程中的安全认证协议，主要包括口令验证协议 （Password Authentication Protocol，PAP）和挑战握手验证协议 （Challenge-Handshake Authentication Protocol，CHAP）。

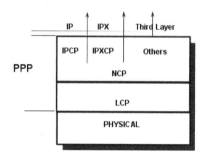

图 15-5 PPP 协议的组成

15.2.3 PPP 通信过程

用户拨入远程接入服务器的号码，通过交换电路网络如 PSTN（Public Switched Telephone Network）建立了一条物理链路之后，PPP 将根据其状态的驱动，开始数据链路连接建立的过程。下面介绍 PPP 链路建立的过程，如图 15-6 所示。

PPP 链路状态机如图 15-6 所示。一个典型的链路建立过程分为 3 个阶段——创建阶段、认证阶段和网络协商阶段。

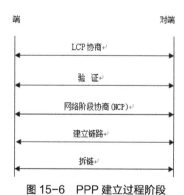

图 15-6 PPP 建立过程阶段

阶段 1：创建 PPP 链路

LCP 负责创建链路。在这个阶段，将对基本的通信方式进行选择。链路两端的设备通过 LCP 向对方发送配置信息报文（Configure Packets）。一旦一个配置成功信息包（Configure-ack Packet）被发送且被接收，就完成了交换，进入 LCP 开启状态。PPP 使用 LCP 协商数据链路层选项。链路双方的 PPP 协议均使用 LCP 交换配置请求分组，该分组中包含有每一端都期望的配置信息及链路相关信息，如最大接收单元 MRU、异步控制字符映射等选项。在此阶段，双方可以协商使用某一种认证协议如 PAP 或 CHAP。若 LCP 认为所有的请求均能满足，则发送配置确认分组。链路创建阶段只对验证协议进行选择，用户验证将在第二个阶段实现。

阶段 2：用户验证

在这个阶段，客户端会将自己的身份发送给远端的接入服务器。该阶段使用一种安全验证方式避免第三方窃取数据或冒充远程客户接管与客户端的连接。在认证完成之前，禁止从认证阶段前进到网络层协议阶段。如果认证失败，认证者应该回迁到链路终止阶段。当用户 PC 与接入服务器的 LCP 均发送和接收到配置确认分组后，则认为链路已经成功地建立，于是要求用户输入用户名及口令，进入认证阶段。用户根据提示信息输入用户名和口令，将这些信息传递给接入服务器。接入服务器收到该请求后，再将该信息传送给 RADIUS 进程。RADIUS 进程组成接入请求分组，该分组中包含有用户名、口令、用户接入的端口号等信息，然后将该分组传给 RADIUS 服务器。RADIUS 服务器收到该分组就对用户的身份进行验证，若用户身份合法，则传回确认信息，其中附带有分配给用户的 IP 地址。接入服务器将确认的信息传给用户，通知用户身份合法。用户收到该分组后就开始协商网络层选项。

在验证阶段只有链路控制协议、认证协议和链路质量监视协议的 packets 是被允许的，接收到的其他 packets 必须默认丢弃。最常用的认证协议有口令验证协议（PAP）和挑战握手验证协议（CHAP）。

阶段 3：调用网络层协议

认证阶段完成之后，PPP 将调用在链路创建阶段（阶段 1）选定的各种网络控制协议（NCP）。选定的 NCP 解决 PPP 链路之上的高层协议问题，例如，在该阶段，IPCP（IP Control Protocd，IP 控制协议可以向拨入用户分配动态 IP 地址。此时用户与接入服务器的 NCP（此处主要考虑 IPCP）交换网络层配置请求分组，在 PPP 层上建立、配置网络层，该分组中带有 IP 地址请求信息。接入服务器的 PPP 处理模块接收到该信息，将从认证服务器处获得的 IP 地址传给用户，完成网络层的协商动作。

在 PPP 建立数据链路层的连接并配置好网络层之后，用户与接入服务器之间就可以开始数据传递的工作了。在整个数据传递期间，接入服务器负责信息的转发，功能上与路由器相似。

经过以上 3 个阶段以后，一条完整的 PPP 链路就建立起来了，具体链路状态过程如图 15-7 所示。

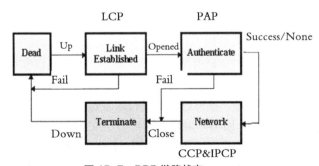

图 15-7　PPP 链路状态

用户通信完毕后要释放连接以终止链路。链路终止可以在任何时候发生，这种终止可能来源于用户、物理事件（载波丢失、确认失败、超时）等。终止过程通过交换 LCP 链路终止分组来关闭数据链路层的连接，然后要求 MODEM 断开物理层连接。至此，整个通信过程结束。

使用点对点串行通信而不是表面上看起来更快的并行连接，将 LAN 连接到服务提供商 WAN。理解 PPP 及其功能、组件和体系结构，可以理解如何使用 LCP 和 NCP 的功能来建立 PPP 会话、配置 PPP 连接所需各选项的用法以及如何使用 PAP 或 CHAP 确保安全连接，如图 15-8 所示。

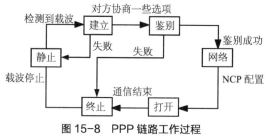

图 15-8　PPP 链路工作过程

15.2.4　PPP 协议的认证过程

1．口令验证协议 (PAP)

PAP 是一种简单的明文验证方式。NAS (Network Access Server，网络接入服务器)要求用户提供用户名和口令，PAP 则以明文方式返回用户信息。显然，这种验证方式的安全性较弱，第三方可以很容易地获取被传送的用户名和口令，并利用这些信息与 NAS 建立连接，获取 NAS 提供的所有资源。所以，一旦用户密码被第三方窃取，PAP 无法提供避免受到第三方攻击的保障措施。PAP 的认证过程如图 15-9 所示。

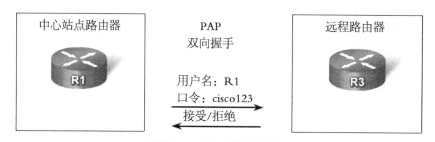

图 15-9　PAP 协议认证过程

2．挑战握手验证协议 (CHAP)

CHAP 是一种加密的验证方式，能够避免建立连接时传送用户的真实密码。NAS 向远程用户发送一个挑战口令（Challenge），其中包括会话 ID 和一个任意生成的挑战字串(Arbitrary Challengestring)。远程客户必须使用 MD5 单向哈希算法(One-Way Hashing Algorithm)返回用户名、加密的挑战口令、会话 ID 以及用户口令，其中，用户名以非哈希方式发送。CHAP 验证方式如图 15-10 所示。

CHAP 对 PAP 进行了改进，不再直接通过链路发送明文口令，而是使用挑战口令，用哈希算法对口令进行加密。因为服务器端存有客户的明文口令，所以服务器可以重复客户端进行的操作，并将结果与用户返回的口令进行对照。CHAP 为每一次验证任意生成一个挑战字串来防止受到再现攻击（Replay Attack）。在整个连接过程中，CHAP 将不定时地向客户端重复发送挑战口令，从而避免第三方冒充远程客户（Remote Client Impersonation）进行攻击，其验证过程如图 15-11 所示。

图 15-10　CHAP 验证方式

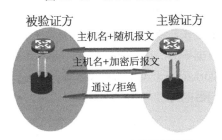

图 15-11　CHAP 身份验证过程

15.2.5　PPP 协议的配置

1. 步骤 1：接口上启用 PPP

（1）接口上启用 PPP 封装。

要将 PPP 设置为串行或 ISDN 接口使用的封装方法，可使用 encapsulation ppp 接口配置命令。以下示例在路由器的串行接口 S0/0 上启用 PPP 封装。

RA 的配置命令：

```
RA#configure terminal
RA(config)#interface serial 0/0
RA(config-if)#ip add  200.10.1.1  255.255.255.252
RA(config-if)#encapsulation ppp
```

RB 的配置命令：

```
RB#configure terminal
RB(config)#interface serial 0/0
RB(config-if)#ip add 200.10.1.2  255.255.255.252
RB(config-if)#encapsulation ppp
```

encapsulation ppp 命令没有任何参数，要使用 PPP 封装，必须首先配置路由器的 IP 路由协议功能。如果不在 Cisco 路由器上配置 PPP，则串行接口的默认封装将是 HDLC 协议。

（2）数据压缩。

启用 PPP 封装后，可以在串行接口上配置点对点软件压缩。由于该选项会调用软件压缩进程，因此会影响系统性能。如果流量本身是已压缩的文件(例如 .zip、.tar 或 .mpeg)，则不需要使用该选项。下面的示例在 PPP 上配置压缩功能，可输入以下命令。

```
RA(config)#interface serial 0/0
RA(config-if)#encapsulation ppp
RA(config-if)#compress [predictor | stac]
```

LCP 支持的链路压缩方法包括 Stac、Predictor、MPPC 以及 TCP 头部压缩。不同的方法对 CPU 及内存的需求并不相同。

Stac：Stac 压缩算法基于 Lempel-Ziv 理论，通过查找、替换传送内容中重复字符串的方法达到压缩数据的目的。使用 Stac 压缩算法可以选择由各种硬件（适配器、模块等）压缩或者由软件进行压缩，还可以选择压缩的比率。Stac 压缩算法需要占用较多的 CPU 时间。

MPPC：MPPC 是微软的压缩算法实现，它也是基于 Lempel-Ziv 理论的，也需要占用较多的 CPU 时间。

Predictor：Predictor 预测算法通过检查数据的压缩状态（是否已被压缩过）来决定是否进行压缩。这是因为，对数据的二次压缩一般不会有更大的压缩率。相反，有时经过二次压缩的数据反而比一次压缩后的数据更大。Predictor 算法需要占用更多的内存。

TCP 头部压缩：TCP 头部压缩基于 Van Jacobson 算法，该算法通过删除 TCP 头部一些不必要的字节来实现数据压缩的目的。

（3）错误检测。

LCP 负责可选链路质量的确认。在此阶段中，LCP 将对链路进行测试，以确定链路质量是否足以支持第三层协议的运行。ppp quality percentage 命令用于确保链路满足设定的质量要求，否则链路将关闭。百分比是针对入站和出站两个方向分别计算的。出站链路质量的计算方法是将已发送的数据包及字节总数与目的节点收到的数据包及字节总数进行比较。入站链路质量的计算方法是将已收到的数据包及字节总数与目的节点发送的数据包及字节总数进行比较。

如果未能控制链路质量百分比，链路的质量注定不高，链路将陷入瘫痪。链路质量监控（Link Quality Management，LQM）执行时滞功能，这样链路就不会时而正常运行，时而瘫痪。示例配置监控链路上丢弃的数据并避免帧循环。

```
RA(config)#interface Serial 0/0
RA(config-if)#encapsulation ppp
RA(config-if)#ppp quality 85
```

使用 no ppp quality 命令禁用 LQM。

（4）多链路均衡。

多链路 PPP（也称为 MP、MPPP、MLP 或多链路）提供了在多个 WAN 物理链路分布流量的方法，同时还提供数据包分片和重组、正确的定序、多供应商互操作性以及入站和出站流量的负载均衡等功能。

LCP 的多链路捆绑（MP）选项通过将通信两端之间的多条通信链路捆绑成一条虚拟链路而达到扩充链路可用带宽的目的。

LCP 的多链路捆绑可以在多种类型的物理接口上实现，包括异步串行接口、同步串行接口、ISDN 基本速率接口 BRI（Basic Rate Interface）、ISDN 主速率接口 PRI（Primary Rate Interface）。LCP 的多链路捆绑也支持不同的上层协议封装类型，如 X.25、ISDN（Integrated Services Digital Network，综合业务数字网）、帧中继等。

MPPP 允许对数据包进行分片并在多个点对点链路上将这些数据段同时发送到同一个远程地址。在用户定义的负载阈值下，多个物理层链路将恢复运行。MPPP 可以只测量入站流量的负载，也可以只测量出站流量的负载，但不能同时测量入站和出站流量的负载。下面示例中的命令对多个链路执行负载均衡功能。

```
RA(config)#interface Serial 0/0
RA(config-if)#encapsulation ppp
RA(config-if)#ppp multilink
```

multilink 命令没有任何参数。要禁用 PPP 多链路，可使用 no ppp multilink 命令。

2. 步骤2：配置PPP验证模式

（1）配置 PAP 身份验证模式，拓扑结构图如图 15-12 所示。

图 15-12　PAP 身份验证拓扑结构图

配置命令如下：

```
RA(config)#int  s0/0
RA(config-if)#ip  add  200.10.1.1  255.255.255.252
RA(config-if)#encapsulation  ppp
RA(config-if)#username  RB  password  class(一端路由器上创建的用户名
```
与口令必须与对端路由器的主机名一致，两者的口令也必须一致)
```
RA(config-if)#ppp  authentication  pap
RA(config-if)#ppp  pap  sent-username  RA  password  class(一端路由
```
器发送的 PAP 用户名和口令必须与另一端路由器的 username name password
password命令指定的用户名和口令一致)

　　PAP 使用双向握手为远程节点提供了一种简单的身份验证方法。此验证过程仅在初次建立链路时执行。

```
RB(config)#int  s0/0
RB(config-if)#ip add 200.10.1.2 255.255.255.252
RB(config-if)#encapsulation  ppp
RB(config-if)#username  RA  password  class
RB(config-if)#ppp  authentication  pap
RB(config-if)#ppp  pap  sent-username  RB  password  class
```
（2）CHAP 身份验证模式，拓扑结构图如图 15-13 所示。

图 15-13　CHAP 身份验证拓扑结构图

配置命令如下：
```
RA(config)#int  s0/0
```

```
RA(config-if)#ip add 200.10.1.1 255.255.255.252
RA(config-if)#encapsulation ppp
RA(config-if)#username RB password class(一端路由器上创建的用户名
与口令必须与对端路由器的主机名一致，两者的口令也必须一致)
RA(config-if)#ppp authentication chap
```

```
RB(config)#int s0/0
RB(config-if)#ip add 200.10.1.2 255.255.255.252
RB(config-if)#encapsulation ppp
RB(config-if)#username RA password class
RB(config-if)#ppp authentication chap
```

15.2.6 配置实例

1. 配置两端接口 IP 地址

配置两端接口 IP 地址，启用 PPP 封装协议，拓扑结构图如图 15-14 所示。

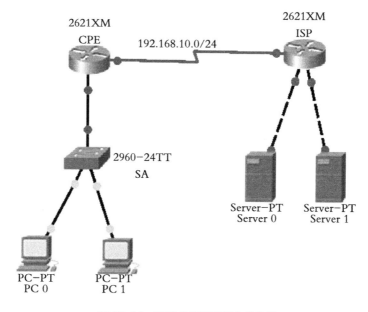

图 15-14 PPP 协议配置拓扑结构图

```
CPE(config)#interface Serial 0/1
CPE(config-if)#ip address 192.168.10.1 255.255.255.0
CPE(config-if)#encapsulation ppp
```

ISP 端也需要配置成 PPP 封装协议，否则两端会因封装协议不同而无法正常通信。

```
ISP(config)#interface Serial 0/0
ISP(config-if)#ip address 192.168.10.2 255.255.255.0
ISP(config-if)#encapsulation ppp
```

两端配置成相同的封装协议后便可以正常通信，只是没有经过认证，无法确认是否合法。而在 ISP 接入中，为了对客户端进行相应的计费和验证，需要 ISP 端配置要求验证的模式 PAP

或 CHAP，客户端发送合法的账户名和密码给 ISP 进行验证，验证通过后，链路才能正常建立连接。

2．配置 PAP 认证方式

PAP 采用两次握手协议，首先，被认证方将账号、密码以明文的方式发给主认证方，然后由主认证方返回成功与否的信息。由于 PAP 在链路上采用明文方式传输账户名和密码，所以不够安全。PAP 模式下可实行单向认证或双向认证。

（1）PAP 模式下的单向认证。

在 ISP 端添加 CPE 端认证需要用到的用户名和密码，保存在路由器的本地数据库，并在接口上启用认证模式为 PAP。

```
ISP(config)#username  comm  password  class
ISP(config)#interface  S0/0
ISP(config-if)#ppp authentication pap
```

在 CPE 端配置将用户名和密码发送给 ISP 端进行验证。

```
CPE(config-if)#interface S0/1
CPE(config-if)#ppp pap sent-username comm  password  class
```

实验时可以将少量的用户名和密码直接配置在本地路由器上，实际应用中，由于用户量较大，需要配置专门的认证服务器 Radius 或 Tacacs+，进行用户和密码认证管理、授权以及计费等应用。目前，家庭上网大部分采取这种管理方式。

PAP 单向认证的相应日志记录：

```
CPE(config-if)#ppp pap sent-username comm password class
CPE(config-if)#
*Dec  1 00: 12: 26.059:  Se0/1 PPP:  No authorization without authentication
*Dec  1 00: 12: 26.059:  Se0/1 PAP:  Using hostname from interface PAP
*Dec  1 00: 12: 26.063:  Se0/1 PAP:  Using password from interface PAP
*Dec  1 00: 12: 26.063:  Se0/1 PAP:  O AUTH-REQ id 1 len 16 from "comm"
*Dec  1 00: 12: 26.299:  Se0/1 PAP:  I AUTH-ACK id 1 len 5
*Dec  1 00: 12: 56.207:  Se0/0 PAP:  I AUTH-REQ id 1 len 16 from "comm"
*Dec  1 00: 12: 56.207:  Se0/0 PAP:  Authenticating peer comm
*Dec  1 00: 12: 56.212:  Se0/0 PPP:  Sent PAP LOGIN Request
*Dec  1 00: 12: 56.215:  Se0/0 PPP:  Received LOGIN Response PASS
*Dec  1 00: 12: 56.219:  Se0/0 PPP:  Sent LCP AUTHOR Request
*Dec  1 00: 12: 56.223:  Se0/0 PPP:  Sent IPCP AUTHOR Request
*Dec  1 00: 12: 56.227:  Se0/0 LCP:  Received AAA AUTHOR Response PASS
*Dec  1 00: 12: 56.231:  Se0/0 IPCP:  Received AAA AUTHOR Response PASS
*Dec  1 00: 12: 56.231:  Se0/0 PAP:  O AUTH-ACK id 1 len 5
*Dec  1 00: 12: 56.239:  Se0/0 PPP:  Sent OSICP AUTHOR Request
*Dec  1 00: 12: 56.247:  Se0/0 OSICP:  Received AAA AUTHOR Response PASS
*Dec  1 00: 12: 56.247:  Se0/0 CDPCP:  Received AAA AUTHOR Response PASS
*Dec  1 00: 12: 56.279:  Se0/0 PPP:  Sent IPCP AUTHOR Request
```

　　通过以上日志记录可以发现，在 PAP 单向认证过程中，CPE 端会把用户名和密码一起封装，发送给 ISP 进行验证；并明文传递用户名 "comm" 作为认证标识，ISP 端根据这个用户名标识在本地数据库查找对应的用户和密码进行验证。

　　（2）PAP 模式下的双向认证。

　　PAP 双向认证需要在 ISP 和 CPE 两端的本地路由器数据库中都保存一份对方的用户名和密码，并在接口上启用认证模式 PAP，以及发送本端用户名和密码给对方进行验证。

　　ISP 端配置命令：

```
ISP(config)#username CPE password 0 class
ISP(config)#interface s0/0
ISP(config-if)#ppp authentication pap
ISP(config-if)#ppp pap sent-username ISP password 0 class
```

　　CPE 端配置命令：

```
CPE(config)#username ISP password 0 Cisco
CPE(config)#interface s0/1
CPE(config-if)#ppp authentication pap
CPE(config-if)#ppp pap sent-username CPE password 0 class
```

　　PAP 双向认证的相应日志记录：

```
CPE(config-if)#
*Dec  1 00: 17: 07.535:  Se0/1 PAP:  Using hostname from interface PAP
*Dec  1 00: 17: 07.535:  Se0/1 PAP:  Using password from interface PAP
*Dec  1 00: 17: 07.539:  Se0/1 PAP:  O AUTH-REQ id 2 len 16 from "class"
*Dec  1 00: 17: 07.539:  Se0/1 PAP:  I AUTH-REQ id 1 len 12 from "isp"
*Dec  1 00: 17: 07.539:  Se0/1 PAP:  Authenticating peer isp
*Dec  1 00: 17: 07.547:  Se0/1 PPP:  Sent PAP LOGIN Request
*Dec  1 00: 17: 07.555:  Se0/1 PPP:  Received LOGIN Response PASS
*Dec  1 00: 17: 07.559:  Se0/1 PPP:  Sent LCP AUTHOR Request
*Dec  1 00: 17: 07.563:  Se0/1 PPP:  Sent IPCP AUTHOR Request
*Dec  1 00: 17: 07.567:  Se0/1 LCP:  Received AAA AUTHOR Response PASS
*Dec  1 00: 17: 07.571:  Se0/1 PAP:  O AUTH-ACK id 1 len 5
*Dec  1 00: 17: 07.823:  Se0/1 PAP:  I AUTH-ACK id 2 len 5
*Dec  1 00: 17: 07.827:  Se0/1 PPP:  Sent OSICP AUTHOR Request
*Dec  1 00: 17: 07.831:  Se0/1 PPP:  Sent CDPCP AUTHOR Request
*Dec  1 00: 17: 07.835:  Se0/1 PPP:  Sent IPCP AUTHOR Request
*Dec  1 00: 17: 07.847:  Se0/1 OSICP:  Received AAA AUTHOR Response PASS
*Dec  1 00: 17: 07.851:  Se0/1 CDPCP:  Received AAA AUTHOR Response PASS
CPE(config-if)#
*Dec  1 00: 17: 08.823:  %LINEPROTO-5-UPDOWN:  Line protocol on
Interface Serial0/1,  changed state to up
```

　　ISP 路由器日志记录：

```
ISP(config-if)#
```

```
*Dec   1 00: 17: 37.451:   Se0/0 PAP:   Using hostname from interface PAP
*Dec   1 00: 17: 37.455:   Se0/0 PAP:   Using password from interface PAP
*Dec   1 00: 17: 37.455:   Se0/0 PAP:   O AUTH-REQ id 1 len 12 from "isp"
*Dec   1 00: 17: 37.667:   Se0/0 PAP:   I AUTH-REQ id 2 len 16 from "class"
*Dec   1 00: 17: 37.667:   Se0/0 PAP:   Authenticating peer comm
*Dec   1 00: 17: 37.671:   Se0/0 PPP:   Sent PAP LOGIN Request
*Dec   1 00: 17: 37.679:   Se0/0 PPP:   Received LOGIN Response PASS
*Dec   1 00: 17: 37.679:   Se0/0 PAP:   I AUTH-ACK id 1 len 5
*Dec   1 00: 17: 37.683:   Se0/0 PPP:   Sent LCP AUTHOR Request
*Dec   1 00: 17: 37.687:   Se0/0 PPP:   Sent IPCP AUTHOR Request
*Dec   1 00: 17: 37.691:   Se0/0 LCP:   Received AAA AUTHOR Response PASS
*Dec   1 00: 17: 37.695:   Se0/0 PAP:   O AUTH-ACK id 2 len 5
*Dec   1 00: 17: 37.699:   Se0/0 PPP:   Sent OSICP AUTHOR Request
*Dec   1 00: 17: 37.699:   Se0/0 PPP:   Sent CDPCP AUTHOR Request
*Dec   1 00: 17: 37.707:   Se0/0 OSICP:  Received AAA AUTHOR Response PASS
*Dec   1 00: 17: 37.712:   Se0/0 CDPCP:  Received AAA AUTHOR Response PASS
*Dec   1 00: 17: 37.851:   Se0/0 PPP:   Sent IPCP AUTHOR Request
ISP(config-if)#
*Dec 1 00: 17: 38.695:    %LINEPROTO-5-UPDOWN:  Line protocol on
Interface Serial0/0, changed state to up
```

3．配置 CHAP 认证方式

由于 PAP 认证模式采用的是以明文传送用户名和密码，安全性不高。如果对网络环境安全性要求较高时，需要采用 CHAP 认证协议。

CHAP 采用 3 次握手，分为以下 3 个步骤。

步骤 1：当被认证方要同主认证方建立连接时，主认证方发送本地用户名 ISP 和一个挑战随机数 X 给被认证方，同时将这个挑战随机数 X 备份在本地数据库中。

步骤 2：被认证方根据收到的用户名 ISP 查询自己的数据库，调出相应密码 Y，将密码 Y 和随机数 X 一起放入 MD5 加密器中加密，将得到的 Hash 值 Z1 和本地用户名 CPE 一起返回给主认证方。

步骤 3：主认证方根据被认证方发来的用户名 CPE 找到对应的密码 Y，并在自己的备份数据库中找出第一步中发给被认证方的挑战随机数 X，将挑战随机数 X 和密码 Y 一起放入 MD5 加密器中加密，将计算得到的 Hash 值 Z2 与从被认证方接收到的 Hash 值 Z1 进行对比，如果 Z1 = Z2 则验证成功，不同则认证失败。

在此认证过程中，用户名和挑战随机数 X 及 Hash 值 Z 等仍然是明文传送的，但密码 Y 要求两端必须一致，且并不在认证过程中互相传递。由于 MD5 算法的复杂性及不可逆性，如果不知道密码 Y，很难根据挑战随机数 X 算出一个等值的 Hash 值 Z，这种方式具有较高的认证安全性。

（1）CHAP 模式下的单向认证。

在 ISP 端添加 CPE 端的用户名和密码，并在接口上启用 CHAP 认证模式。

```
ISP(config)#username CPE password 0 Cisco
```

```
ISP(config)#interface s0/0
ISP(config-if)#ppp authentication chap
ISP(config-if)#ppp chap hostnameISP (可选)
```

如不指定用户名，则默认将路由器名发送给对方。

在 CPE 端配置验证过程中使用的用户名和密码，代码如下。

```
CPE(config-if)#interface s0/1
CPE(config-if)#ppp chap hostname CPE
CPE(config-if)#ppp chap password Cisco
```

以上在 CPE 端只是指定 PPP CHAP 认证过程中需要使用的用户名和密码，用户名在认证过程中会传递给对方，密码则不会在认证过程中进行交流。

CHAP 单向认证的相应日志记录：

```
CPE(config-if)#
*Dec 1 00: 10: 21.695:  Se0/1 PPP:  Using default call direction
*Dec 1 00: 10: 21.695:  Se0/1 PPP:  Treating connection as a dedicated line
*Dec 1 00:10:21.695:  Se0/1 PPP:  Session handle[BB00000C] Session id[13]
*Dec 1 00: 10: 21.699:  Se0/1 PPP:  Authorization required
*Dec 1 00: 10: 21.883:  Se0/1 PPP:  No authorization without
authentication
*Dec 1 00: 10: 21.979:  Se0/1 CHAP:  I CHALLENGE id 12 len 23 from "ISP"
*Dec 1 00: 10: 21.987:  Se0/1 CHAP:  Using hostname from interface CHAP
*Dec 1 00: 10: 21.987:  Se0/1 CHAP:  Using password from interface CHAP
*Dec 1 00: 10: 21.987:  Se0/1 CHAP:  O RESPONSE id 12 len 25 from "Cisco"
*Dec 1 00: 10: 22.195:  Se0/1 CHAP:  I SUCCESS id 12 len 4
CPE(config-if)#
*Dec 1 00: 10: 23.203:  %LINEPROTO-5-UPDOWN:  Line protocol on
Interface Serial0/1,  changed state to up
```

从以上日志记录中可以发现，在 PPP 认证中，优先使用在接口模式下指定的 CHAP 认证用户名和密码。如果在接口下没有指定 PPP 认证的用户名和密码，就使用全局模式下的 AAA 用户名和密码。同时用户名会在认证过程以明文进行传递，密码只是在计算 Hash 值时会用到，但并不会在认证过程中相互传递。

ISP 路由器的日志记录：

```
ISP#
*Dec 1 00: 10: 21.791:  Se0/0 CHAP:  O CHALLENGE id 12 len 23 from "ISP"
*Dec 1 00:10:22.063:  Se0/0 CHAP:  I RESPONSE id 12 len 25 from "Cisco"
*Dec 1 00: 10: 22.067:  Se0/0 PPP:  Sent CHAP LOGIN Request
*Dec 1 00: 10: 22.071:  Se0/0 PPP:  Received LOGIN Response PASS
*Dec 1 00: 10: 22.079:  Se0/0 PPP:  Sent LCP AUTHOR Request
*Dec 1 00: 10: 22.079:  Se0/0 PPP:  Sent IPCP AUTHOR Request
*Dec 1 00: 10: 22.083:  Se0/0 LCP:  Received AAA AUTHOR Response PASS
*Dec 1 00: 10: 22.087:  Se0/0 IPCP:  Received AAA AUTHOR Response PASS
```

```
*Dec 1 00: 10: 22.087:  Se0/0 CHAP:  O SUCCESS id 12 len 4
*Dec 1 00: 10: 22.091:  Se0/0 PPP:  Sent OSICP AUTHOR Request
*Dec 1 00: 10: 22.095:  Se0/0 PPP:  Sent CDPCP AUTHOR Request
*Dec 1 00: 10: 22.099:  Se0/0 OSICP:  Received AAA AUTHOR Response PASS
*Dec 1 00: 10: 22.103:  Se0/0 CDPCP:  Received AAA AUTHOR Response PASS
*Dec 1 00: 10: 22.355:  Se0/0 PPP:  Sent IPCP AUTHOR Request
```

（2）CHAP 模式下的双向认证。

同 PAP 双向认证一样，CHAP 双向认证同样需要在 ISP 和 CPE 两端的本地路由器数据库中都保存一份对方的用户名和密码，并在接口上启用认证模式 CHAP，指定发送本端用户名（可选）给对方进行验证，密码则不需要发送给对方，这样就保障了认证的安全性。

ISP 端配置命令：

```
ISP(config)#username CPE password 0 Cisco
ISP(config)#interface s0/0
ISP(config-if)#ppp authentication chap
ISP(config-if)#ppp chap hostname ISP
```

CPE 端配置命令：

```
CPE(config)#username ISP password 0 Cisco
CPE(config-if)#interface s0/1
CPE(config-if)#ppp authentication chap
CPE(config-if)#ppp chap hostname CPE
```

CHAP 双向认证的相应日志记录：

```
 CPE(config-if)#no shut
CPE(config-if)#
*Dec 1 00: 31: 09.243:  Se0/1 PPP:  Using default call direction
*Dec 1 00: 31: 09.243:  Se0/1 PPP:  Treating connection as a dedicated line
*Dec 1 00: 31: 09.247:  Se0/1 PPP: Session handle[F4000025] Session id[39]
*Dec 1 00: 31: 09.303:  Se0/1 CHAP:  O CHALLENGE id 10 len 25 from "Cisco"
*Dec 1 00: 31: 09.459:  Se0/1 CHAP:  I CHALLENGE id 19 len 24 from "isp"
*Dec 1 00: 31: 09.467:  Se0/1 CHAP:  I RESPONSE id 10 len 24 from "isp"
*Dec 1 00: 31: 09.475:  Se0/1 PPP:  Sent CHAP LOGIN Request
*Dec 1 00: 31: 09.475:  Se0/1 CHAP:  Using hostname from interface CHAP
*Dec 1 00: 31: 09.475:  Se0/1 CHAP:  Using password from AAA
*Dec 1 00:31:09.475:  Se0/1 CHAP:  O RESPONSE id 19 len 25 from "Cisco"
*Dec 1 00: 31: 09.483:  Se0/1 PPP:  Received LOGIN Response PASS
*Dec 1 00: 31: 09.491:  Se0/1 PPP:  Sent LCP AUTHOR Request
*Dec 1 00: 31: 09.491:  Se0/1 PPP:  Sent IPCP AUTHOR Request
*Dec 1 00: 31: 09.495:  Se0/1 CHAP:  I SUCCESS id 19 len 4
*Dec 1 00: 31: 09.499:  Se0/1 LCP:  Received AAA AUTHOR Response PASS
*Dec 1 00: 31: 09.503:  Se0/1 IPCP:  Received AAA AUTHOR Response PASS
*Dec 1 00: 31: 09.503:  Se0/1 CHAP:  O SUCCESS id 10 len 4
```

```
*Dec 1 00: 31: 09.512: Se0/1 PPP: Sent CDPCP AUTHOR Request
*Dec 1 00: 31: 09.515: Se0/1 PPP: Sent IPCP AUTHOR Request
*Dec 1 00: 31: 09.523: Se0/1 CDPCP: Received AAA AUTHOR Response PASS
CPE(config-if)#
*Dec 1 00: 31: 10.503: %LINEPROTO-5-UPDOWN: Line protocol on
Interface Serial0/1, changed state to up
```

ISP 路由器的日志记录:

```
ISP#
*Dec 1 00: 31: 39.247: Se0/0 PPP: Authorization required
*Dec 1 00: 31: 39.255: Se0/0 CHAP: O CHALLENGE id 19 len 24 from "isp"
*Dec 1 00: 31: 39.259: Se0/0 CHAP: I CHALLENGE id 10 len 25 from "Cisco"
*Dec 1 00: 31: 39.263: Se0/0 CHAP: Using hostname from interface CHAP
*Dec 1 00: 31: 39.267: Se0/0 CHAP: Using password from AAA
*Dec 1 00: 31: 39.267: Se0/0 CHAP: O RESPONSE id 10 len 24 from "isp"
*Dec 1 00: 31: 39.595: Se0/0 CHAP: I RESPONSE id 19 len 25 from "Cisco"
*Dec 1 00: 31: 39.599: Se0/0 PPP: Sent CHAP LOGIN Request
*Dec 1 00: 31: 39.603: Se0/0 PPP: Received LOGIN Response PASS
*Dec 1 00: 31: 39.607: Se0/0 PPP: Sent LCP AUTHOR Request
*Dec 1 00: 31: 39.612: Se0/0 PPP: Sent IPCP AUTHOR Request
*Dec 1 00: 31: 39.615: Se0/0 LCP: Received AAA AUTHOR Response PASS
*Dec 1 00: 31: 39.615: Se0/0 IPCP: Received AAA AUTHOR Response PASS
*Dec 1 00: 31: 39.619: Se0/0 CHAP: O SUCCESS id 19 len 4
*Dec 1 00: 31: 39.715: Se0/0 CHAP: I SUCCESS id 10 len 4
*Dec 1 00: 31: 39.719: Se0/0 PPP: Sent CDPCP AUTHOR Request
*Dec 1 00: 31: 39.727: Se0/0 CDPCP: Received AAA AUTHOR Response PASS
*Dec 1 00: 31: 39.755: Se0/0 PPP: Sent IPCP AUTHOR Request
```

4．配置 IP 地址协商

ISP 端服务器为 CPE 动态分配一个 IP,网络终止时收回,以节约公网 IP(如 ADSL)。

ISP 端配置:

在 ISP 端为 CPE 端分配一个公有 IP 地址。

```
ISP(config-if)#peer default ip address 202.97.224.69
ISP(config-if)#peer default ip address dhcp-pool
```

CPE 端配置:

配置 CPE 端 IP 地址由 ISP 端分配。

```
CPE(config-if)#ip address negotiated
```

5．配置 PPP 压缩

配置压缩模式,stac 消耗 CPU 资源,predictor 消耗内存资源。

```
ISP(config-if)#compress stac | predictor
```

配置 TCP 头压缩，TCP 头压缩只适用于低速链路上，不建议在高速链路上（如 E1）使用，以免造成路由器负载加重。PPP 压缩需在 PPP 链路两端都配置，否则链路无法正常工作。

```
ISP(config-if)#ip tcp header-compression
```

15.3　任务需求

本任务在模拟 WAN 环境下，完成串行链路上配置 PPP 封装，以及完成由 PPP 封装向 HDLC 封装的转换。在 PPP 封装协议中，配置 PPP PAP 身份验证和 PPP CHAP 身份验证。任务拓扑结构如图 15-14 所示。

15.4　任务拓扑

PPP 协议配置拓扑结构如图 15-15 所示。

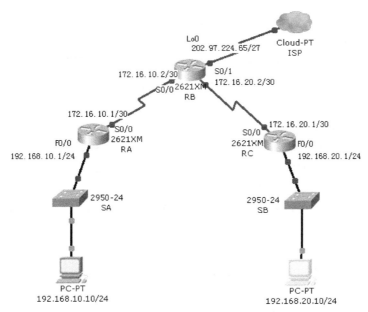

图 15-15　PPP 协议配置拓扑结构图

15.5　任务实施

网络设备基本配置（学生自行配置）。

15.5.1　在路由器上配置 OSPF 路由协议

在 RA、RB 和 RC 上启用动态路由协议 OSPF。以 10 作为进程 ID 发出 router ospf 命令，进入路由器路由协议配置提示符窗口，在每台路由器上通告所连接的网络。

RA 的路由协议配置：

```
RA(config)#router ospf 10
RA(config-router)#network 192.168.10.0 0.0.0.255 area 0
RA(config-router)#network 172.16.10.0 0.0.0.3 area 0
```

RB 的路由协议配置：

```
RB(config)#router ospf 10
RB(config-router)#network 172.16.10.0 0.0.0.3 area 0
RB(config-router)#network 172.16.20.0 0.0.0.3 area 0
RB(config-router)#network 202.97.224.64  0.0.0.31 area 0
RB(config-router)#
```

RC 的路由协议配置：

```
RC(config)#router ospf 10
RC(config-router)#network 172.16.20.0 0.0.0.3 area 0
RC(config-router)#network 192.168.20.0 0.0.0.255 area 0
RC(config-router)#
```

15.5.2 在各自路由器串行接口上配置 PPP 封装

步骤 1：首先用 show interface 命令检查 HDLC 是否默认串行封装。

HDLC 协议是由 Cisco 厂商开发的，是 Cisco 路由器默认的串行封装协议，其他厂商不默认。对任意串行接口使用 show interface 命令，查看封装类型。

```
RA#show interface serial0/0
Serial0/0 is up, line protocol is up
Hardware is GT96K Serial
Internet address is 172.16.10.1/30
MTU 1500 bytes, BW 128 Kbit, DLY 20000 usec
reliability 255/255, txload 1/255, rxload 1/255
Encapsulation HDLC, loopback not set
```

在默认的情况下，如果检查所有活动的串行接口，其封装均应设置为 HDLC 协议。

步骤 2：检查网络是否完全连通。

使用 show ip route 命令查看路由和 Ping 命令检验其连通性。

步骤 3：将串行接口由 HDLC 协议封装改为 PPP 封装。

RA 上配置 PPP 协议封装：

```
RA(config)#interface serial 0/0  进入串行接口模式下
RA(config-if)#encapsulation ppp 封装 PPP 协议
RA(config-if)#
*Dec 10 19: 02: 53.412: %OSPF-5-ADJCHG: Process 1, Nbr 202.97.224.65 on
Serial0/0 from FULL to DOWN, Neighbor Down: Interface down or
detached
RA(config-if)#
```

RB 上配置 PPP 协议封装：

```
RB(config)#interface serial 0/0
RB(config-if)#encapsulation ppp
RB(config-if)#
```

分析：如果串行链路两端的封装协议不一样，会有什么情况发生，还能正常通信吗？

步骤 4：将 RB 和 RC 间串行链路两端的 HDLC 协议封装均改为 PPP 封装。

```
RB(config)#interface serial0/1
RB(config-if)#encapsulation ppp
RB(config-if)#
*Dec 17 20: 02: 08.080: %OSPF-5-ADJCHG: Process 1, Nbr 192.168.20.1 on
Serial0/1 from FULL
to DOWN, Neighbor Down: Interface down or detached
*Dec 17 20: 02: 13.080: %LINEPROTO-5-UPDOWN: Line protocol on
Interface
Serial0/1, changed
state to down
*Dec 17 20: 02: 58.564: %LINEPROTO-5-UPDOWN: Line protocol on
Interface
Serial0/1, changed
state to up
*Dec 17 20: 03: 03.644: %OSPF-5-ADJCHG: Process 1, Nbr 192.168.20.1 on
Serial0/1 from LOAD
ING to FULL, Loading Done
*Dec 17 20: 03: 46.988: %LINEPROTO-5-UPDOWN: Line protocol on
Interface
Serial0/1, changed
state to down
RC(config)#interface serial 0/0
RC(config-if)#encapsulation ppp
*Dec 17 20: 04: 27.152: %LINEPROTO-5-UPDOWN: Line protocol on
Interface
Serial0/1, changed
state to up
*Dec 17 20: 04: 30.952: %OSPF-5-ADJCHG: Process 1, Nbr 202.97.224.65 on
Serial0/1 from LOADING to FULL, Loading Done
```

分析：该串行链路上的线路协议何时才会打开并恢复 OSPF 邻接关系？

步骤 5：查看路由器串行接口上的封装类型是否为 PPP。

```
RA#show interface serial0/0
Serial0/0 is up, line protocol is up
Hardware is GT96K Serial
Internet address is 172.16.10.1/30
MTU 1500 bytes, BW 128 Kbit, DLY 20000 usec,
reliability 255/255, txload 1/255, rxload 1/255
Encapsulation PPP, LCP Open
Open: CDPCP, IPCP, loopback not set
```

<省略部分输出>

```
RB#show interface serial 0/0
Serial0/0 is up, line protocol is up
Hardware is GT96K Serial
Internet address is 172.16.10.2/30
MTU 1500 bytes, BW 128 Kbit, DLY 20000 usec,
reliability 255/255, txload 1/255, rxload 1/255
Encapsulation PPP, LCP Open
Open: CDPCP, IPCP, loopback not set


RB#show interface serial 0/1
Serial0/1 is up, line protocol is up
Hardware is GT96K Serial
Internet address is 172.16.20.2/30
MTU 1500 bytes, BW 128 Kbit, DLY 20000 usec,
reliability 255/255, txload 1/255, rxload 1/255
Encapsulation PPP, LCP Open
Open: CDPCP, IPCP, loopback not set


RC#show interface serial 0/0
Serial0/1 is up, line protocol is up
Hardware is GT96K Serial
Internet address is 172.16.20.1/30
MTU 1500 bytes, BW 128 Kbit, DLY 20000 usec,
reliability 255/255, txload 1/255, rxload 1/255
Encapsulation PPP, LCP Open
Open: CDPCP, IPCP, loopback not set
```

15.5.3 中断然后恢复 PPP 封装

步骤 1: 将 RB 的两个串行接口恢复为其默认的 HDLC 封装。

```
RB(config)#interface serial 0/0
RB(config-if)#encapsulation hdlc
RB(config-if)#
*Dec 18 20: 27: 48.432: %OSPF-5-ADJCHG: Process 1, Nbr 192.168.10.1 on
Serial0/0 from FULL
to DOWN, Neighbor Down: Interface down or detached
*Dec 18 20: 27: 49.432: %LINEPROTO-5-UPDOWN: Line protocol on
Interface
Serial0/0, changed
```

```
state to down
RB(config-if)#
*Dec 18 20: 27: 51.432:   %LINEPROTO-5-UPDOWN:   Line protocol on
Interface
Serial0/0,  changed
state to up
RB(config-if)#interface serial 0/1
*Dec 18 20: 37: 15.080:   %LINEPROTO-5-UPDOWN:   Line protocol on
Interface
Serial0/0,  changedstate to down
RB(config-if)#encapsulation hdlc
RB(config-if)#
*Dec 18 20: 37: 18.368:  %OSPF-5-ADJCHG:  Process 1,  Nbr 192.168.20.1 on
Serial0/1 from FULL
to DOWN,  Neighbor Down:  Interface down or detached
*Dec 18 20: 37: 18.368:   %LINEPROTO-5-UPDOWN:   Line protocol on
Interface
Serial0/1,  changedstate to down
*Dec 18 20: 37: 20.368:   %LINEPROTO-5-UPDOWN:   Line protocol on
Interface
Serial0/1,  changedstate to up
*Dec 18 20: 37: 44.080:   %LINEPROTO-5-UPDOWN:   Line protocol on
Interface
Serial0/1,  changedstate to down
```

分析：将 RB 两个串行口的封装改为 HDLC 协议后，还能正常通信吗？为什么？两个串行接口为什么会先关闭，然后重新打开，最后又再次关闭？

步骤 2：将 RB 的两个串行接口恢复为 PPP 封装。

```
RB(config)#interface s0/0
RB(config-if)#encapsulation ppp
*Dec 18 20: 53: 06.612:   %LINEPROTO-5-UPDOWN:   Line protocol on
Interface
Serial0/0,  changedstate to up
RC(config-if)#interface s0/1
*Dec 18 20: 53: 10.856:  %OSPF-5-ADJCHG:  Process 1,  Nbr 192.168.10.1 on
Serial0/0 from LOADING to FULL,  Loading Done
RB(config-if)#encapsulation ppp
*Dec 18 20: 53: 23.332:   %LINEPROTO-5-UPDOWN:   Line protocol on
Interface
Serial0/1,  changedstate to up
*Dec 18 20: 53: 24.916:  %OSPF-5-ADJCHG:  Process 1,  Nbr 192.168.20.1 on
```

```
Serial0/1 from LOADING to FULL, Loading Done
RB(config-if)#
```

15.5.4 在 PPP 协议中配置身份验证 PAP 模式

步骤 1: 在 RA 和 RB 间的串行链路上配置 PPP PAP 身份验证。

```
RA(config)#username RB password student
RA(config)#int s0/0
RA(config-if)#ppp authentication pap
RA(config-if)#
*Dec 22 18: 58: 57.367:  %LINEPROTO-5-UPDOWN:  Line protocol on
Interface
Serial0/0, changedstate to down
*Dec 22 18: 58: 58.423: %OSPF-5-ADJCHG: Process 1, Nbr 202.97.224.65 on
Serial0/0 from FULL to DOWN, Neighbor Down:  Interface down or
detached
RA(config-if)#ppp pap sent-username RA password student
```

```
RB(config)#username RA password student
RB(config)#interface Serial0/0
RB(config-if)#ppp authentication pap
RB(config-if)#ppp pap sent-username RB password student
RB(config-if)#
*Dec 23 16: 30: 33.771:  %LINEPROTO-5-UPDOWN:  Line protocol on
Interface
Serial0/0, changedstate to up
*Dec 23 16: 30: 40.815: %OSPF-5-ADJCHG: Process 1, Nbr 192.168.10.1 on
Serial0/0 from LOADING to FULL, Loading Done
```

分析: 如果只在串行链路的一端配置 PPP PAP 身份验证协议, 还能正常通信吗?

步骤 2: 在 RB 和 RC 间的串行链路上配置 PPP CHAP 身份验证。

采用 PAP 身份验证时, 口令不加密。虽然这无疑强于完全没有身份验证, 但相比链路上传送的口令加密而言, 却仍稍逊一筹。CHAP 验证则会对口令加密。

```
RB(config)#username RC password student
RB(config)#int s0/1
RB(config-if)#ppp authentication chap
RB(config-if)#
*Dec 23 18: 06: 00.935:  %LINEPROTO-5-UPDOWN:  Line protocol on
Interface
Serial0/1, changedstate to down
```

```
RC(config-if)#
```

```
*Dec 23 18: 06: 01.947: %OSPF-5-ADJCHG: Process 1, Nbr 192.168.20.1 on
Serial0/1 from FULLto DOWN, Neighbor Down: Interface down or
detached
RB(config-if)#
RC(config)#username RB password student
*Dec 23 18: 07: 13.074: %LINEPROTO-5-UPDOWN: Line protocol on
Interface
Serial0/1, changedstate to up
RC(config)#int s0/0
RC(config-if)#
*Dec 23 18: 07: 22.184: %OSPF-5-ADJCHG: Process 1, Nbr 202.97.224.65 on
Serial0/1 from LOADING to FULL, Loading Done
RC(config-if)#ppp authentication chap
RC(config-if)#
```

15.5.5　有意中断然后恢复 PPP CHAP 身份验证

步骤 1：中断 PPP CHAP 身份验证。

在 RB 和 RC 间的串行链路上，将接口 Serial 0/1 上的身份验证协议改为 PAP。

```
RB(config)#int s0/1
RB(config-if)#ppp authentication pap
RB(config-if)#^Z
*Dec 24 15: 45: 47.039: %SYS-5-CONFIG_I: Configured from console
by console
```

```
RC#copy run start
Destination filename [startup-config]?
Building configuration...
[OK]
RC#reload
```

将接口 Serial 0/1 上的身份验证协议改为 PAP 是否会中断 RB 和 RC 之间的身份验证？

步骤 2：恢复串行链路上的 PPP CHAP 身份验证。

```
RB#conf t
Enter configuration commands, one per line. End with CNTL/Z.
RB(config)#int s0/1
RB(config-if)#ppp authentication chap
RB (config-if)#
*Dec 24 15: 50: 00.419: %LINEPROTO-5-UPDOWN: Line protocol on
Interface
Serial0/1, changed
state to up
```

```
RB(config-if)#
*Dec 24 15: 50: 07.467: %OSPF-5-ADJCHG: Process 1, Nbr 192.168.20.1 on
Serial0/1 from LOADING to FULL, Loading Done
RC(config-if)#
```

步骤 3：在 RC 上更改口令，有意中断 PPP CHAP 身份验证。

```
RC#conf t
Enter configuration commands, one per line. End with CNTL/Z.
RC(config)#username RBpassword ciisco
*Dec 24 15: 54: 18.215: %SYS-5-CONFIG_I: Configured from console
by console
RC#copy run start
Destination filename [startup-config]?
Building configuration...
RC#reload
```

重新启动后，Serial 0/1 上的线路协议状态是什么？

步骤 4：在 RC 上更改口令，恢复 PPP CHAP 身份验证。

```
RC#conf t
Enter configuration commands, one per line. End with CNTL/Z.
RC(config)#username RB  password student
RC(config)#
*Dec 24 16: 12: 10.679:  %LINEPROTO-5-UPDOWN:  Line protocol on
Interface
Serial0/1,  changed state to up
RC(config)#
*Dec 24 16: 12: 19.739: %OSPF-5-ADJCHG: Process 1, Nbr 202.97.224.65 on
Serial0/1 from LOADING to FULL, Loading Done
RC(config)#
```

请注意，链路已恢复。从 PC1 Ping PC3，以此测试连通性。

15.6　疑难故障排除与分析

15.6.1　常见故障现象

1．串行链路故障排除的一般步骤

串行链路故障排除一般分为以下几个步骤。

① 物理层问题分析。

② LCP 问题分析。

③ 验证问题分析。

④ IPCP 问题分析。

⑤ 其他问题分析。

2．串行链路故障相关的 display、debugging 命令

与串行链路故障相关的命令主要有以下两种。

① debugging PPP。

② display PPP multilink。

3．串行链路典型案例分析

串行链路的典型案例有以下 3 种。

① 链路自环导致链路层协议 DOWN。

② 与某公司路由器互通时验证不通过。

③ 两端封装的链路层协议不同导致链路层不能 UP。

15.6.2　故障解决方法

1．现象一

某次网络工程中，两台 Quidway R2630 设备使用 E1 方式互联，中间封装 PPP 协议。工程结束时通信正常，但是有一天这两台设备突然不通了。现场工程师通过 Console 口查看路由器，发现 R2630 共有两个口使用这种方式与外界通信，一个是 S0：0，另一个是 S4：0。出问题的口是 S4：0，但是这两个口的配置方法都是一样的，而且对 S4：0 口进行 shutdown 和 undo shutdown 操作，也没有变化。

（1）调试信息。

工程师在现场进行 clear port S4：0 的操作，然后用 display interface S4：0 命令观察端口的包流量，发现端口的 input 和 output 报文周期性地每次增加 20 个，但这期间路由器没有进行任何可能导致向外发包的操作，所以猜测路由器有自环，周期性增加的 20 个报文应该是 PPP 协商的正常报文。打开 PPP 报文的调试信息，发现 PPP 在不停地重新协商。

（2）原因分析。

首先排除配置导致故障的可能性，由于物理端口是 UP 状态，所以电缆连接没有问题。再考虑到网络曾经运行正常，那么很有可能是网络在运行中由于某种非路由器可控因素导致故障，最有可能是链路上发生自环。

（3）处理过程。

联系相关工作人员，得知前几天进行过网络改造，使中间的传输设备产生了自环。经过调整，问题得以解决。

2．现象二

华为路由器与某公司路由器互通 PPP，使用 PAP 方式进行验证，PPP 协商不通。华为作被验证方，配置 ppp pap sent-username xxx password 0 xxx。该公司路由器作验证方，配置 local-user xxx password 0 xxx 。

（1）调试信息。

打开 PPP 报文调试信息，发现用户名口令错误，验证失败导致 PPP 协商失败。但是使用 display current-configuration 查看配置信息，发现两端的用户名和口令是一致的。

（2）原因分析。

配置路由器时，操作员对于不熟悉的命令习惯查询帮助信息，在该公司设备上配置 local-user xxx password 0 xxx 至最后的密码后，操作员按了一个空格键，再输入时发现没有参

数了。此时再按回车键，导致配置密码不再是 xxx，而是 xxx 加上一个空格符号，所以导致验证不能通过。

（3）处理过程。

在该公司路由器上重新配置用户名和密码，敲完密码后直接按回车键。

3．现象三

华为路由器 RouterA 与某公司路由器 RouterB 使用同步串口互通，两端都使用缺省的最简配置。华为路由器 RouterA 的链路层协议不能 UP，RouterB 的链路层虽然可以 UP，但过一分钟左右又变为 DOWN。

（1）调试信息。

在华为路由器 RouterA 上打开 PPP 报文调试信息，发现有无法识别的报文输入，发出的 CONFREQ 报文没有收到回应。

（2）原因分析。

华为路由器广域网口缺省的链路层协议是 PPP，但该公司路由器 RouterB 的同步串口上缺省的链路层协议是 HDLC，所以不能互通。RouterB 的 HDLC 协议发出的 KEEPALVE 报文得不到回应，导致协议 DOWN。

（3）处理过程。

在 RouterB 的同步串口上封装 PPP 协议后，问题得到解决。

15.7 课后训练

15.7.1 训练目的

完成 PPP 协议的配置以及 PAP 和 CHAP 身份验证，拓扑结构图如图 15-15 所示。

15.7.2 训练拓扑

训练拓扑如图 15-16 所示。

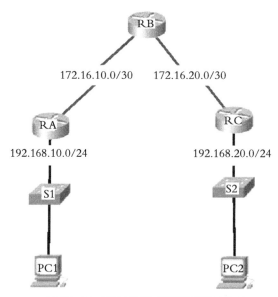

图 15-16 PPP 协议配置训练拓扑结构图

15.7.3　训练要求

完成 RA、RB、RC 3 台路由器之间的 PPP 配置，在 RA 与 RB 之间采用 PAP 身份验证，在 RB 与 RC 之间采用 CHAP 身份验证。

配置过程

步骤 1：　RA、RB、RC 路由器的基本配置。

```
RA(config)#interface Serial0/0
RA(config-if)#ip address 172.16.10.1 255.255.255.252
RA(config-if)#no shutdown
RA(config)#interface FastEthernet0/0
RA(config-if)#ip address 192.168.10.1 255.255.255.0
RA(config-if)#no shutdown
```

```
RB(config)#interface Serial0/0
RB(config-if)#ip address 172.16.10.2 255.255.255.252
RB(config-if)#clock rate 64000
RB(config)#interface Serial0/1
RB(config-if)#ip address 172.16.20.2 255.255.255.252
RB(config-if)#clock rate 64000
RB(config-if)#no shutdown
```

```
RC(config)#interface FastEthernet0/0
RC(config-if)#ip address 192.168.20.1 255.255.255.0
RC(config-if)#no shutdown
RC(config)#interface Serial0/0
RC(config-if)#ip address 17.16.20.2  255.255.255.252
RC(config-if)#no shutdown
```

步骤 2：配置路由协议（静态、动态路由协议都可以）。

```
RA(config)#router ospf 10
RA(config-router)#network 192.168.10.0 0.0.0.255 area 0
RA(config-router)#network 172.16.10.0 0.0.0.3 area 0
```

```
RB(config)#router ospf 10
RB(config-router)#network 172.16.10.0 0.0.0.3 area 0
RB(config-router)#network 172.16.20.0  0 0.0.3  area 0
```

```
RC(config)#router ospf 10
RC(config-router)#network 192.168.20.0 0.0.0.255 area 0
RC(config-router)#network 172.16.20.0  0.0.0.3 area 0
```

步骤 3：配置登录用户名和密码。

```
RA(config)#username RB    password    class
RB(config)#username RA    password    class
RB(config)#username RC    password    class
RC(config)#username RB    password    class
```

步骤 4：PPP 封装及配置 PAP 和 CHAP 认证。

RA 上配置 PAP 认证：

```
RA(config)#interface s0/0
RA(config-if)#encapsulation ppp
RA(config-if)#ppp authentication pap
RA(config-if)#ppp pap sent-username RA password class
RA(config-if)#end
```

RB 上配置 PAP 和 CHAP 认证：

```
RB(config)#interface s0/0
RB(config-if)#encapsulation ppp
RB(config-if)#ppp  authentication pap
RB(config-if)#ppp pap sent-username RB password class
RB(config-if)#end
RB(config)#interface s0/1
RB(config-if)#encapsulation ppp
RB(config-if)#ppp authentication chap
RB(config-if)#end
```

RC 上配置 CHAP 认证：

```
RC(config)#interface s0/0
RC(config-if)#encapsulation ppp
RC(config-if)#ppp authentication chap
```

PART 16

任务十六
访问控制列表的配置与
管理

16.1 任务背景

随着 Internet/Intranet 的日益发展，几乎每个公司都有局域网，并且越来越多的公司连接到互联网，从而网络安全也越来越被人们所重视。企事业单位开始建设企业网并与互联网相连，网络为企业内部各部门之间、企业之间的合作以及资源的共享提供了方便，但网络互联也导致了部门之间数据保密性降低，影响了企业安全。因此企业网建设需考虑部门之间的访问控制，如管理人员可访问其他部门并可自由访问互联网；其他部门不能访问管理部门；限制某些部门访问互联网的时间；企业内部及互联网用户能访问企业网的服务器等。

访问控制是网络安全防范和保护的主要策略，它的主要任务是保证网络资源不被非法使用和访问。访问控制是保证网络安全最重要的核心策略之一。访问控制涉及的技术也比较广，包括入网访问控制、网络权限控制、目录级控制以及属性控制等多种手段。

许多网络厂商推出防火墙产品，用来保证网络安全，包括抵抗恶意的攻击、过滤互联网上不安全的信息流、限制某些用户或某些网络应用的使用等。同样，ACL（Access Control List，访问控制列表）也可以实现以上功能。ACL 是基于包过滤的软件防火墙，是一系列语句的有序集合，根据网络中每个数据包所包含信息的内容，来决定允许还是拒绝报文通过某个接口。访问控制列表不仅可以限制网络流量，提高网络性能，还可以限制特定协议的流量，以满足企业对网络互联的访问控制系统要求，数据控制流程如图 16-1 所示。

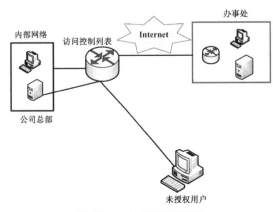

图 16-1 访问控制列表图

16.2　技术要点

16.2.1　ACL 概述

访问控制列表就是各种允许或者拒绝的条件判断语句的集合，其特点是根据从上到下的语序进行判断，当第一个条件满足时，就不会再对其他条件进行比较。因此，在访问控制列表中各条件语句的放置顺序非常重要，不注意这一点往往会使得访问控制列表形同虚设，访问控制列表的最后一句是隐含地拒绝所有，表示不匹配访问控制列表语句的报文要被丢弃掉。

ACL 是应用在路由器接口的指令列表。这些指令列表用来告诉路由器哪些数据包可以接收，哪能数据包需要拒绝。至于数据包是被接收还是拒绝，可以由类似于源地址、目的地址、端口号等特定指示条件来决定。

访问控制列表的主要作用是基于已经建立的标准允许或拒绝报文流，从而可以实现对数据报文的访问控制。它是一组由 permit（允许）和 deny（拒绝）语句组成的条件列表，可以让管理员以基于数据报文的源 IP 地址、目的 IP 地址和协议类型的方式来控制网络的数据流向。ACL 访问控制列表使用包过滤技术，是在路由器上读取 OSI（Open System Interconnection，开放式系统互联参考模型）七层模型的第三、第四层进行检测，包括对 IP 地址、端口等进行策略匹配，从而达到访问控制的目的。

此外，在路由器的许多其他配置任务中都需要使用访问控制列表，如网络地址转换（Network Address Translation，NAT）、按需拨号路由（Dial on Demand Routing，DDR）、路由重分布（Routing Redistribution）、策略路由（Policy-Based Routing，PBR）等很多场合都需要访问控制列表。

16.2.2　访问控制列表的工作过程

一个数据包如何通过路由器呢？数据包由接口进入路由器，进入后，首先查看路由表，看数据包的目的地址是否在路由表条目中，如果存在，则根据路由表将数据包送至相应的接口，否则数据包丢弃。到达相应的接口后，查看是否有访问控制列表配置在接口上，如果有，就根据访问列表的规则，判断是不是允许该数据包通过；数据包如果不符合列表所有规则，那么就被拒绝丢弃，不能通过路由器。如果没有访问列表，数据包则顺利通过。

当路由器的接口接收到一个数据包时，首先会检查访问控制列表，访问控制列表对符合匹配规则的数据包进行允许和拒绝的操作。被拒绝的数据包将被丢弃，允许的数据包进入路由选择状态。对进入路由选择状态的数据再根据路由器的路由表执行路由选择，如果路由表中没有到达目标网络的路由，那么相应的数据包就被丢弃；如果路由表中存在到达目标网络的路由，则数据包被送到相应的网络接口。访问控制列表工作流程如图 16-2 所示。

16.2.3　访问控制列表的作用

（1）限制网络流量，提高网络性能。例如，队列技术不仅限制了网络流量，而且减少了拥塞。

（2）提供对通信流量的控制手段。例如，可以用其控制通过某台路由器的某个网络的流量。

（3）提供了网络访问的一种基本安全手段。例如，公司中允许财务部员工的计算机访问财务服务器，而拒绝其他部门员工的计算机访问财务服务器。

（4）路由器接口决定某些流量允许或拒绝被转发。例如，可以允许 FTP 的通信流量，而拒绝 TELNET 的通信流量。

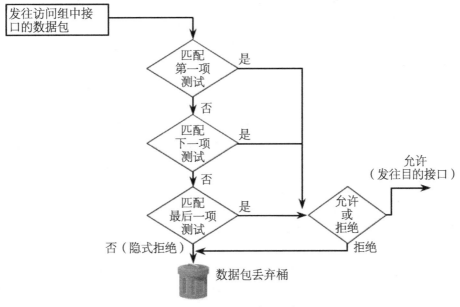

图 16-2　访问控制列表工作流程

16.2.4　访问控制列表的分类

访问控制列表分为标准访问列表和扩展访问列表。

1. 标准型 IP 访问列表

（1）格式如下。

```
access-list  access-list-number  deny|permit  source-address
source-wildcard [log]
```

① access-list-number：只能是 1～99 的一个数字。

② deny|permit：deny 表示匹配的数据包将被过滤掉；permit 表示允许匹配的数据包通过。

③ source-address：表示单机或一个网段内主机的 IP 地址。

④ source-wildcard：通配符掩码，即子网掩码取反。

⑤ Log：访问列表日志，如果该关键字用于访问列表，则以匹配访问列表中条件的报文作日志。

（2）允许/拒绝数据包通过。

在标准型 IP 访问列表中，使用 permit 语句可以使与访问列表项目匹配的数据包通过接口，而 deny 语句可以在接口过滤掉与访问列表项目匹配的数据包。source address 代表主机的 IP 地址，利用不同掩码的组合可以指定主机。

为了更好地了解 IP 地址和通配符掩码的作用，下面举实例来进行说明。假设公司有一个分支机构，其 IP 地址为 C 类的 192.46.28.0。在公司，每个分支机构都需要通过总部的路由器访问 Internet。这时可以使用一个通配符掩码 0.0.0.255。C 类 IP 地址的最后一组数字代表主机，把它们都置为 1 表示允许总部访问网络上的每一台主机。标准型 IP 访问列表中的 access-list 语句如下。

```
ISP(config)#access-list 1 permit 192.46.28.0 0.0.0.255
```
通配符掩码是子网掩码的补充。对子网掩码取反即得通配符。

（3）指定地址。如果要指定一个特定的主机，可以增加一个通配符掩码 0.0.0.0。例如，为了让来自 IP 地址为 192.46.27.7 的数据包通过，可以使用下列语句。

```
ISP(config)#access-list 1 permit 192.46.27.7 0.0.0.0
```

在控制访问列表中，用户除了使用上述的通配符掩码 0.0.0.0 来指定特定的主机外，还可以使用"host"这一关键字。例如，为了让来自 IP 地址为 192.46.27.7 的数据包通过，可以使用下列语句。

```
ISP(config)#access-list 1 permit  host  192.46.27.7
```

除了可以利用关键字"host"来代表通配符掩码 0.0.0.0 外，关键字"any"可以作为源地址的缩写，并代表通配符掩码 0.0.0.0 255.255.255.255。例如，如果希望拒绝来自 IP 地址为 192.46.27.8 站点的数据包，可以在访问列表中增加以下语句。

```
ISP(config)#access-list 1 deny host 192.46.27.8
ISP(config)#access-list 1 permit any
```

需要注意上述两条访问列表语句的次序。第一条语句把来自源地址为 192.46.27.8 的数据包过滤掉，第二条语句则允许来自任何源地址的数据包通过访问列表作用的接口。如果改变上述语句的次序，那么访问列表将不能够阻止来自源地址为 192.46.27.8 的数据包通过接口。这是因为访问列表是按从上到下的次序执行语句的。如果第一条语句表示来自任何源地址的数据包都会通过接口，可使用如下语句。

```
ISP(config)#access-list 1 permit any
```

（4）拒绝的作用。在默认情况下，除非明确规定允许通过，访问列表总是阻止或拒绝一切数据包的通过。实际上，在每个访问列表的最后，都隐含有一条"deny any"语句，该语句假设使用了前面创建的标准 IP 访问列表。从路由器的角度来看，这条语句的实际内容如下。

```
ISP(config)#access-list 1 deny host 192.46.27.8
ISP(config)#access-list 1 permit any
ISP(config)#access-list 1 deny any
```

在上述例子中，由于访问列表中第二条语句明确允许任何数据包都通过，所以隐含的拒绝语句不起作用，但实际情况并不总是如此。例如，如果希望来自源地址为 192.46.27.8 和 192.46.27.12 的数据包通过路由器的接口，同时阻止其他一切数据包通过，则访问列表的语句如下。

```
ISP(config)#access-list 1 permit host 192.46.27.8
ISP(config)#access-list 1 permit host 192.46.27.12
```

注意：所有的访问列表会自动在最后包括默认拒绝语句。

标准型 IP 访问列表的参数"log"起日志的作用。一旦访问列表作用于某个接口，那么包括关键字"log"的语句将记录那些满足访问列表中"permit"和"deny"条件的数据包。第一个通过接口并且和访问列表语句匹配的数据包将立即产生一个日志信息。后续的数据包根据记录日志的方式，或者在控制台上显示日志，或者在内存中记录日志。通过 Cisco IOS 的控制台命令可以选择记录日志方式。

（5）配置标准 ACL 之后，可以使用 ip access-group 命令将其关联到接口。

```
ISP(config-if)#ip      access-group      {access-list-number      |
```

```
access-list-name} {in | out}
```

要从接口上删除 ACL，首先在接口上输入 no ip access-group 命令，然后输入全局配置命令 no access-list 删除整个 ACL。标准控制访问列表的拓扑结构如图 16-3 所示。

```
RA(config)#access-list 1 deny 192.168.10.10  0.0.0.0
RA(config)#access-list 1 permit 192.168.10.0  0.0.0.255
RA(config)#int  f0/0
RA(config)#ip access-group 1 in
```

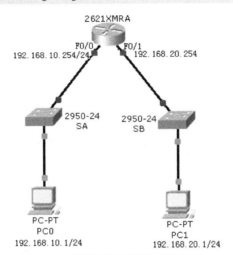

图 16-3　标准控制访问列表拓扑结构图

标准 IP 访问列表的功能有限，因为这种列表只能根据数据包的源地址进行过滤。如果需要根据协议、目标地址及传输层上的应用进行过滤，或根据上述项目的组合进行过滤，那么就必须使用扩展型访问列表。

2. 扩展型 IP 访问列表

标准 IP 访问控制列表主要是根据数据包的源地址进行过滤的。扩展型 IP 访问列表在数据包的过滤方面增加了不少功能和灵活性。除了可以基于源地址和目标地址过滤外，还可以根据协议、源端口和目的端口过滤，甚至可以利用各种选项过滤。这些选项能够对数据包中某些域的信息进行读取和比较。扩展型 IP 访问列表的通用格式如下。

```
access-list[list number][permit|deny]
   ---- [protocol|protocol key word]
   ---- [source address source-wildcard mask][source port]
   ---- [destination address destination-wildcard mask]
   ---- [destination port][log options]
```

access-list-number：编号范围为 100～199。

permit：通过

deny：禁止通过

protocol：需要被过滤的协议类型，如 IP、TCP、UDP、ICMP、EIGRP、GRE 等。

source-address：源 IP 地址。

source-wildcard：源通配符掩码。

与标准型 IP 访问列表类似，"list number" 标志了访问列表的类型。数字 100~199 用于确定 100 个唯一的扩展型 IP 访问列表。数据包的形成过程直接影响数据包的过滤，尽管有时这样会产生副作用。应用数据通常有一个在传输层增加的前缀，它可以是 TCP 协议或 UDP 协议的头部，这样就增加了一个指示应用的端口标志。当数据流入协议栈之后，网络层再由 IP 头部传送 TCP、UDP、路由协议和 ICMP 协议，所以在访问列表的语句中，IP 协议的级别比其他协议更高。但是，在有些应用中，可能需要改变这种情况，需要基于某个非 IP 协议进行过滤。

source address、source wildcard 分别表示源地址和通配符屏蔽码。source port 表示源端口号，源端口号可以使用一个数字或者可识别的助记符。例如，可以使用 80 或者 http 来指定 Web 的超文本传输协议。对于 TCP 和 UDP，可以设置和使用操作符 "<"(小于)、">"(大于)、"="（等于）以及 "≠"(不等于)。destination address、destination wildcard 分别表示目的地址和通配符屏蔽码。destination port 表示目的端口号，可以使用数字、助记符或者使用操作符与数字或助记符相结合的格式来指定一个端口范围。log 表示日志记录，对那些能够匹配访问表中的 permit 和 deny 语句的报文进行日志记录。日志信息包含访问表号、报文的允许或拒绝、源 IP 地址以及在显示了第一个匹配后每 5 分钟间隔内的报文数目。

拓展访问控制列表拓扑结构如图 16-4 所示。

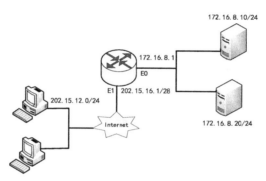

图 16-4　拓展访问控制列表拓扑结构图

不允许网络 202.15.12.0 内的机器登录 172.16.8.20 的 FTP（端口号 21）服务，但可以获取 172.16.8.20 的其他网络服务；网络 202.15.12.0 内的机器能够获取 172.16.8.10 的 Web 服务（端口号 80）；其他访问流量都被拒绝。具体配置如下。

```
Router(config)#access-list 121 deny tcp 202.15.12.0 0.0.0.255
172.16.8.20 0.0.0.0 eq 21
Router(config)#access-list 121 permit ip 202.15.12.0 0.0.0.255
172.16.8.20 0.0.0.0
Router(config)#access-list 121 permit tcp 202.15.12.0 0.0.0.255
172.16.8.10 0.0.0.0 eq 80
Router(config)#interface e0
Router(config-if)#ip access-group 121 out
```

3. 命名的控制访问列表

命名 IP 访问列表是通过一个名称而不是编号来引用的。命名的访问列表可用于标准的和扩展的访问表中。名称的使用是区分大小写的，并且必须以字母开头。在名称的中间可以包含任何字母与数字混合使用的字符，也可以在其中包含[，]、{，}、_、-、+、/、\、.、&、$、#、@、!以及?等特殊字符，名称的最大长度为 100 个字符。

命名 IP 访问列表和编号 IP 访问列表的区别在于，其名字能更直观地反映访问列表完成的功能。命名访问列表突破了 99 个标准访问列表和 100 个扩展访问列表的数目限制，能够定义更多的访问列表。命名 IP 访问列表允许删除个别语句，而编号访问列表只能删除整个访问列表。

单个路由器上命名访问列表的名称在所有协议和类型的命名访问列表中必须是唯一的，而不同路由器上的命名访问列表名称可以相同。标准访问列表、扩展访问列表以及命名访问列表的区别见表 16.1。

表 16-1　编号与命名访问列表命令比较

命令类型	编号访问列表	命名访问列表
标准访问列表	access-list 1 ~ 99 permit|deny	access-list standard name permit|deny
扩展访问列表	access-list 100 ~ 199 permit|deny	access-list extended name permit|deny
标准访问列表应用	ip access-group 1 ~ 99 in|out	ip access-group name in|out
扩展访问列表应用	ip access-group 100 ~ 199 in|out	ip access-group name in|out

命名控制访问列表配置拓扑结构如图 16-5 所示。

（1）进入全局配置模式，使用 ip access-list extendedname 命令创建命名 ACL。

（2）在命名 ACL 配置模式中，指定希望允许或拒绝的条件。

（3）返回特权执行模式，并使用 show access-list [number | name]命令检验 ACL。

（4）建议使用 copy running-config startup-config 命令将条目保存在配置文件中。

（5）要删除命名扩展 ACL，可以使用 no ip access-list extended name 全局配置命令。

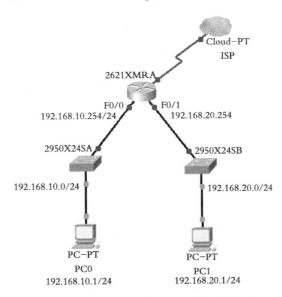

图 16-5　命名的控制访问列表配置拓扑结构图

```
RA(config)#ip access-list standard  NAMESTA
RA(config)#deny  host  192.168.10.1
RA(config)#permit  192.168.10.0  0.0.0.255
RA(config)#int  f0/0
RA(config-if)#ip access-group NAMESTA out
RA(config)#ip access-list extended  NAMEEXT
RA(config)#permit  tcp  192.168.10.0  0.0.0.255  any  eq  80
RA(config)#permit  tcp  192.168.20.0  0.0.0.255  any  eq  443
//允许使用 80 和 443 端口
RA(config)#ip access-list extended create
RA(config)#permit  tcp  any  192.168.10.0  0.0.0.255  established
//允许建立的 HTTP 和 SHTTP 连接的应答
```

4．基于时间的访问控制列表的应用

从 IOS12.0 开始，Cisco 路由器新增加了一种基于时间的访问列表。它首先要定义一个时间范围，然后在原来访问列表的基础上应用。通过基于时间的访问列表，可以根据一天中的不同时间，或者根据一星期中的不同日期控制网络数据包的转发。

基于时间的访问列表的基本语法格式：

```
Router(config)# time-range time-range-name
```
该命令表示进入 time-range 模式，并给该时间范围起个名字。
```
Router(config-time-range)# absolute [start time date] [end time date]
```
```
Router(config-time-range)# periodic days-of-the-week hh：mm to [days-of-the-week] hh：mm
```

上面这两条命令限制访问控制列表的生效时间。另外，periodic 语句可以有多条，但是 absolute 语句只能有一条。

某公司要求员工在 2013 年 4 月 1 日到 2013 年 6 月 1 日期间周一到周五的上班时间（9:00~18:00）不能浏览 Web 站点，并禁止使用 QQ 和 MSN。

案例分析如下：Web 浏览通常使用 HTTP 或者 HTTPS 进行访问，端口号是 80（TCP）和 443（TCP），MSN 使用 1863 端口（TCP），QQ 登录使用 8000 端口（TCP/UDP），还有可能用到 4000（UDP）进行通信。另外，这些软件都支持代理服务器，目前代理服务器主要部署在 TCP8080、TCP3128 和 TCP1080 这 3 个端口上。该案例的具体配置如下。

```
Router(config)# time-range  consoletime
Router(config-time-range)# absolute start 00：00 1 April 2013 end 23：59 1 June 2013
Router(config-time-range)# periodic Monday 09：00 to Friday 18：00
Router(config)#access-list 122 deny tcp 192.168.10. 0 0.0.0.255 any eq 80 consoletime
Router(config)#access-list 122 deny tcp 192.168.10. 0 0.0.0.255 any eq 443 consoletime
Router(config)#access-list 122 deny tcp 192.168.10. 0 0.0.0.255 any
```

```
eq 1863 consoletime
    Router(config)#access-list 122 deny tcp 192.168.10. 0 0.0.0.255 any
eq 8000 consoletime
    Router(config)#access-list 122 deny udp 192.168.10. 0 0.0.0.255 any
eq 8000 consoletime
    Router(config)#access-list 122 deny udp 192.168.10. 0 0.0.0.255 any
eq 4000 consoletime
    Router(config)#access-list 122 deny tcp 192.168.10. 0 0.0.0.255 any
eq 3128 consoletime
    Router(config)#access-list 122 deny tcp 192.16.8. 0 0.0.0.255 any
eq 8080 consoletime
    Router(config)#access-list 122 deny tcp 192.16.8. 0 0.0.0.255 any
eq 1080 consoletime
    Router(config)#access-list 122 permit ip any any
    Router(config)#interface  f0/0
    Router(config-if)#ip access-group 122 out
```

从上面的实例可以看出，合理有效地利用基于时间的访问控制列表，可以更合理、更有效地控制网络，更安全、更方便地保护内部网络。

5．访问控制列表在过滤病毒中的应用

目前，不少用户的电脑都或多或少遭到病毒的侵犯，这些病毒主要属于蠕虫（worm）病毒。蠕虫通过分布式网络来扩散传播特定的信息或错误，进而造成网络服务遭到拒绝并发生死锁。蠕虫生存在网络的节点之中，依靠系统的漏洞在网上大量繁殖，造成诸如网络阻塞之类的破坏。可以依靠杀毒软件来对付蠕虫，也可以通过访问控制列表封锁蠕虫病毒传播、扫描、攻击用到的端口，预先把蠕虫病毒拒之门外。针对冲击波（Worm.Blaster）病毒，在路由器上做下面的配置。

首先控制 Blaster 蠕虫的传播，封锁 tcp 的 4444 端口和 udp 的 69 端口。

```
Router(config)#access-list 120 deny tcp any any eq 4444
Router(config)#access-list 120 deny udp any any eq 69
```

然后控制 Blaster 蠕虫的扫描和攻击，封锁 tcp 和 udp 的 135、139、445、593 等端口。

```
Router(config)#access-list 120 deny tcp any any eq 135
Router(config)#access-list 120 deny udp any any eq 135
Router(config)#access-list 120 deny tcp any any eq 139
Router(config)#access-list 120 deny udp any any eq 139
Router(config)#access-list 120 deny tcp any any eq 445
Router(config)#access-list 120 deny udp any any eq 445
Router(config)#access-list 120 deny tcp any any eq 593
Router(config)#access-list 120 deny udp any any eq 593
Router(config)#access-list 120 permit ip any any
```

该访问控制列表的最后一条一定要加上，因为每个访问控制列表都暗含着拒绝所有数据包，而且列表 120 前面都是 deny 语句。如果没有最后这一条语句允许其他所有数据包，那么无论什么样的数据包都不能通过路由器进入公司局域网，同样公司局域网也不能访问外网。列表创建完毕，可以挂到接口上。

```
Router(config)#interface s0
Router(config-if)#ip access-group 120 in
```

访问控制列表可以阻止外来蠕虫病毒的恶意扫描和攻击，通过以上控制访问列表，可以有效提高网络抵抗病毒的能力，保证了网络的安全。

16.2.5　ACL 的配置过程

ACL 的分析过程：

（1）分析需求，清楚需求中要保护什么或控制什么。

（2）编写 ACL，并将 ACL 应用到接口上。

（3）测试并修改 ACL。

ACL 的配置主要包括以下几个步骤。

第一步：在全局配置模式下，使用下列命令创建 ACL。

```
Router (config)# access-listaccess-list-number {permit | deny }
```

其中，access-list-number 为 ACL 的表号。人们使用较频繁的表号是标准的 IP ACL（1~99）和扩展的 IP ACL（100~199）。

在路由器中，如果使用 ACL 的表号进行配置，则列表不能插入或删除行。如果列表要插入或删除一行，必须先去掉所有 ACL，然后重新配置。当 ACL 中条数很多时，这种改变非常麻烦。一个比较有效的解决办法是，在远程主机上启用一个 TFTP 服务器，先把路由器配置文件下载到本地，利用文本编辑器修改 ACL 表，然后将修改好的配置文件通过 TFTP 传回路由器。

在 ACL 的配置中，如果删掉一条表项，其结果是删掉全部 ACL，所以在配置时一定要小心。在 Cisco IOS 12.2 以后的版本中，网络可以使用名字命名的 ACL 表。这种方式可以删除某一行 ACL，但是仍不能插入一行或重新排序。所以，仍然建议使用 TFTP 服务器进行配置修改。

第二步：在接口配置模式下，使用 access-group 命令将 ACL 应用到某一接口上。

```
Router (config-if)# access-group access-list-number {in | out }
```

其中，in 和 out 参数可以控制接口中不同方向的数据包，如果不配置该参数，则缺省为 out。

ACL 在一个接口可以进行双向控制，即配置两条命令，一条为 in，一条为 out。两条命令执行的 ACL 表号可以相同，也可以不同。但是，在一个接口的一个方向上只能有一个 ACL 控制。

值得注意的是，在进行 ACL 配置时，一定要先在全局状态配置 ACL 表，再在具体接口上进行配置，否则会造成网络的安全隐患。ACL 中规定了两种操作，所有的应用都是围绕这两种操作来完成的——允许、拒绝。

注意：ACL 是 Cisco IOS 中的一段程序，对于管理员输入的指令，有其自己的执行顺序。ACL 执行指令的顺序是从上至下一行行执行，寻找匹配，一旦匹配则停止继续查找，如果到末尾还未找到匹配项，则执行一段隐含代码——丢弃 DENY。所以在写 ACL 时，一定要注意先后顺序。

例如：要拒绝来自 182.16.1.0/24 和 182.16.3.0/24 的流量，可以把 ACL 写成如下形式。

允许 182.16.0.0/18

拒绝 182.16.1.0/24

允许 192.168.1.1/24

拒绝 182.16.3.0/24

将表项一和表项二进行调换，看看有没有变化。

拒绝 182.16.1.0/24

允许 182.16.0.0/18

允许 192.168.1.1/24

拒绝 182.16.3.0/24

结果发现，182.16.3.0/24 和刚才的情况一样，这个表项并未起到作用。这是因为执行到表二就发现匹配，于是路由器将会允许。如果需求完全相反，那么还需要把表项四的位置移到前面。

ACL 的最后形式如下：

拒绝 182.16.1.0/24

拒绝 182.16.3.0/24

允许 182.16.0.0/18

允许 192.168.1.1/24

可以发现，在 ACL 的配置中有一个规律，即越精确的表项越靠前，越笼统的表项越靠后放置。

使用 show access-lists 命令可以发现大部分常见的 ACL 错误，避免造成网络故障。在 ACL 实施的开发阶段使用适当的测试方法，以避免网络受到错误的影响。当查看 ACL 时，可以根据学过的有关如何正确构建 ACL 的规则检查 ACL。大多数错误都是因为忽视了这些基本规则。事实上，最常见的错误是以错误的顺序输入 ACL 语句，以及没有为规则应用足够的条件。

16.2.6　ACL 的配置注意事项

（1）入站访问控制列表：在路由到出站接口之前对分组进行处理。这是因为，如果分组根据过滤条件被丢弃，则无需查找路由选择表；如果分组被允许通过，则对其做路由选择方面的处理。

（2）出站访问列表：到来的分组首先被路由到出站接口，在将其传输出去之前，根据出站访问列表对其进行处理。

（3）任何访问列表都必须至少包含一条 permit 语句，否则将禁止任何数据流通过。

（4）同一个访问列表被用于多个接口，然而，在每个接口的每个方向上，针对每种协议的访问列表只能有一个。

（5）在每个接口的每个方向上，针对每种协议的访问列表只能有一个。同一个接口上可以有多个访问列表，但必须是针对不同协议的。

（6）将具体的条件放在一般性条件的前面，将常发生的条件放在不常发生的条件前面。

（7）新添的语句总是被放在访问列表的末尾，但位于隐式 deny 语句的前面。

（8）使用编号的访问列表时，不能有选择性地删除其中的语句，但使用名称访问列表时可以。

（9）除非显式地在访问列表末尾添加一条 permit any 语句，否则，默认情况下，访问列表将禁止所有不与任何访问列表条件匹配的数据流。

（10）所有访问列表都必须含有至少一条 permit 语句，否则所有数据流将被禁止通过。

（11）创建访问列表后再将其应用于接口，如果应用于接口的访问列表未定义或不存在，该接口将允许所有数据流通过。

（12）访问列表只过滤经由当前路由器的数据流，而不能过滤当前路由器发送的数据流。

（13）应将扩展访问列表放在离禁止通过的数据流源尽可能近的地方。

（14）标准访问列表不能指定目标地址，应将其放在离目的地尽可能近的地方。

16.3　任务拓扑

A、B 任务拓扑：

标准控制访问列表任务的拓扑结构如图 16-6 所示。

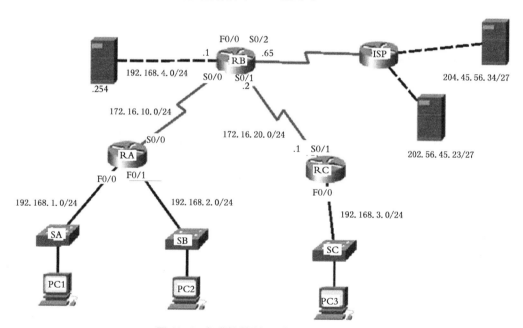

图 16-6　标准控制访问列表任务拓扑结构图

C、D 任务拓扑：s

扩展控制列表任务的拓扑结构如图 16-7 所示。

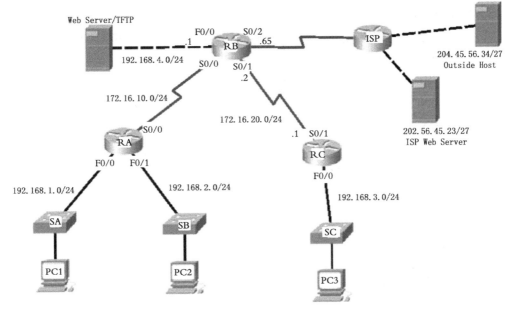

图 16-7　扩展控制列表任务拓扑结构图

16.4　任务需求

1．A任务需求：

（1）允许 192.168.1.0/24 网络访问除 192.168.2.0/24 网络外的所有位置。

（2）允许 192.168.2.0/24 网络访问所有目的地址，连接到 ISP 的所有网络除外。

分析 A：

在 RA 上配置第一个 ACL，拒绝从 192.168.1.0/24 网络发往 192.168.2.0/24 网络的流量，但允许所有其他流量。此 ACL 应用于 Fa0/1 接口的出站流量，监控发往 192.168.2.0 网络的所有流量。

在 RB 上配置第二个 ACL，拒绝 192.168.2.0/24 网络访问 ISP，但允许所有其他流量。控制 S0/2 接口的出站流量。

ACL 语句的顺序应该从最具体到最概括。拒绝网络流量访问其他网络的语句应在允许所有其他流量的语句之前。

2．B任务需求：

（1）允许 192.168.3.0/10 网络访问所有目的地址。

（2）拒绝主机 192.168.3.128 访问 LAN 以外的地址。

分析 B：

一个 ACL 即可完全实施 RC LAN 的安全策略。

在 RC 上配置该 ACL，拒绝主机访 LAN 以外的地址，但允许 LAN 中的所有其他主机发出的流量。

此 ACL 将应用于 Fa0/0 接口的入站流量，监控尝试离开 192.168.3.0/10 网络的所有流量。

ACL 语句的顺序应该从最具体到最概括。拒绝 192.168.3.128 主机访问的语句应在允许所有其他流量的语句之前。

3．C任务需求：

（1）阻止 192.168.3.0/24 网络的所有 IP 地址访问 192.168.4.0/24 网络的所有 IP 地址。

（2）允许 192.168.3.0/24 的前一半地址访问所有其他目的地址。

（3）允许 192.168.3.0/24 的后一半地址访问 192.168.1.0/24 网络和 192.168.2.0/24 网络。

（4）允许 192.168.3.0/24 的后一半地址通过 Web 和 ICMP 访问所有其余的目的地址。

（5）明确拒绝所有其他访问。

4．D任务需求：

评估通过 ISP 进入的 Internet 流量的策略。

（1）仅允许 Outside Host 通过端口 80 与内部 Web Server 建立 Web 会话。

（2）仅允许已建立 TCP 会话进入。

（3）仅允许 Ping 应答通过 RB。

16.5 任务实施

1．A任务实施

配置采用数字编号的标准 ACL。

步骤 1：确定通配符掩码。

ACL 语句中的通配符掩码用于确定要检查的 IP 源地址或 IP 目的地址的数量。若某位为 0，则表示匹配地址中该位的值；若为 1，则忽略地址中该位的值。标准 ACL 仅检查源地址。

由于 RA 上的 ACL 拒绝所有 192.168.1.0/24 网络流量，因此以 192.168.1 开头的任何源 IP 地址都应拒绝。鉴于 IP 地址的最后一组二进制 8 位数可以忽略，所以正确的通配符掩码应为 0.0.0.255。此掩码中的每组二进制 8 位数可以理解为"检查、检查、检查、忽略"。RB 上的 ACL 还要拒绝 192.168.2.0/24 网络流量。可以使用同样的通配符掩码 0.0.0.255。

步骤 2：确定语句。

应在全局配置模式下配置 ACL。

标准 ACL 使用介于 1 和 99 之间的编号。RA 上的此列表使用编号 1，有助于记住此 ACL 监控的是 192.168.1.0 网络。

在 RB 上，访问列表 2 将拒绝从 192.168.2.0 网络发往任何 ISP 网络的流量，因此使用网络 192.168.2.0 和通配符掩码 0.0.0.255 设置 deny 选项。

由于 ACL 末尾有隐式"deny any"语句，因此必须用 permit 选项允许所有其他流量。any 选项用于指定任何源主机。

RA 上执行下列配置：

```
RA(config)#access-list 1deny 192.168.1.0 0.0.0.255
RA(config)#access-list 1 permit any
```

RB 上执行下列配置：

```
RB(config)#access-list 2  deny 192.168.2.0 0.0.0.255
RB(config)#access-list 2permit any
```

步骤 3：将语句应用到接口。

在 RA 上，进入 Fa0/1 接口的配置模式。发出 ip access-group 1 out 命令，将标准 ACL 应用于该接口的出站流量。

```
RA(config)#interface fa0/1
RA(config-if)#ip access-group 1 out
```

在 RB 上，进入 S0/2 接口的配置模式。发出 ip access-group 2 out 命令，将标准 ACL 应用于该接口的出站流量。

```
RB(config)#interface s0/2
RB(config-if)#ip access-group  2  out
```

步骤 4：检验和测试 ACL。

PC1 (192.168.1.1) 应该无法 Ping 通 PC2 (192.168.2.1)，因为 ACL 1 在 RA 上应用于 Fa0/1 的出站流量。

PC2 (192.168.2.1) 应该无法 Ping 通 ISP 以外的数据流量。但应能 Ping 通 LAN 内其他所有位置，这是因为 ACL 2 在 RB 上应用于 S0/2 的出站流量。但 PC2 无法 Ping 通 PC1，这是因为 RA 上的 ACL 1 会阻止 PC1 向 PC2 发送的应答。

2．B 任务实施

配置命名标准 ACL。

步骤 1：确定通配符掩码。

RC 的访问策略规定，应该拒绝 192.168.3.128 主机访问本地 LAN 以外的任何地址。允许 192.168.3.0 网络中的所有其他主机访问所有其他位置。

要检查一台主机，就需要检查完整的 IP 地址，可使用关键字 host 来实现。

不匹配 host 语句的所有数据包都应允许。

步骤 2：确定语句。

在 RC 上进入全局配置模式。

发出 ip access-list standard NO_HOST 命令，创建名为"NO_HOST"的命名 ACL，进入 ACL 配置模式。所有 permit 和 deny 语句都在此配置模式下配置。

使用 host 选项拒绝来自 192.168.3.128 主机的流量。

使用 permit any 允许所有其他流量。

在 RC 上配置以下命名 ACL。

```
RC(config)#ip access-list standard NO_HOST
RC(config-std-nacl)#deny host 192.168.3.128
RC(config-std-nacl)#permit any
```

步骤 3：将语句应用到正确的接口。

在 RC 上，进入 Fa0/0 接口的配置模式。发出 ip access-group NO_HOST in 命令，将命名 ACL 应用于该接口的入站流量。应用之后，即会根据该 ACL 检查从 192.168.3.0/24 LAN 进入 Fa0/0 接口的所有流量。

```
RC(config)#interface fa0/0
RC(config-if)#ip access-group NO_HOST  in
```

步骤 4：检验和测试 ACL。

- PC1 到 PC2
- PC2 到 PC4

3．C任务实施

为 RC 配置命名扩展 ACL。

步骤 1：确定通配符掩码。

192.168.3.0/24 网络中前一半 IP 地址的访问策略有如下要求。

- 拒绝其访问 192.168.2.0/24 网络。
- 允许其访问所有其他目的地址。

对 192.168.3.0/24 网络中的后一半 IP 地址有如下限制。

- 允许其访问 192.168.1.0 和 192.168.2.0。
- 拒绝其访问 192.168.4.0。
- 允许其对所有其他位置的 Web 和 ICMP 访问。

要确定通配符掩码，应考虑 ACL 在匹配 IP 地址 0~127（前一半）或 128~255（后一半）时需要检查哪些位。确定通配符掩码的方法之一是从 255.255.255.255 中减去标准网络掩码。对 C 类地址而言，IP 地址 0~127 和 128~255 的标准掩码是 255.255.255.128。

步骤 2：在 RC 上配置扩展 ACL。

在 RC 上，进入全局配置模式，并以 103 作为访问列表编号配置 ACL。

```
RC(config)#access-list  103  deny  ip  192.168.3.0  0.0.0.255
192.168.4.00.0.0.255
//阻止 192.168.3.0/24 访问 192.168.4.0/24 网络中的所有地址
RC(config)#access-list 103 permit ip 192.168.3.0 0.0.0.127 any
//允许 192.168.3.0/24 网络的前一半地址访问任何其他目的地址
```

其余的语句则明确允许 192.168.3.0/24 网络的后一半地址访问网络策略允许的网络和服务

```
RC(config)#access-list  103  permit  ip  192.168.3.128  0.0.0.127
192.168.1.00.0.0.255
RC(config)# access-list  103  permit  ip  192.168.3.128  0.0.0.127
192.168.2.00.0.0.255
RC(config)# access-list 103 permit tcp 192.168.3.128 0.0.0.127 any
eq www
RC(config)# access-list 103 permit icmp 192.168.3.128 0.0.0.127 any
RC(config)# access-list 103deny ip any any
```

步骤 3：将语句应用到接口。

要将 ACL 应用到某个接口，请进入该接口的接口配置模式。配置 ip access-group access-list-number{in | out} 命令，将相应 ACL 应用于该接口。

```
RC(config)#interface fa0/0
RC(config-if)#ip access-group 103 in
```

步骤 4：检验和测试 ACL。

配置和应用 ACL 后，必须测试其是否能按照预期阻止或允许流量。

- 从 PC3 Ping Web/TFTP Server。此流量应该阻止。
- 从 PC3 Ping 任何其他设备。此流量应该允许。
- 从 PC4 Ping Web/TFTP Server。此流量应该阻止。

- 从 PC4 通过 192.168.1.1 或 192.168.2.1 接口 telnet 至 RA。此流量应该允许。
- 从 PC4 Ping PC1 和 PC2。此流量应该允许。
- 从 PC4 通过 10.2.2.2 接口 telnet 至 RB。此流量应该阻止。

4. D任务实施

配置命名扩展 ACL。

步骤 1：在 RB 上配置命名扩展 ACL。

前面介绍过，RB 上配置的策略将用于过滤 Internet 流量。由于 RB 连接到 ISP，因此它是配置 ACL 的最佳位置。

在 RB 上使用 ip access-list extended name 命令配置名为 "FIREWALL" 的命名 ACL。此命令使路由器进入扩展命名 ACL 配置模式。

```
RB(config)#ip access-list extended FIREWALL
RB(config-ext-nacl)#
```

在 ACL 配置模式下添加语句，按照策略中所述的要求过滤流量。

- 仅允许 Outside Host 通过端口 80 与内部 Web Server 建立 Web 会话。
- 仅允许已建立 TCP 会话进入。
- 允许 Ping 应答通过 RB。

```
RB(config-ext-nacl)#permit tcp any host 192.168.4.254 eq www
RB(config-ext-nacl)#permit tcp any any established
RB(config-ext-nacl)#permit icmp any any echo-reply
RB(config-ext-nacl)#deny ip any any
```

在 RB 上配置了 ACL 后，使用 show access-list 命令确认该 ACL 语句是否正确。

步骤 2：将语句应用到接口。

使用 ip access-group name {in | out} 命令，将 ACL 应用于 ISP 的入站流量，面向 RB 的接口。

```
RB(config)#interface s0/1/0
RB(config-if)#ip access-group FIREWALL in
```

步骤 3：检验和测试 ACL。

从 Outside Host 打开内部 Web/TFTP Server 中的网页。此流量应该允许。

从 Outside Host Ping 内部 Web/TFTP Server。此流量应该阻止。

从 Outside Host Ping PC1。此流量应该阻止。

从 PC1 Ping 地址为 209.165.201.30 的外部 Web Server。此流量应该允许。

从 PC1 打开外部 Web Server 中的网页。此流量应该允许。

使用 show access-list 特权执行命令，检查 ACL 语句是否存在匹配。

16.6 疑难故障排除与分析

16.6.1 常见故障现象

1. 现象 1 描述

问题：某一企业路由器需要网段为 192.168.1.0 的网络，只允许尾数为奇数的客户端进行访问，不允许尾数为偶数的客户端进行访问。这种情况下如何配置访问控制列表 ACL?

2．现象 2 描述

关于 ACL 访问控制列表的问题，分析其原因，现在局域网内的主机访问不到 192.168.2.227。目前网络已规划好，VLAN20 网段为 192.168.2.0，VLAN 30 网段为 192.168.3.0，VLAN 40 网段为 192.168.4.0，VLAN 100 网段为 192.168.1.0，是服务器区。

需求：不允许 VLAN 30、VLAN 40 中的主机对下列 IP 地址进行访问。

```
192.168.2.209
192.168.2.221
192.168.2.212
192.168.2.215
192.168.2.201
192.168.2.217
192.168.2.197
192.168.2.219
192.168.2.207
192.168.2.205
192.168.2.211
192.168.2.198
```

只允许访问：

```
192.168.2.227      渲染服务器
192.168.2.196      外网服务器
```

3．现象 3 描述

问题：有 2 台机器 A、B 在不同路由器上，现在要求 A 可以 Ping 通 B，但是 B 不能 Ping 通 A，配置是：

```
access-list 1 deny access-list 1 permit anyinterface e0 (B 接在 e0
口上)
ip access-group 1 in
```

配置完之后，A 也不能 Ping B 了。

4．现象 4 描述

问题：有如下所示的某访问控制列表，

```
access-list 101 deny tcp host 172.16.1.8 any eq telnet
access-list 101 permit ip any any
```

其作用是拒绝 IP 地址为 172.16.1.8 的主机发出的到任意地址的 Telnet 请求。同时允许该主机的其他 IP 流量通过。现由于网络管理策略的变化，要求将该访问控制列表的控制策略改为拒绝 IP 地址为 172.16.1.8 和 172.16.1.9 两台主机发出的到任意地址的 Telnet 请求，同时允许两台主机的其他 IP 流量通过。则为实现此目的，最合适的修改办法应为（d）。（选择一项）

a．为该访问控制列表加入新的条目为：

```
access-list 101 deny tcp host 172.16.1.9 any eq telnet
```

b．为该访问控制列表加入新的条目为：

```
access-list 101 deny tcp host 172.16.1.9 any eq telnet
access-list 101 permit ip any any
```
c．为该访问控制列表加入新的条目为：
```
access-list 101 deny tcp 172.16.1.8 0.0.0.1 any eq telnet
```
d．删除此访问控制列表，并重新编写为：
```
access-list 101 deny tcp 172.16.1.8 0.0.0.1 any eq telnet
access-list 101 permit ip any any
```

16.6.2 故障解决方法

1．现象 1 解决方法

分析：首先要明确一点，访问控制列表的掩码可以不连续，也就是说访问控制列表为了达到精确匹配，可以不连续。

把 192.168.1.0 的最后一位写成二进制，为 00000000。如果要为奇数，只需要将最后一位置 1 即可，也就是 00000001。0 的部分可以随意变动，1 的部分不能变，这样形成的数肯定是奇数。所以可以这样匹配——192.168.1.1 255.255.255.1，那么就很容易写出访问控制列表了。

```
Router(config)#access-list 1 permit 192.168.1.1 255.255.255.1
```
由于最后默认跟一句 "deny any"，所以只用一条语句配置即可，然后在接口下应用。

2．现象 2 解决方法

配置如下：
```
en
conf t
ip access-list extended lantowan
deny ip 192.168.3.0 0.0.0.255 host 192.168.2.209
deny ip 192.168.3.0 0.0.0.255 host 192.168.2.221
deny ip 192.168.3.0 0.0.0.255 host 192.168.2.212
deny ip 192.168.3.0 0.0.0.255 host 192.168.2.215
deny ip 192.168.3.0 0.0.0.255 host 192.168.2.201
deny ip 192.168.3.0 0.0.0.255 host 192.168.2.217
deny ip 192.168.3.0 0.0.0.255 host 192.168.2.197
deny ip 192.168.3.0 0.0.0.255 host 192.168.2.219
deny ip 192.168.3.0 0.0.0.255 host 192.168.2.207
deny ip 192.168.3.0 0.0.0.255 host 192.168.2.205
deny ip 192.168.3.0 0.0.0.255 host 192.168.2.227
deny ip 192.168.3.0 0.0.0.255 host 192.168.2.211
deny ip 192.168.3.0 0.0.0.255 host 192.168.2.198
deny ip 192.168.4.0 0.0.0.255 host 192.168.2.209
deny ip 192.168.4.0 0.0.0.255 host 192.168.2.221
deny ip 192.168.4.0 0.0.0.255 host 192.168.2.212
deny ip 192.168.4.0 0.0.0.255 host 192.168.2.215
```

```
deny ip 192.168.4.0 0.0.0.255 host 192.168.2.201
deny ip 192.168.4.0 0.0.0.255 host 192.168.2.217
deny ip 192.168.4.0 0.0.0.255 host 192.168.2.197
deny ip 192.168.4.0 0.0.0.255 host 192.168.2.219
deny ip 192.168.4.0 0.0.0.255 host 192.168.2.207
deny ip 192.168.4.0 0.0.0.255 host 192.168.2.205
deny ip 192.168.4.0 0.0.0.255 host 192.168.2.227
deny ip 192.168.4.0 0.0.0.255 host 192.168.2.211
deny ip 192.168.4.0 0.0.0.255 host 192.168.2.198
per  ip 192.168.1.0 0.0.0.255 host 192.168.2.227
per  ip 192.168.2.0 0.0.0.255 host 192.168.2.227
per  ip 192.168.3.0 0.0.0.255 host 192.168.2.227
per  ip 192.168.4.0 0.0.0.255 host 192.168.2.227
per  ip 192.168.1.0 0.0.0.255 host 192.168.2.196
per  ip 192.168.2.0 0.0.0.255 host 192.168.2.196
per  ip 192.168.3.0 0.0.0.255 host 192.168.2.196
per  ip 192.168.4.0 0.0.0.255 host 192.168.2.196
per ip any any
```

分析：ACL 控制是先配置先生效的，由于已经在前面配置了禁止访问 227，后面再配置允许访问 227 已失效。因此应将前面的否定语句去掉。

3．现象 3 解决方法

分析：禁止 Ping 命令使用扩展的访问控制列表。ICMP 是回环的请求。使用标准的访问控制列表肯定是 Ping 不通的。双方都 Ping 不通是确实的。限制 Ping 就要使用扩展访问控制列表，应改为如下语句。

```
#access-list  101 deny tcp  主机A eq  icmp
```

4．现象 4 解决方法

为什么选 D?

分析：首先这是扩展访问控制列表，不能在里面任意添加语句，且不能删除语句。例如：

```
access-list 101 deny tcp host 172.16.1.8 any eq telnet
access-list 101 permit ip any any
```

以上是原来的语句，向其中添加新的语句。

```
access-list 101 deny tcp host 172.16.1.8 any eq telnet
access-list 101 permit ip any any
access-list 101 deny tcp host 172.16.1.9 any eq telnet
access-list 101 permit ip any any
```

其中的第二条已经允许所有的 IP 包了，按照一条一条逐步匹配的原则，那么第三条就没有起到作用。同理，第四条也就多余了，所以添加语句是错误的。又因为不能单独删除某条语句，所以只能删除整个列表然后重写，所以选 D172.16.1.8 0.0.0.1 后面的反掩码 0.0.0.1。

```
access-list 101 deny tcp host 172.16.1.9 any eq telnet
access-list 101 permit ip any any
```

172.16.1.8 和 172.16.1.9 两个地址如果要任意地添加删除 ACL 语句可以使用命名的 ACL。

16.7 课后训练

16.7.1 训练拓扑

本节围绕扩展访问控制列表进行训练，其拓扑结构如图 16-8 所示。

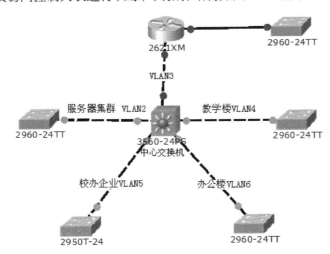

图 16-8　扩展访问控制列表拓扑图

16.7.2 训练目的

如图 16-8 所示，某学校建设了一个校园网，通过一台路由器接入互联网。在网络核心使用一台基于 IOS 的多层交换机，所有的二层交换机也为可管理的基于 IOS 的交换机。在学校内部使用了 VLAN 技术，按照功能的不同划分为了 6 个 VLAN，其中，VLAN1 用于网络设备与网管，VLAN3 用于与 Internet 互连。

16.7.3 训练要求

1．实现目标一

普通用户不能 telnet 到网络设备，只允许校办公楼 VLAN6 中的 192.168.6.66 管理整个网络中间设备。

配置命令：

```
router(config)#access-list 1 permit host 192.168.6.66
router(config)#line vty 0 4
router(config-line)#access-class1in
```

2．实现目标二

对服务器进行安全访问控制，防止再受到 telnet、rsh 等手段进行的攻击。

（1）只对用户开放 Web 服务器（192.168.2.20）所提供的 HTTP

（2）FTP 服务器（192.168.2.22）提供的 FTP 服务。

（3）数据库服务器（192.168.2.21：1521）。

配置命令：

```
router(config)#ip access-list extend server-protect
router(config)#permit tcp 192.168.0.0 0.0.255.255 host 192.168.2.
20 eq www
router(config)#permit tcp 192.168.0.0 0.0.255.255 host 192.168.2.
21 eq1521
router(config)#permit tcp 192.168.0.0 0.0.255.255 host 192.168.2.
22 eq ftp
router(cofnig)#interface vlan2
router(config-if)#ip access-group server-protect out
```

3．实现目标三

在服务器网段中的数据库服务器中存放着有关校办公楼人员的评论信息，为保证公平性，不允许校办公楼访问数据库服务器。经过协商，学校同意校办公楼领导的机器（IP 地址为 10.1.6.33）可以访问数据库服务器。

配置命令：

```
router(config)#ip access-list extend server-protect
router(config)#permit tcp 192.168.0.0 0.0.255.255 host 192.168.
2.20 eq  WWW
router(config)#permit tcp 192.168.0.0 0.0.255.255 host 192.168.
2.22 eqftp
router(config)#permittcp host 192.168.6.33 host 192.168.2.21 eq1521
router(config)#deny tcp 192.168.6.0 0.0.0.255 host 192.168.2.21 eq
1521
router(config)#permit tcp 192.168.0.0 0.0.255.255 host192.168.2.21
eq 1521
router(config)#interface vlan2
router(config-if)#ip access-group server-protect out
```

4．实现目标四

在保证了服务器的数据安全性后，领导要求对教职工上网进行控制。要求在上班时间内（9:00~18:00）禁止教职工浏览 Internet，禁止使用 MSN，并且不允许通过其他方式访问 Internet，而且在 2013 年 6 月 1 日到 2 日的所有时间内都不允许进行上述操作。

分析：现在浏览 Internet 基本上都使用 HTTP 或 HTTPS 进行访问，标准端口是 TCP 80 端口和 TCP 443，MSN 使用 TCP1863 端口，登录会使用到 TCP／UDP8000 这两个端口，还有可能使用到 UDP 4000 进行通信。而且这些软件都能支持代理服务器，目前的代理服务器主要布署在 TCP8080、TCP3128（HTTP 代理）和 TCP1080（socks）这 3 个端口上。

配置命令：

```
router(config)#time-range TEA
router(config)#absolute start 00: 00 1 June 2013 end 00: 00 3 June
2013
periodic Weekdays 9: 00 to 18: 00
router(config)#ip access-list extend internet_limit
router(config)#deny tcp 192.168.0.0 0.0.255.255 any eq 80 time-
range TEA
router(config)#deny tcp 192.168.0.0 0.0.255.255 any eq 443 time-
range TEA
router(config)#deny tcp 192.168.0.0 0.0.255.255 any eq1863 time-
range TEA
router(config)#deny tcp 192.168.0.0 0.0.255.255 any eq 8000 time-
range TEA
router(config)#deny udp 192.168.0.0 0.0.255.255 any eq 8000 time-
range TEA
router(config)#deny udp 192.168.0.0 0.0.255.255 any eq 4000 time-
range TEA
router(config)#deny tcp 192.168.0.0 0.0.255.255 any eq 3128 time-
range TEA
router(config)#deny tcp 192.168.0.0 0.0.255.255 any eq 8080 time-
range TEA
router(config)#deny tcp 192.168.0.0 0.0.255.255 any eq 1080 time-
range TEApermit ip any any
router(config)#interface s0 /0
router(config- if)#ip access - group internet_limit out
或
router(config)#interface fa0 /0
router(config - if)#ip access-group internet_limit in
或者将 ACL 配置在核心交换机上，并
MSwitchA(config)#interface Vlan3
MSwitchA(config - if)#ip access-group internet_limit out
```

5．实现目标五

新年贺岁版的学校主页的动态转换：要求 2013 年 12 月 31 日 24：00 以前访问的是学校老主页 Web1；新年后，动态转为新版本主页 Web2，老主页 Web1 不能再被访问（Web1 地址为 192.168.2.20；Web2 地址为 192.168.2.19）。

配置命令：

```
router#config t
router(config)#time-rangenewweb absolute end 24: 00 31 - Dec - 13
router(config)#ip access-list extended web
```

```
router(config)#permit tcp any host 192.168.2.20 eq 80newweb
router(config)#deny tcp any host 192.168.2.19 eq 80  neweb
router(config)#permit tcp any host 192.168.2.19 eq 80
router(config)#interface s0 /0
router(config-if)#ip access-group web in
```

PART 17

任务十七
DHCP 配置与管理

17.1 任务背景

随着计算机网络技术的发展，Internet 在人们生活中的地位也变得越来越重要，而 IP 地址作为用户接入 Internet 必不可少的网络地址的重要性也逐渐被人们所认识。特别是在采用 Internet 技术的企业网内，每台计算机都必须被分配一个唯一的地址。而 IP 地址的分配方式只有两种。

一是静态分配形式，主机的 IP 地址是由管理员手工输入到计算机当中的。这种分配方式的好处是操作简单，IP 地址固定；缺点是 IP 地址更新时需要重新设置，适合小型网络使用。

二是动态分配形式，主机从专门的服务器获得 IP 地址，而不是由管理员手工输入，IP 地址并不是永久性的。好处是当主机的 IP 地址配置需要变化时，可以动态地更新，方便了管理员的管理。特别适合大型网络使用，这种动态更新分配 IP 地址的方式就是利用了 DHCP 协议实现的，所对应的服务就称为 DHCP 服务，DHCP 服务流程图如图 17-1 所示。

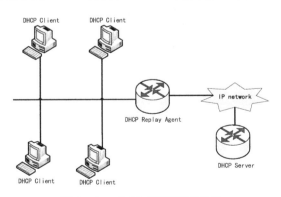

图 17-1 DHCP 服务拓扑结构图

在大规模的网络管理过程中，为了减少网络管理与维护工作量，DHCP 服务经常是必选配置内容。DHCP 服务可以配置在服务器上，主要利用软件来实现。例如，利用 Windows 2003 Server 操作系统，配置 DHCP 服务，以及 DHCP 服务的 IP 地址租用和续租的工作过程以及配置操作系统应用软件来实现跨广播域的 DHCP 服务，即 DHCP 中继代理功能，其运用操作完全可以在服务器上进行。

由于网络的规模越来越大，网络主机数量与日俱增，把大型的网络进行划分，从而控制网络流量。路由器在此具有强大的路由和优化功能。因此，在大型网络管理中，路由器比其服务器更能充分发挥 IP 地址的服务功能。

17.2　技能要点

17.2.1　DHCP 协议简介

DHCP（Dynamic Host Configuration Protocol，动态主机配置协议）是 IETF 为实现 IP 的自动配置而设计的协议，它可以为客户端自动分配 IP 地址、子网掩码以及缺省网关、DNS（Domain Name Server，域名服务系统）服务器的 IP 地址等 TCP/IP 属性参数。

17.2.2　DHCP 工作过程

1．客户发出的 IP 租用请求报文

当 DHCP 客户机启动时，初始化 TCP/IP，通过 UDP 端口 67 向网络中发送一个 DHCP Discover 广播包，请求租用 IP 地址，该广播包中的源 IP 地址为 0.0.0.0，目标 IP 地址为 255.255.255.255，广播包中还包含客户机的 MAC 地址和计算机名称。

2．DHCP 回应的 IP 租用提供报文

任何接收到 DHCP Discover 广播包并且能够提供 IP 地址的 DHCP 服务器，都会通过 UDP 端口 68 给客户机回应一个 DHCP Offer 广播包，提供一个 IP 地址。该广播包的源 IP 地址为 DCHP 服务器 IP，目标 IP 地址为 255.255.255.255；包中还包含提供的 IP 地址、子网掩码及租期等信息。

3．客户选择 IP 租用报文

客户机多台 DHCP 服务器接收到提供，会选择第一个收到的 DHCP Offer 包，并向网络中广播一个 DHCP Request 消息包，表明自己已经接受了一个 DHCP 服务器提供的 IP 地址。该广播包中包含所接受的 IP 地址和服务器的 IP 地址。所有其他的 DHCP 服务器撤销它们的提供，以便将 IP 地址提供给下一次 IP 租用请求。

4．DHCP 服务器发出 IP 租用确认报文

被客户机选择的 DHCP 服务器在收到 DHCP Request 广播后，会广播返回给客户机一个 DHCP Ack 消息包，表明已经接受客户机的选择，并将这一 IP 地址的合法租用以及其他的配置信息都放入该广播包发给客户机。客户配置成功后发出公告报文，客户机在收到 DHCP Ack 包后，会使用该广播包中的信息来配置自己的 TCP/IP，至此租用过程完成，客户机可以在网络中进行通信。具体工作原理如图 17-2 所示。

客户获取 IP 的 DHCP 服务过程基本结束，不过客户获取的 IP 一般有租期，到期前需要更新租期，这个过程是通过租用更新数据包来完成的。

（1）在当前租期已过去 50%时，DHCP 客户机直接向为其提供 IP 地址的 DHCP 服务器发送 DHCP Request 消息包。如果客户机接收到该服务器回应的 DHCP Ack 消息包，客户机就根据包中所提供的新的租期以及其他已经更新的 TCP/IP 参数，更新自己的配置，IP 租用更新完成。如果没收到该服务器的回复，则客户机继续使用现有的 IP 地址，因为当前租期还有 50%。

1.DHCP客户端发送IP租约请求

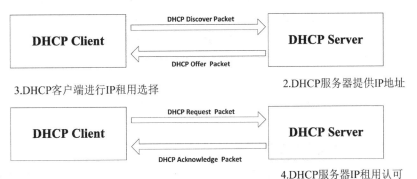

2.DHCP服务器提供IP地址

3.DHCP客户端进行IP租用选择

4.DHCP服务器IP租用认可

图 17-2　DHCP 服务工作过程流程图

（2）如果在租期过去 50%时未能成功更新，则客户机将在当前租期过去 87.5%时再次向为其提供 IP 地址的 DHCP 联系。如果联系不成功，则重新开始 IP 租用过程。

（3）如果 DHCP 客户机重新启动时，它将尝试更新上次关机时拥有的 IP 租用。如果更新未能成功，客户机将尝试联系现有 IP 租用中列出的缺省网关。如果联系成功且租用尚未到期，客户机则认为自己仍然位于与它获得现有 IP 租用时相同的子网上（没有被移走），继续使用现有 IP 地址。如果未能与缺省网关联系成功，客户机则认为自己已经被移到不同的子网上，将会开始新一轮的 IP 租用过程。

DHCP 客户机在发出 IP 租用请求的 DHCP Discover 广播包后，将花费 1 秒钟的时间等待 DHCP 服务器的回应，如果 1 秒钟没有服务器的回应，它会将这一广播包重新广播 4 次（以 2、4、8 和 16 秒为间隔，加上 1~1000 毫秒之间随机长度的时间）。重新广播 4 次之后，如果仍未能收到服务器的回应，则运行 Windows OS 的 DHCP 客户机将从 169.254.0.0/16 这个自动保留的私有 IP 地址（APIPA）中选用一个 IP 地址，而运行其他操作系统的 DHCP 客户机将无法获得 IP 地址。DHCP 客户机仍然每隔 5 分钟重新广播一次，如果收到某个服务器的回应，则继续 IP 租用过程。

17.2.3　DHCP 分配 IP 地址的形式

首先，必须至少有一台 DHCP 服务器工作在网络上面，它会侦听网络的 DHCP 请求，并与客户端搓商 TCP/IP 的设定环境。它提供两种 IP 定位方式。

（1）Automatic Allocation 自动分配，一旦 DHCP 客户端第一次成功地从 DHCP 服务器端租用到 IP 地址之后，就永远使用这个地址。

（2）Dynamic Allocation 动态分配，当 DHCP 第一次从 DHCP 服务器端租用到 IP 位址之后，并非永久地使用该位址，只要租约到期，客户端就得释放（Release）这个 IP 地址，以给其他工作站使用。当然，客户端可以比其他主机更优先地延续（Renew）租约，或是租用其他的 IP 地址。

动态分配显然比自动分配更加灵活，尤其是实际 IP 地址不足的时候。例如，某家企业 ISP（Internet Service Protocol，因特网服务提供商）只能提供 200 个 IP 地址用来给拨入客户，但并不意味客户端最多只能有 200 个。因为客户们不可能全部在同一时间上网，除了他们各自的行为习惯不同，也有可能是电话线路的限制。这样，就可以将这 200 个地址轮流地租用给拨号上来的客户使用了。这也是为什么当读者查看 IP 地址的时候，会因每次拨接而不同的原因了（除非申请的是一个固定 IP，通常的 ISP 都可以满足这样的要求，或许要另外收费）。当然，ISP 不一定使用 DHCP 来分配地址，但这个概念和使用 IP Pool 的原理是一样的。

DHCP 除了能动态地设定 IP 地址之外，还可以将一些 IP 保留下来给一些特殊用途的机器使用，它可以按照硬件的 MAC 地址来固定地分配 IP 地址，这样可以有更大的设计空间和管理方式。同时，DHCP 还可以帮客户端指定 Router、Netmask、DNS Server、WINS Server 等属性，在客户端上面，除了将网卡属性上的 DHCP 选项打勾之外，几乎无需做任何的 IP 环境设定。

17.2.4　DHCP 配置命令

首先要保证路由器的 IOS 支持 DHCP 服务功能，然后可以使用全局配置命令 service dhcp 来开启路由器的 DHCP 服务功能。

下面的配置命令，可以配置路由器为 DHCP 服务器，用以给 DHCP 客户端动态分配 IP 地址。

```
RA#config  t
Enter configuration commands, one per line. End with CNTL/Z.
RA(config)#service dhcp //开启 DHCP 服务
RA(config)#ip dhcp pool  companyA
  //定义 DHCP 地址池，DHCP 服务器需要管理员定义一个地址池，companyA 为管理员
命名的地址池的名称，然后在这个模式下使用 network 声明定义，可以租借给客户的地址
范围和掩码
RA(dhcp-config)#network 192.25.1.0 255.255.255.0
  //用 network 命令来定义网络地址的范围，地址池定义了需要分配给客户机的 IP 地
址范围及子网掩位数
RA(dhcp-config)#default-router 192.25.1.1
  //定义要分配的客户端的网关地址
RA(dhcp-config)#exit
RA(config)#ip dhcp excluded-address 192.25.1.1 192.25.1.50
  //设置排除地址的范围，该范围内的 IP 地址不能分配给客户端
RA(config)#ip dhcp excluded-address 192.25.1.200 192.25.1.255
  //设置排除地址的范围，该范围内的 IP 地址不能分配给客户端
```

上述的配置中，用 ip dhcp exclude-address 命令来指定不能用来被分配的 IP 地址。这种配置往往是很必要的（甚至说是必需的，几乎所有的路由器 DHCP 服务器配置中都会有），因为往往有一些地址会用来作为其他用途，例如，至少应该保留路由器本身的地址不被分配给 DHCP 客户端；还有一些如网络服务器、打印机等等，也往往会给路由器指定静态的地址，所以这一部分地址不允许路由器分配给 DHCP 客户端。上例中 192.25.1.1 到 192.25.1.50 之间以及 192.25.1.200 到 192.25.1.255 的地址就做了保留。

当路由器给客户端动态分配地址后，就会绑定（Binding）分配的 IP 地址以及客户端设备的 MAC 地址信息，进而保存在路由器的配置中，以便下一次相同 MAC 地址请求 DHCP 服务时，也能够获得同样的 IP 地址。用 show ip dhcp binding 命令显示 IP Binding 的信息，其中，Lease expiration 表示该 IP 地址的客户端还能占有的时间。当然客户端可以在期满之前再次发

送 DHCP 请求报文，DHCP 的规范也是这样规定的，即在租期还有一半时间的时候就会发出 DHCP 请求。如果租期更新失败，那么再过剩下时间的一半的时候，它还会发出 DHCP 的请求，依此类推。

```
Router#show ip dhcp binding
IP address Hardware address Lease expiration Type
192.25.1.51 0100.0103.85e9.87 Apr 10 2013 08: 55 PM Automatic
192.25.1.52 0100.50da.2a5e.a2 Apr 10 2013 09: 00 PM Automatic
192.25.1.53 0100.0103.ea1b.ed Apr 10 2013 08: 58 PM Automatic
```

17.2.5 DHCP 中继原理

DHCP 客户使用 IP 广播来寻找同一网段上的 DHCP 服务器。当服务器和客户端处在不同网段，即被路由器分割开来时，路由器是不会转发广播包的。因此，可能需要在每个网段上设置一个 DHCP 服务器，虽然 DHCP 只消耗很小的一部分资源，但多个 DHCP 服务器毕竟会带来管理上的不方便。DHCP 中继的使用使得一个 DHCP 服务器同时为多个网段服务成为可能。

为了让路由器可以帮助转发广播请求数据包，使用 ip help-address 命令。通过使用该命令，路由器可以配置为接受广播请求，然后将其以单播方式转发给指定 IP 地址。缺省情况下，ip help-address 转发以下 8 种 UDP 服务：Time 、Tacacs、DNS 、BOOTP/DHCP 服务器、BOOTP/DHCP 客户、TFTP 、NetBios 名称服务以及 NetBios 数据包服务。

在 DHCP 广播情况下，客户在本地网段广播一个 DHCP 发现分组。网关获得这个分组，如果配置了帮助地址，就将 DHCP 分组转发到特定地址上。

配置一台路由器，使之实现帮助地址功能，配置帮助地址功能的方法如下。

在接口模式下，使用命令 ip helper-address 服务器的地址即可。当路由器接收到 DHCP 等广播包时，它会将该广播以单播的形式发给某个具体 IP 地址（服务器），使之提供相应服务。

例如：RA(config)#int f0/0

RA(config-if)# ip helper-address 192.168.0.1

注意：一定要在接口模式下使用命令，而且接口的选定要靠近客户机端，即客户端端口定位原则。

配置 DHCP 服务器的各种选项，如下所示。

```
RA#configure terminal
Enter configuration commands, one per line. End with CNTL/Z.
RA(config)#ip dhcp pool ORAserver
RA(dhcp-config)#host 192.25.1.34 255.255.255.0
RA(dhcp-config)#client-name bigserver
RA(dhcp-config)#default-router 192.25.1.1 192.25.1.3
RA(dhcp-config)#domain-name oreilly.com
RA(dhcp-config)#dns-server 192.25.1.1 192.168.2.3
RA(dhcp-config)#netbios-name-server 192.25.1.1
RA(dhcp-config)#netbios-node-type h-node
RA(dhcp-config)#option 66 ip 192.168.1.1
```

```
RA(dhcp-config)#option 33 ip 24.192.168.1 192.25.1.3
RA(dhcp-config)#option 31 hex 01
RA(dhcp-config)#lease 2
RA(dhcp-config)#end
```

关于配置的相关参数解释如下。

（1）DHCP 可以动态分配除 IP 地址以外的默认网关、域名、域名服务器的地址以及 WINS 服务器的地址等信息给客户端。在 RFC 2132 中定义了大量的标准配置选项，大部分的 DHCP 配置往往只是用到其中规定的很小的一部分常用选项。

（2）为了配置的简单化和易于理解，Cisco 提供了一些人们易于理解的别名来代替 RFC 2132 中规定的配置选项。可以使用 Cisco 提供的用户友好的别名来配置，也可以用 option number 命令来配置，这两种方式 Cisco 的 IOS 都是可接受的。例如 RFC 2132 中的 option 6 表示域名服务器的地址，以下两种命令行结果一样。

配置方式 1 如下。

```
RA(config)#ip dhcp pool 192.25.2.0/24
RA(dhcp-config)#dns-server 192.25.1.1
RA(dhcp-config)#end
```

配置方式 2 如下。

```
RA(config)#ip dhcp pool 192.25.2.0/24
RA(dhcp-config)#option 6 ip 192.25.1.1
RA(dhcp-config)#end
```

（3）有些配置选项可以接受多个配置参数，例如，默认路由以及域名服务器都可以接受最多 8 个地址的配置，上面例子中就分别配置了两个默认路由器（默认网关）和两个域名服务器的地址。

（4）为了配置的方便，可以采用继承的方法来配置各种参数。如下实例，首先配置父亲的 DHCP 地址池 ROOT（192.25.0.0/16），其次配置两个子地址池 192.25.1.0/24 和 192.25.2.0/24。这两个子地址池能够自动继承父亲地址池的配置信息。当然，如果子地址池的配置信息和父亲地址池的配置信息重复，则孩子地址池的信息覆盖父亲地址池的配置信息。

```
RA#configure terminal
Enter configuration commands, one per line. End with CNTL/Z.
RA(config)#ip dhcp pool ROOT
RA(dhcp-config)#network 192.25.0.0 255.255.0.0
RA(dhcp-config)#domain-name  shcool.com
RA(dhcp-config)#dns-server 192.25.1.1 192.168.2.3
RA(dhcp-config)#lease 2
RA(dhcp-config)#exit
RA(dhcp)#ip dhcp pool 192.25.1.0/24
RA(dhcp-config)#network 192.25.1.0 255.255.255.0
RA(dhcp-config)#default-router 192.25.1.1
RA(dhcp-config)#exit
RA(dhcp)#ip dhcp pool 192.25.2.0/24
```

```
RA(dhcp-config)#network 192.25.2.0 255.255.255.0
RA(dhcp-config)#default-router 192.25.2.1
RA(dhcp-config)#lease 0 0 10
RA(dhcp-config)#end
```

DHCP 租期配置信息是唯一不能继承的 DHCP 配置选项，必须为每个孩子地址池显式配置 DHCP 租期。如果该地址池没有配置 DHCP 租期，则路由器使用默认的租期（24 小时）。

（5）上面的实例中有几个用 Option 配置的命令，其配置的意义如下。

```
RA(dhcp-config)#option 66 ip 192.168.1.1
RA(dhcp-config)#option 33 ip 192.0.2.1 182.25.1.3
RA(dhcp-config)#option 31 hex 01
```

option 66 ip 定义了 TFTP 服务器。

option 33 ip 定义了静态路由，它告诉所有的终端设备将发往目的地 192.0.2.1 的数据包，首先发送到 192.25.1.3。

option 31 规定了客户端使用 ICMP Router Discovery Protocol（IRDP）这个协议，客户端可以定期从本地路由器获得更新信息，用以决定自己的最新的默认网关地址。

（6）DHCP 的租期（DHCP Lease Periods）是 DHCP 相关知识中，一个比较重要的概念，单独列出来进行说明。

基本的配置如下。

```
RA#configure terminal
Enter configuration commands, one per line. End with CNTL/Z.
RA(config)#ip dhcp pool 192.25.2.0/24
RA(dhcp-config)#lease 2 12 30
RA(dhcp-config)#end
```

关于 DHCP 客户端租期配置的讨论。

（1）lease 命令的基本格式是 lease [days] [hours] [minutes]，上面的例子表示设定 DHCP 租约为 2 天 12 小时 30 分，可以配置最大值为 365 天 23 小时 59 秒，也可以设置最小值 1 秒。默认的 DHCP 租约是 1 天。

（2）一般的规则是，对于那种 DHCP 客户端数量比较大，并且客户端联入网络、断开网络比较频繁的场合，一般把租约的时间配置的比较短，使得 IP 地址很快被收回，可以供另外的 DHCP 请求客户使用。比较经典的场合是比如飞机场的无线网络。但是越短的租约，也使得 DHCP 请求包过多，增加了网络的负担。

（3）相反的，在一个相对稳定的网络环境中，比如小型的办公室网络，由于客户端的数量往往变化不大，所以可以考虑适当的增加 DHCP 的租约，可以减少 DHCP 服务器的负担。

（4）客户端在自己的租约还有一半的时候，就会向服务器发出更新租约的请求，如果成功，则租约从新恢复为完整的租期；如果失败，则再过剩下的一半租约后，再发出更新请求，如此规律，直到成功更新为止。

（5）在很多场合，默认一天的租约是比较合理的，一般很少作修改。一种比较极端的配置是，可以规定租约为永久，即一旦客户端获得了 IP 地址后，只要它不物理断网，以后就再也不会向服务器发送 DHCP 租约更新请求了。配置命令如下。

```
RA#configure terminal
Enter configuration commands, one per line. End with CNTL/Z.
RA(config)#ip dhcp pool COOKBOOK
RA(dhcp-config)#lease infinite //规定租约为无限制
RA(dhcp-config)#end
RA#
```

可以用 show ip dhcp binding 查看 DHCP 租约。

```
RA#show ip dhcp binding
IP address Hardware address Lease expiration Type
192.25.1.33 0100.0103.85e9.87 Infinite Manual
192.25.1.53 0100.0103.ea1b.ed Apr 12 2013 08: 58 PM Automatic
192.25.1.57 0100.6047.6c41.a4 Apr 12 2013 09: 18 PM Automatic
```

17.2.6　路由器与服务器配置 DHCP 服务的区别

（1）Cisco 路由器的 DHCP 服务器功能也是在 IOS 12.0（1）以后才出现的，这一功能的出现，没有必要在专门网络的中心（或者说企业本部）另外配置一台 DHCP Server，从而降低了网络构建成本。

（2）在路由器上直接配置 DHCP 服务器相比于传统的在专门服务器上实现 DHCP 有其独到的优点。传统的构建方法是在企业的总部设立 DHCP 服务器，各分支机构通过路由器去获取 IP 地址，所以当 DHCP 服务器出现问题的时候，整个企业的网络都会受到影响。而如果把 DHCP 服务器功能设在各个分支机构的路由器上实现，则某个分支机构的路由器 DHCP 出现问题，就只能影响该分支机构的网络本身，而其他分支机构不受任何影响。从而可见，实现了问题的局部化处理。

在各分支机构的路由器上实现 DHCP 服务器功能后，大量的 DHCP UDP 请求报文将不会通过 WAN Link 转发到中心机构上去，由此，相比于传统的方式，它有减少广域网负荷的优点。

在各分支机构的路由器上实现 DHCP 服务器功能后，如果某条广域网连路坏了，本地的局域网依然能够正常运行。基于路由器的 DHCP 具有很高的可管理性，它通过 IOS 的命令界面是比较容易配置的。

17.3　任务需求

在路由器上配置 DHCP 服务，使其为客户端自动分配 IP 地址。拓扑结构如图 17-3 所示。

17.4　任务拓扑

路由器上实现 DHCP 服务拓扑如图 17-3 所示。

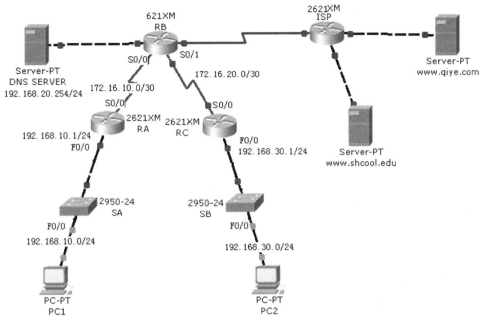

図 17-3　路由器上实现 DHCP 服务拓扑结构图

17.5　任务实施

步骤 1：配置 RA 和 RC 的排除地址。

服务器、路由器和打印机等设备需要静态地址，定义一个保留给这些主机使用的地址集，可供分配给 DHCP 客户端的地址池中不包括这些地址。对于 RA 和 RC，排除 DHCP 池中的前 10 个地址。

```
RA(config)#ip dhcp excluded-address 192.168.10.1 192.168.10.10
RC(config)#ip dhcp excluded-address 192.168.30.1 192.168.30.10
```

步骤 2：配置 RA 的地址池。

定义地址池，DHCP 将把该地址池中的地址分配给 RA LAN 上的 DHCP 客户端，可用地址为 192.168.10.0 网络上除了排除地址以外的所有地址。

在 RA 上，将地址池命名为 RALAN。为请求 DHCP 服务的客户端设备指定地址池、默认网关和 DNS 服务器。

```
RA(config)#ip dhcp pool RALAN
RA(dhcp-config)#network 192.168.10.0 255.255.255.0
RA(dhcp-config)#default-router 192.168.10.1
RA(dhcp-config)#dns-server 192.168.20.254
```

步骤 3：配置 RC 的地址池。

在 RC 上，将地址池命名为 RCLAN。为请求 DHCP 服务的客户端设备指定地址池、默认网关和 DNS 服务器。

```
RC(config)#ip dhcp pool RCLAN
RC(dhcp-config)#network 192.168.30.0 255.255.255.0
RC(dhcp-config)#default-router 192.168.30.1
```

```
RC(dhcp-config)#dns-server 192.168.20.254
```

步骤 4：检验 PC 已自动配置。

① 配置 PC1 和 PC3 的 DHCP 配置。

② 检查路由器的 DHCP 运行情况。

③ 要检验路由器的 DHCP 运行情况，请发出 show ip dhcp binding 命令。结果应显示每台路由器上都绑定了一个 IP 地址。

步骤 5：检查结果。

1. 利用 DNS 条目配置 DNS Server

要在 DNS Server 上配置 DNS 服务，确保 DNS 服务已配置成功，输入以下 DNS 条目。

- www.qiye.com 209.165.201.30
- www.school.com 209.165.202.158

2. 测试 PC 到域名的连通性

在 PC1 上打开 Web 浏览器，在地址栏中输入 www.qiye.com，会显示一个网页。

3. 检验 PC2 可以使用域名连接到服务器

在 PC2 上打开 Web 浏览器，在地址栏中输入 www. school.com，会显示一个网页。

17.6　疑难故障排除与分析

17.6.1　常见故障现象

常见的故障现象如下所示。

故障一：DHCP 服务器上的地址池使用完毕。

故障二：DHCP 服务器地址池中的 IP 地址与固定 IP 地址冲突。

故障三：多个 DHCP 服务器导致应用服务冲突。

故障四：MAC 地址与 IP 地址绑定的问题。

故障五：DHCP 服务器的选择问题。

故障六：网络连接正常，而且还可以访问到部分办公室计算机，但不能上外网。

故障七：外网工作正常，但 DHCP 客户端不能获得有效 IP 地址。

17.6.2　故障解决方法

1. 故障一解决方法

在实际工作中，一般不会把所有的地址都作为 DHCP 服务器可以分配的 IP 地址来使用。这主要是因为企业中有一些应用服务器必须要使用固定的 IP 地址，如打印机服务器、文件服务器等等。另外，有些服务对于客户端也有固定 IP 地址的要求，如用友的财务管理软件，要求其客户端必须采用固定的 IP 地址。如果采用自动获得的 IP 地址，将无法连接到财务管理软件服务器上。所以，企业中会有相当一部分的主机使用的是固定的 IP 地址。为此在 DHCP 服务器上，就会指定一段 IP 地址作为其可以分配的 IP 地址。

当 IP 地址池中没有可供分配的资源，即可以分配的 IP 地址都已经分配完毕，此时就会造成无法再为新的客户端分配 IP 地址，从而导致新连接的客户端由于没有得到 IP 地址而导致连接故障。这个 IP 地址的耗竭，可能有多方面的原因造成的。

有可能是管理员配置的租约期限比较长。在这种情况下，有些不使用的客户端（如淘汰掉的旧的计算机）仍然占用了 IP 地址。结果旧的客户端没有使用 IP 地址，而新的客户端得不到 IP 地址。这种情况下，比较好的解决方案是适当地缩短租约期限，如缩短为 3 天等等，具体的时间企业可以根据自己的需要来定。目的就是尽量减少不使用的客户端 IP 地址占用的情况，提高 IP 地址的使用率。

当然也有可能是原有的 IP 地址池数量比较少。例如，企业刚开始只有部分主机使用 DHCP 来分配地址，后来出于某种原因，将大部分主机更改为从 DHCP 服务器获取 IP 地址。此时原有的 DHCP 服务器上的 IP 地址资源就可能不够。当遇到这种情况时，就需要调整 IP 地址的数量。

2. 故障二解决方法

大部分企业都是固定 IP 地址与自动分配 IP 地址这种复合的 IP 策略。在这种情况下，就会遇到一个问题，即固定 IP 地址与自动分配 IP 地址是否会有重复的现象呢？在实际工作中，这也是常见的一种错误。通常情况下，这种错误是由以下两种情况造成的。

一是外来的客户端造成的 IP 地址冲突。企业的网络中往往会有一些外来客。如有些员工的电脑坏了，会拿到公司交给 IT 人员来进行修理。再如有些客户会随身携带笔记本电脑，需要通过企业的网络接入到互联网。如果这些外来的电脑使用的是固定的 IP 地址，那么就有可能跟企业 DHCP 服务器分配的 IP 地址冲突，从而导致网络的故障。为此建议，对于未来的客户端，在网络规则上需要进行限制，如可以通过 MAC 地址来进行限制。对于新加入企业网络的 MAC 地址，必须采用自动分配 IP 地址的策略，而不能够使用固定 IP 地址等等，防止跟企业现有的 IP 地址冲突。

二是由于 DHCP 服务器的 IP 地址池配置错误所导致的。如现在某个服务器采用的固定 IP 地址是 192.168.0.2。但是在 DHCP 作用域设置时，没有将这个 IP 地址排除掉，而是允许这个 IP 地址进行分配。在这种情况下，如果 DHCP 服务器将这个 IP 地址配置出去，就有可能导致服务器 IP 地址的冲突，从而发生断网这种情况。为此在配置 DHCP 服务器作用域的时候，需要对企业的 IP 地址进行合理的规划。通常情况下，最好划分出一个连续的 IP 地址段专门用于固定 IP 地址的分配。而不要中间挑几个 IP 地址作为固定 IP 地址，一不小心就可能会导致 IP 地址的冲突。在规划固定 IP 地址时，要留有一定的余量，保障以后的需要。

3. 故障三解决方法

在实际工作中，DHCP 服务存在于多个应用中。如一般的路由器中就具有 DHCP 服务的功能，在 Windows 的服务器系统中也是如此。通常情况下，在部署 DHCP 服务时不需要注册。即一个启动了 DHCP 服务的设备接入到网络之后，这个服务会自动进行宣告。然后收到这个信息的客户端就会使用这个 DHCP 服务器来进行 IP 地址的分配（通常根据先到先得的原则）。为此，当企业的网络中存在多个 DHCP 服务器的话，就会导致冲突。

一般情况下，对此要分别对待。如果出于 IP 地址分配的需要，确实需要部署多个 DHCP 服务（跨子网部署），此时也是可以的。如果局域网中存在多个 DHCP 服务器，那么不同的服务器作用域中的地址池不能有重叠。否则，两个 DHCP 服务器分别给两个客户端一个相同的 IP 地址，就会造成 IP 地址冲突。

如果是未经授权的 DHCP 服务器，网络管理员要严格禁止。如果采用的是 Windows 域环境的话，可以对 DHCP 服务器进行注册后使用。在实际工作中，一般需要注意无意的行为。

因为一般的路由器默认其 DHCP 服务都是开启的。如果要在网络中在增加一个路由器，那么最好是先在单机环境下对这个路由器进行配置，关闭路由器的 DHCP 功能等等，以防止与现有的 DHCP 服务器发生冲突。

4．故障四解决方法

现在的 DHCP 软件除了完成其本职工作之外，往往还提供了许多额外的支持，如 IP 地址与 MAC 地址绑定等。在 DHCP 系统中，指定某个 IP 地址只能够给某个 MAC 地址使用，即 IP 地址与客户端的 MAC 地址是一一对应的。其实这已经相当于是固定 IP 地址了。当这个特性与 DHCP 服务一起使用时，就可能会造成一定的故障。

一是有可能导致 IP 地址池的资源不够。如企业处于更新换代的需要，会一次性淘汰大量的电脑。此时由于 IP 地址与 MAC 地址绑定，而不同的主机其 MAC 地址都是不同的，在这种情况下，就有可能导致 IP 地址不够，无法分配给新的主机。此时即使缩短租约，也不能够解决问题。本书建议 IP 地址与 MAC 地址绑定功能最好不要同 DHCP 自动分配 IP 地址一同使用。

二是给主机取一个有含义的名字。在实际工作中，企业有可能有多幢办公楼，此时有些简单的维护任务一般是通过远程来管理的。如有一台主机由于突然断电导致时间不对，如果知道这台主机的名字（或者 IP 地址），就可以直接通过专业工具进行远程维护。但是由于 IP 地址是自动分配的，为此可能无法通过 IP 地址来精确定位故障的客户端。此时如果知道主机名，那么仍然可以通过主机名来找到这台客户端的 IP 地址，从而进行远程的维护。为此对于 DHCP 应用的企业，网络管理员最好对各个客户端的主机名字做一番规划，如可以按部门+员工编号的方式来进行编码。然后就可以通过主机名字，而不是 IP 地址来定位客户端了。IP 地址可能会改变，但是主机的名字是不会变更的。

对配置文件，包括 DHCP 服务器进行备份。特别是在调整策略之前进行适当的备份，是出现故障时及时解决问题的一个保障。对于 IP 地址的规划，要有书面的文档，在后续故障排除时才能够借助这个文档来解决问题。

5．故障五解决方法

某客户家住在四楼，公司在一楼，把座机装在公司中，ADSL 猫和无线路由器 A 也放在公司中。家里不想再申请宽带，于是直接拉了一条线连到公司的路由器 A，家中也放了同样的一个无线路由器 B。现在两个路由器的 DHCP 都开启，家里和公司都有各自的 Wi-Fi 环境，网关相同。

问题：究竟是哪一个路由器的 DHCP 在起作用，负责分配 IP、指定 DNS 和网关这些工作的？

分析：如果 B 采用路由模式，两个路由器 LAN 口不在一个网段，DHCP 只对各自网段的设备起作用。若 B 路由采用 AP（Access Point，接入点）模式，两个路由器 LAN 口是连通的，DHCP 对所有设备起作用，就存在 DHCP 竞争，与哪个路由器先联系上就取得哪个分配的 IP，并将网关指向该路由器。

而网关指向 B 路由时不能通过其 WAN 口连上互联网，所以应该关闭 B 路由的 DHCP，或者对两个路由器的地址池做个划分，并将 B 路由 DHCP 中的网关填成路由 A 的 IP。

6．故障六解决方法

查看故障，发现故障现象明显，上不去网的用户获得了一个以 192.168.1 打头的 IP 地址，网关为 192.168.1.1（单位的路由器 IP 是 192.168.0.1），这显然是通过一台非法搭建的路由器获得的 IP 地址，随后在该用户计算机的浏览器上登录 192.168.1.1 这个地址，即打开了一台宽带路由器的管理界面，这台路由器的用户名/密码是默认的 admin/admin，登录进去，将该路由器的 DHCP 功能关闭，进行完以上操作后整个办公室的网络又稳定了一段时间。但是前几天又有用户反映上不去网了，经查看，发现故障现象跟上次的一样，但是由于这次路由器被更改了登录密码，所以不能通过关闭该路由器的 DHCP 功能来解决问题了，要想彻底解决问题，一定要在局域网中查出这台私自为用户分配 IP 地址的宽带路由器，这样才有可能保证局域网的安全稳定运行。

7．故障七解决方法

故障表现：局域网内数十台电脑均不能上网，但从外部 Ping 路由器的外网口地址正常。用户局域网现状描述：政府职能部门办公网络，使用一台 4LAN 口的 TP-LINK 路由器实现共享上网，下接一台 24 口交换机；局域网的电脑均使用自动获取 IP 地址，本地连接已连接上，但未获取到 IP 地址。

分析：所有电脑均不能获取 IP 地址，可判断此问题是路由器或者交换机导致的问题，如设备死机等。也有可能是路由器到交换机之间的网线松动或断掉了。

解决思路如下。

（1）观察路由器与交换机之间的线路正常，且两设备相关端口指示灯显示正常，线路连接正确。

（2）依次重启路由器、交换机（关电源再接上），判断网络是否恢复。重启两设备后故障依旧。

（3）断开路由器与交换机之间的连接线，直接用一台便携电脑接到路由器的 LAN 口，测试依旧不能获取 IP 地址。

（4）至此怀疑路由器的配置丢失，于是把便携电脑的 IP 地址设为指定 IP，本例中便携电脑配置的 IP 是 192.168.123.253，子网掩码 255.255.255.0，网关 192.168.123.254。在浏览器中输入网关的 IP 地址，访问路由器的配置页面，成功登录。查看 DHCP 相关设置为正常启用的状态。

（5）复位路由器到出厂设置，并重新配置网络参数，然后测试，故障依旧。

（6）经过上述步骤，判断此问题为路由器的 DHCP 功能出故障，建议用户或者更换路由器，或者设置每一台局域网的电脑 IP 地址为手工指定，处理结束。

17.7 课后训练

17.7.1 训练目的

使用两台 Cisco2600 路由器，一台为 DHCP 服务器，提供 IP 地址租用；另一台作为"中断代理"功能路由器，提供帮助地址服务。RA 作为 DHCP 服务器，提供两个广播域内客户机的 DHCP 服务功能。RB 作为"中继代理"功能的路由器，自己不提供 IP 分配功能。但是它可以将 RA 提供的 IP 地址转发给它所连接的客户机。拓扑结构图如图 17-4 所示。

17.7.2 训练拓扑

路由器配置 DHCP 服务训练拓扑结构如图 17-4 所示。

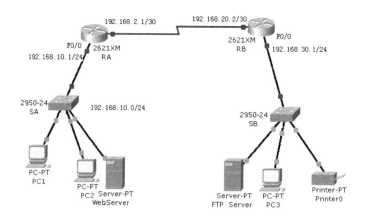

图 17-4　路由器配置 DHCP 服务训练拓扑结构图

17.7.3　训练要求

1. RA 配置过程

RA 的基本配置如下。

```
RA(config)#int f0/0
RA(config-if)# ip address 192.168.10.1 255.255.255.0
RA(config)#int s0/0
RA(config-if)# ip address 192.168.20.1 255.255.255.252
```

配置 RIPV2 路由协议。

```
RA(config)#ip router
RA(config-router)#version 2
RA(config-router)#network 192.168.10.0
RA(config-router)#network 192.168.20.0
RA(config-router)#no auto-summery
```

配置 DHCP 服务。

第一个地址池配置如下。

```
RA(config)#ip dhcp pool dhcpA
RA(dhcp-config)#network 192.168.10.0 255.255.255.0
RA(dhcp-config)#default-router 192.168.10.1
RA(dhcp-config)#dns-server 202.97.224.68
RA(dhcp-config)#netbios-name-server 192.168.10.1
RA(dhcp-config)#exit
RA(config)#ip dhcp excluded-address 192.168.10.1 192.168.10.10
```

第二个地址池配置如下。

```
RA(config)#ip dhcp pool dhcpB
RA(dhcp-config)#network 192.168.30.0 255.255.255.0
RA(dhcp-config)#default-router 192.168.30.1
RA(dhcp-config)#dns-server 202.97.224.69
```

```
RA(dhcp-config)#netbios-name-server  192.168.30.1
RA(dhcp-config)#exit
RA(config)#ip dhcp excluded-address  192.168.30.1  192.168.30.10
```

2. RB 的配置过程

配置 IP 地址。

```
RB(config)#int f0/0
RB(config-if)# ip address 192.168.30.1 255.255.255.0
RB(config)#int s0/0
RB(config-if)# ip address 192.168.20.2 255.255.255.252
RB(config-if)#clock  rate  64000
```

配置路由协议。

```
RB(config)#router rip
RB(config-router)#version  2
RB(config-router)#network  192.168.20.0
RB(config-router)#network  192.168.30.0
RB(config-router)#no  auto-summary
```

配置帮助地址功能。

```
RB(config)#int f0/0
RB(config-if)# ip helper-address 192.168.2.1
```

PART 18

任务十八
NAT 配置与管理

18.1　任务背景

随着Internet的迅速发展，IP地址短缺已成为十分突出的问题。为了解决这个问题，出现了多种解决方案。下面介绍一种在目前网络环境中比较有效的方法，即网络地址转换（NAT）功能，具体转换过程如图18-1所示。

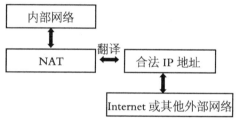

图 18-1　NAT 网络地址转换

NAT 的功能通常被集成到路由器、防火墙、ISDN 路由器或者单独的 NAT 设备中。例如 Cisco 路由器中已经加入这一功能，网络管理员只需在路由器的 IOS 中设置 NAT 功能，就可以实现对内部网络的屏蔽。再如防火墙将 Web Server 的内部地址 192.168.1.1 映射为外部地址 202.96.23.12，外部访问 202.96.23.12 地址实际上就是访问 192.168.1.1 内部地址。另外对于资金有限的小型企业来说，通过软件设置也可以实现这一功能。NAT 技术主要适用于以下 2 种情况。

情况 1：一个企业不想让外部网络用户知道自己的网络内部结构，可以通过 NAT 将内部网络与外部 Internet 隔离开，外部用户根本不知道通过 NAT 设置的内部 IP 地址。

情况 2：一个企业申请的合法 Internet IP 地址很少，而内部网络用户很多。可以通过 NAT 功能实现多个用户同时共用一个合法 IP 与外部 Internet 进行通信。

18.2　技能要点

18.2.1　NAT 简介

NAT 英文全称是 "Network Address Translation"，中文是 "网络地址转换"，它是一个 IETF（Internet Engineering Task Force， Internet 工程任务组）标准，允许一个整体机构以一个公用

IP（Internet Protocol）地址出现在 Internet 上。它是一种把内部私有网络地址（IP 地址）翻译成合法网络 IP 地址的技术。

NAT（Network Address Translation，网络地址转换）的功能是指在一个网络内部，根据需要可以随意自定义 IP 地址，而不需要经过申请。在网络内部，各计算机间通过内部的 IP 地址进行通信。而当内部的计算机要与外部 Internet 网络进行通信时，具有 NAT 功能的设备（例如路由器）负责将其内部的 IP 地址转换为合法的 IP 地址（即经过申请的 IP 地址）进行通信。

NAT 是在局域网内部网络中使用内部地址，而当内部节点要与外部网络进行通信时，就在网关（可以理解为出口，打个比方就像院子的大门一样）将内部地址替换成公用地址，从而在外部公网（Internet）上正常使用，NAT 可以使多台计算机共享 Internet 连接，这一功能很好地解决了公共 IP 地址紧缺的问题。通过这种方法，只申请一个合法 IP 地址，就把整个局域网中的计算机接入 Internet 中。这时，NAT 屏蔽了内部网络，所有内部网计算机对于公共网络来说是不可见的，内部网计算机用户通常不会意识到 NAT 的存在。NAT 将这些无法在互联网上使用的保留 IP 地址翻译成可以在互联网上使用的合法 IP 地址。

如图 18-2 所示，某企业已申请一个公有 IP 地址为 209.165.202.129，想要实现 40 个私有网络用户与 ISP 主机进行通信。如某一外部主机的 IP 地址为 209.165.200.226，与企业私有地址 192.168.1.106 进行通信，数据包从源地址 209.165.200.226 发出，首先到达内部全局地址 209.165.202.129，经过 NAT 转换，由内部全局地址转换到内部本地地址 192.168.1.106。具体转换过程如图 18-3 所示。

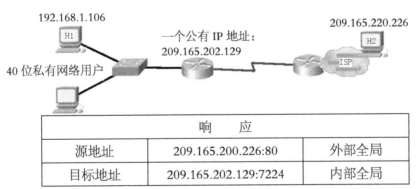

响应		
源地址	209.165.200.226:80	外部全局
目标地址	209.165.202.129:7224	内部全局

图 18-2　外部全局地址与内部全局地址转换过程

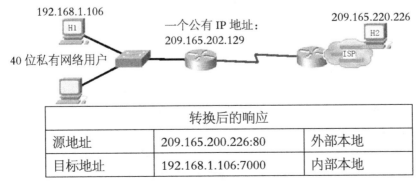

转换后的响应		
源地址	209.165.200.226:80	外部本地
目标地址	192.168.1.106:7000	内部本地

图 18-3　外部本地地址与内部本地地址转换过程

18.2.2 NAT 术语

内部地址：是指在内部网络中分配给节点的私有 IP 地址，这个地址只能在内部网络中使用，不能被路由。虽然内部地址可以随机挑选，但是通常使用的是下面的地址。

① 10.0.0.0~10.255.255.255（A 类私有 IP 地址范围）。

② 172.16.0.0~172.31.255.255（B 类私有 IP 地址范围）。

③ 192.168.0.0~192.168.255.255（C 类私有 IP 地址范围）。

全局地址：是指合法的 IP 地址，它是由 NIC（网络信息中心）或者 ISP（网络服务提供商）分配的地址，对外代表一个或多个内部局部地址，是全球统一的可寻址的合法 IP 地址。

内部合法地址（Inside Global Address）：对外进入 IP 通信时，代表一个或多个内部本地地址的合法 IP 地址。

内部端口（Inside Port）：内部端口可以为任意一个路由器端口，需要申请才可取得的 IP 地址内部端口连接的网络用户使用的是内部 IP 地址。

外部端口（Outside）：连接的是外部的网络，如 Internet。外部端口可以为路由器上的任意端口。设置 NAT 功能的路由器至少要有一个内部端口，一个外部端口。NAT 地址之间的映射关系如图 18-4 所示。

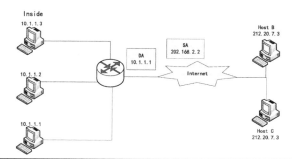

协议	内部本地地址：端口号	内部全局地址：端口号	外部全局地址：端口号
TCP	10.1.1.3:1723	202.168.2.2:1492	212.21.7.3:23
TCP	10.1.1.2:1723	202.168.2.2:1723	212.21.7.3:23
TCP	10.1.1.1:1034	202.168.2.2:1034	212.21.7.3:23

图 18-4　NAT 地址映射关系

18.2.3 NAT 技术类型

NAT 有 3 种类型：静态 NAT（Static NAT）、动态地址 NAT（Pooled NAT）、网络地址端口转换 NAPT（PortLevel NAT）。

1. 静态地址转换

静态地址转换将内部本地地址与内部合法地址进行一对一的转换，且需要指定和哪个合法地址进行转换。如果内部网络有 E-mail 服务器或 Web 服务器等可以为外部用户提供的服务，那么服务器的 IP 地址必须采用静态地址转换，以便外部用户可以使用这些服务。

静态地址转换基本配置步骤如下。

（1）在内部本地地址与内部合法地址之间建立静态地址转换。在全局设置状态下输入：

R(config)#ip nat inside source static 内部本地地址内部合法地址。

（2）指定连接网络的内部端口，在端口设置状态下输入：R(config-if)#ip nat inside。

（3）指定连接外部网络的外部端口，在端口设置状态下输入：R(config-if)#ip nat outside

可以根据实际需要定义多个内部端口及多个外部端口。

本例中，某企业公司处于 Internet 环境中，它提供一个能从 Internet 访问的 Web 服务器，以便那些浏览 Web 的用户能够浏览公司信息。该服务器位于内部网络中，并且能够从 Internet 上的主机访问该服务器。目前，它拥有的内部 IP 地址为 192.168.10.10/24。由于 Web 服务器必须能够通过 Internet 来访问，所以这个源 IP 地址在转发给 ISP 路由器之前，必须被转换成内部全局缓冲池中的地址。为公司 Web 服务器选择 181.100.1.10，作为其转换成的内部全局地址。

公司拓扑结构如图 18-5 所示，通过 F0/0 接口连接到内部网络，而串行接口则通过 PPP 链路连接到 ISP 路由器。在内部网络中，公司使用 192.168.10.0.0/24 中的地址，而全局池中的 IP 地址范围是 181.100.1.0/28。在本例中，将假定 ISP 使用静态路由来找路由器，其中路由器地址在 182.100.1.0/28 地址范围内，并且 ISP 将该路由传送到 Internet 上。

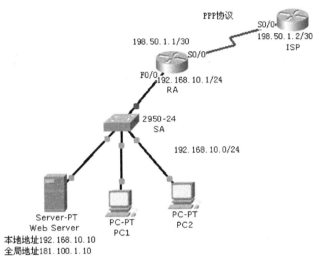

图 18-5　静态地址转换拓扑结构图

配置过程如下。

```
R(config)#interface f0/0
R(config-if)#ip address 192.168.10.1 255.255.255.0
R(config-if)#ip nat inside
```

```
R(config)#interface s0/0
R(config-if)#ip address 198.50.1.1 255.255.255.252
R(config-if)#ip nat outside
```

```
R(config)#ip access-list 1 permit 192.168.10.0  0.0.0.255
R(config)#ip nat pool internet prefix-length  28  address
181.100.1.1 181.100.1.9  address 181.100.1.11 181.100.1.14
```

```
R(config)#ip  nat  inside  source  static  192.168.10.10
181.100.1.10
```

```
R(config)#ip nat inside source list 1 pool  internet
```

在配置中使用 ip nat inside source static 命令，以建立 192.168.10.10 和 181.100.1.10 之间的静态映射。**注意**：本例中 NAT 池的语法有些不同。Cisco 已扩展了 NAT 语法，所以可以拆分 NAT 池所用的 IP 地址范围，定义两个不同的地址范围：从 181.100.1.1 到 181.100.1.9，以及从 181.100.1.11 到 181.100.1.14。因此，可以将 IP 地址 181.100.1.10 从 NAT 池中排除出去，使用该地址进行静态转换。使用 ip nat inside source list 命令来定义 IP 地址，以允许该 IP 地址从 NAT 池中获取相应的 IP 地址。**注意**：可以使用标准 IP 访问表定义 IP 地址，也可以使用一个扩展访问列表定义 IP 地址。

在使用任何其他 NAT 命令之前，应先定义 NAT 内部和外部接口。而后需要配置 NAT 池地址和 NAT 源列表，以允许能够从池中获得地址。需要为 Web 服务器设置映射 IP 地址 181.100.1.10。另外，必须在内部全局地址和内部本地地址之间给出静态映射关系，否则就不能保证 NAT 表中的 NAT 转换会将 NAT 池中的特定 IP 地址映射到 Web 服务器上。

2．动态地址转换

动态地址转换也是将本地地址与内部合法地址一对一地转换，但是动态地址转换是从内部合法地址池中动态地选择一个未使用的地址对内部本地地址进行转换。

动态地址转换的基本配置步骤如下。

（1）在全局设置模式下，定义内部合法地址池。

R(config)#ip nat pool 地址池名称 起始 IP 地址 终止 IP 地址 子网掩码

其中，地址池名称可以任意设定。

（2）在全局设置模式下，定义一个标准的 Access-list 规则以允许哪些内部地址可以进行动态地址转换。

R(config)#access-list 标号 permit 源地址通配符

其中，标号为 1~99 之间的整数。

（3）在全局设置模式下，将由 Access-list 指定的内部本地地址与指定的内部合法地址池进行地址转换。

R(config)#ip nat inside source list 访问列表标号 pool 内部合法地址池名字

（4）指定与内部网络相连的内部端口在端口设置状态下。

R(config-if)#ip nat inside

（5）指定与外部网络相连的外部端口。

R(config-if)#ip nat outside

本例中，某公司使用路由器通过 F0/0 接口连接到内部网络，S0/0 接口连接到 ISP 网络。该公司与其 ISP 的路由器共享该网段。在内部网络中，公司使用 10.0.0.0/24 地址空间中的地址。该公司为自己提供一个 IP 地址 181.100.1.0/24，路由器的接口使用 IP 地址 181.100.1.1，而 ISP 路由器接口则使用 IP 地址 181.100.1.2，将那些从 181.100.1.0/24 开始的其余地址留给 NAT 转换。公司希望在路由器上使用必要的命令，以使其内部用户能够使用 ISP 所提供的地址空间中的有效、全局可路由的地址，以访问 Internet，拓扑结构图如图 18-6 所示。

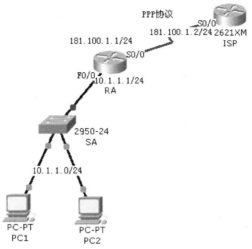

图 18-6　动态地址转换拓扑结构图

```
R(config)#interface f0/0
R(config-if)#ip address  10.1.1.1 255.255.255.0
R(config-if)#ip nat inside
```

```
R(config)#interface  s0/0
R(config-if)# ip address 181.100.1.1 255.255.255.0
R(config-if)# ip nat outside
```

```
R(config)#ip access-list 10 permit 10.1.1.0 0.255.255.255
R(config)#ip nat  pool   internet   181.100.1.3   181.100.1.14
netmask 255.255.255.0
R(config)#ip nat inside source list 10 pool internet
```

　　在该方案中定义了用于 NAT 的接口。通过相应的命令放在每个接口下面，指定该接口是一个 NAT 外部接口或内部接口。如果不将接口指定为一个 NAT 内部或 NAT 外部接口，或者指定的不正确，则 NAT 就不能正确工作。如果不定义 NAT 接口，NAT 根本不工作，并且 debug ip nat detail 命令也不会输出任何结果。如果已定义了所有其他的 NAT 命令，但 NAT 还是不工作，则确认每个接口下面所放的 NAT 命令是否合理。

　　在每个接口下面定义了合适的 NAT 命令之后，就可以定义存放内部全局地址的 NAT 池。定义的起始 IP 地址是 181.100.1.3，结束地址为 181.100.1.14。不使用 181.100.1.1 和 181.100.1.2 地址，是因为这两个地址分别用于用户路由器和 ISP 路由器。由于这两个地址也与用户路由器上的 S0/0 接口所在的子网是同一子网地址，因此，用户路由器将使用自己的 MAC 地址回答来自 ISP 路由器的 ARP 请求。允许 ISP 路由器从 NAT 池中解析出 IP 地址，并使用从 NAT 池中取出的目的 IP 地址将报文发送给用户路由器。

　　注意：NAT 地址池并非必须与来自用户路由器接口上所配置的子网相同。

　　3．复用动态地址转换

　　复用动态地址转换首先是一种动态地址转换，但是它可以允许多个内部本地地址共用一个内部合法地址。对只申请到少量 IP 地址，但却经常同时有多于合法地址个数的用户上外部网络的情况，这种转换极为有用。

注意：当多个用户同时使用一个 IP 地址，外部网络通过路由器内部利用上层的如 TCP 或 UDP 端口号等唯一标识某台计算机。

复用动态地址转换配置步骤如下。

（1）在全局设置模式下，定义内部合地址池。

R(config)#ip nat pool 地址池名字 起始 IP 地址 终止 IP 地址 子网掩码

其中，地址池名字可以任意设定。

（2）在全局设置模式下，定义一个标准的 Access-list 规则以允许哪些内部本地地址可以进行动态地址转换。

R(config)#access-list 标号 permit 源地址通配符

其中，标号为 1~99 之间的整数。

（3）在全局设置模式下，设置在内部的本地地址与内部合法 IP 地址间建立复用动态地址转换。

R(config)#ip nat inside source list 访问列表标号 pool 内部合法地址池名字 overload

（4）在端口设置状态下，指定与内部网络相连的内部端口。

R(config-if)#ip nat inside

（5）在端口设置状态下，指定与外部网络相连的外部端口。

R(config-if)#ip nat outside

在本例中，公司使用一台两接口路由器，一个是 F0/0，另一个是串行接口。F0/0 连接到内部网络，而串行接口则通过 PPP 链路连接到 ISP 路由器。在内部网络中，公司使用 10.0.0.0/24 地址范围内的地址。公司已从供应商那里获得了一个单一的全局可路由的 IP 地址 181.100.1.1，并且该地址用于路由器的串行接口上。公司使用 PAT 将其所有的内部本地地址转换成单一的内部全局地址 181.100.1.1。公司希望提供可以从 Internet 访问的 FTP 和 Web 服务器，并且对 Web 服务器的请求应被送到 Web 服务器所在的地址 10.1.1.100，而 FTP 请求则被送到 FTP 服务器所在的地址 10.1.1.101，其拓扑结构如图 18-7 所示。

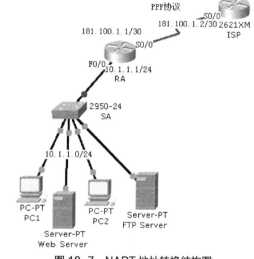

图 18-7 NAPT 地址转换结构图

```
R(config)#interface  f0/0
R(config-if)#ip address 10.1.1.1 255.255.255.0
R(config-if)#ip nat inside
R(config)#interface  s0/0
R(config-if)#ip address 181.100.1.1 255.255.255.252
R(config-if)#ip nat outside
R(config)#ip access-list 1 permit 10.0.0.0 0.255.255.255
R(config)#ip nat inside source list 1 interface  s0/0  overload
R(config)#ip nat inside source list 1 static tcp 10.1.1.100 80
```

```
181.100.1.1 80
    R(config)#ip nat inside source list 1 static tcp 10.1.1.101 21
181.100.1.1 21
    R(config)#ip access-list 20 permit 10.0.0.0 0.255.255.255
    R(config)# ip nat pool  internet 181.100.1.3 181.100.1.14  netmask
255.255.255.0
    R(config)# ip nat inside source list  20  pool  internet  overload
    R(config)#ip nat inside source list 1 static tcp 10.1.1.100 80
181.100.1.1 80
    R(config)#ip nat inside source list 1 static tcp 10.1.1.101 21
181.100.1.1 21
```

先定义 NAT 所用的接口，并通过命令放在每个接口下面来定义接口是 NAT 内部接口还是外部接口。通常，在定义 NAT 接口之后，再定义 NAT 池来指定所用的内部全局地址。在本例中，使用了一个单一的内部全局地址，并且将该单一内部全局地址用于路由器的 Serial0/0 接口上。由于只有一个单一内部全局地址并且用于路由器自己的接口上，所以不需要定义 NAT 池，只简单地使用示例中所示的 inside source list 语句即可。所定义源列表使用路由器接口的 IP 地址，并且超载该单一 IP 地址。该命令允许来自 10.1.1.0/24 网络的内部主机访问 Internet。路由器执行 PAT 来创建 TCP/UDP 端口的 NAT 映射。完成该步以后，接下来需要为内部 Web 和 FTP 服务器创建静态映射。因为只有一个单一的内部全局 IP 地址，因此要根据 IP 地址以及 TCP 或 UDP 端口来定义静态映射。在本例中，将目的地址为 181.100.1.1 和目的 TCP 端口为 80 的报文地址转换成 TCP 端口 80 上的 10.1.1.100 内部主机地址。再将目的地址为 181.100.1.1 和目的 TCP 端口为 21 的报文地址转换成 TCP 端口 21 上的 10.1.1.101 内部主机地址。这样就在不同的内部服务器上提供了 Web 和 FTP 服务，虽然只有一个单一的内部全局地址。**注意：**由于该命令语法允许指定内部服务器的 IP 地址和端口，所以可以在内部提供多个 Web 和 FTP 服务器。例如，可以创建如下的静态映射。

```
ip nat inside source static tcp 10.1.1.102 21  181.100.1.1  27
```

该转换将所有目的地址为 181.100.1.1，且目的端口为 27 的向内报文的地址转换为 FTP 端口上的地址 10.1.1.102。外部用户能够知道 FTP 服务器使用非标准的端口，而大多数的 FTP 客户机都提供这一能力。公司可以使用各种不同的端口转换方法来提供服务。

18.2.4　NAT 转换技术三者之间的区别

静态 NAT 设置起来是最为简单和最容易实现的一种，内部网络中的每个主机都被永久映射成外部网络中的某个合法的地址。而动态地址 NAT 是在外部网络中定义了一系列合法地址，采用动态分配的方法映射到内部网络中。NAPT 则是把内部地址映射到外部网络的一个 IP 地址的不同端口上。

动态地址 NAT 只是转换 IP 地址，它为每一个内部的 IP 地址分配一个临时的外部 IP 地址，主要应用于拨号。对于频繁的远程联接也可以采用动态 NAT。当远程用户联接上之后，动态地址 NAT 就会分配给它一个 IP 地址，用户断开时，这个 IP 地址就会被释放而留待以后使用。

网络地址端口转换 NAPT（Network Address Port Translation）是人们比较熟悉的一种转换方式。NAPT 普遍应用于接入设备中，它可以将中小型的网络隐藏在一个合法的 IP 地址后面。

NAPT 与动态地址 NAT 不同，它将内部连接映射到外部网络中的一个单独的 IP 地址上，同时在该地址上加上一个由 NAT 设备选定的 TCP 端口号。

在 Internet 中使用 NAPT 时，所有不同的信息流看起来好像来源于同一个 IP 地址。这个优点在小型办公室内非常实用，通过从 ISP 处申请的一个 IP 地址，将多个连接通过 NAPT 接入 Internet。实际上，许多 SOHO（Small Office Home Office，小型家庭办公）远程访问设备支持基于 PPP 的动态 IP 地址。ISP 不需要支持 NAPT，就可以做到多个内部 IP 地址共用一个外部 IP 地址上的 Internet，然而这样会导致信道的拥塞，但考虑到节省 ISP 上网费用和易管理的特点，用 NAPT 还是具有一定的经济价值的。

18.3 任务需求

本任务主要完成配置 DHCP 与 NATIP 服务。将一台路由器配置为 DHCP 服务器。另一台路由器将 DHCP 请求转发到 DHCP 服务器上。配置静态和动态 NAT 配置，包括 NAT 过载。完成配置后，请测试内部地址与外部地址之间的连通性，任务拓扑结构如图 18-8 所示。

18.4 任务拓扑

DHCP+NAT 拓扑结构如图 18-8 所示。

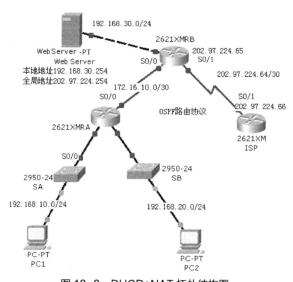

图 18-8   DHCP+NAT 拓扑结构图

18.5 任务实施

1. 基本配置

完成各个路由器基本配置，配置 OSPF 协议，达到全网通信。

根据以下说明配置 RA、RC 和 ISP 路由器，以 RA 为例。

```
Router(config)#hostname   RA      //配置设备主机名
RA(config)#no ip domain lookup    //禁用 DNS 查找
```

```
RA(config)#enable secret class //配置特权执行模式口令
RA(config)#banner motd "hello" //配置当日消息标语
RA(config)#line vty 0 15 //为所有 vty 连接配置口令
RA(config-line)#password class
RA(config-line)#login
RA(config)#line console 0
RA(config-con)#password class
```

在所有路由器上配置 IP 地址，此处将配置过程省略。

配置 OSPF 路由协议，以 RA 为例。

```
RA(config)#router ospf 10
RA(config-router)#network 192.168.10.0 0.0.0.255 area 0
RA(config-router)#network 192.168.20.0 0.0.0.255 area 0
RA(config-router)#network 172.16.10.0 0.0.0.3 area 0
```

在 RA 和 RC 上使用进程 ID 10 启用 OSPF。请勿通告 202.97.224.64/27 网络，其他路由器配置省略。

2. 配置 Cisco IOS DHCP 服务器

步骤 1：排除静态分配的地址。

DHCP 客户端是从 DHCP 服务器地址池子网中的所有地址中随机选择的。对于 DHCP 服务器地址池中不应分配给客户端的 IP 地址，必须进行指定。这些 IP 地址通常是保留给路由器接口、交换机管理 IP 地址、服务器和本地网络打印机使用的静态地址。ip dhcp excluded-address 命令防止路由器分配所配置范围内的 IP 地址。下列命令排除与 RA 相连的各 LAN 地址池中的前 10 个 IP 地址。这些地址不会被分配给任何 DHCP 客户端。

```
RA(config)#ip dhcp excluded-address 192.168.10.1 192.168.10.10
RA(config)#ip dhcp excluded-address 192.168.20.1 192.168.20.10
```

步骤 2：配置地址池。

使用 ip dhcp pool 命令创建 DHCP 地址池，并将它命名为 "product"。

指定分配 IP 地址时使用的子网。DHCP 地址池会根据 network 语句自动与接口关联。现在路由器相当于 DHCP 服务器，分配 192.168.10.0/24 子网中的地址，从 192.168.10.11 开始分配。

第一个地址池的基本配置：

```
RA(config)#ip dhcp pool product
RA(dhcp-config)#network 192.168.10.0 255.255.255.0
RA(dhcp-config)#dns-server 202.97.224.68（客户端的域名 DNS 的 IP 地址）
RA(dhcp-config)#default-router 192.168.10.1 (客户端的网关地址，即默
认路由器与 LAN 接口的 IP 地址)
```

第二个地址池的基本配置：

```
RA(config)#ip dhcp pool final
RA(dhcp-config)#network 192.168.20.0 255.255.255.0
RA(dhcp-config)#dns-server 202.97.224.68
RA(dhcp-config)#default-router 192.168.20.1
```

3．检验 DHCP 配置

可以从路由器上查看命令，show ip dhcp binding 命令提供关于目前已分配的所有 DHCP 地址的信息。

例如，以下输出显示 IP 地址 192.168.10.11 已分配给 MAC 地址 3001.632e.3537.6563。该 IP 地址于 2013 年 12 月 14 日 18 点 00 到期。

```
RA#show ip dhcp binding
IP address Client-ID/ Lease expiration TypeHardware address
192.168.10.11 0007.EC66.8752 -- Automatic
192.168.20.11 00E0.F724.8EDA - Automatic
```

也可从客户端上进行测试。

```
PC1>ipconfig  /release
PC1>ipconfig  /renew
```

4．配置静态路由和默认路由

ISP 能够使用静态路由到达内网，给 ISP 发送流量之前，必须以公有地址配置 ISP。RC 会将私有地址转换成公有地址，这些公有地址是 RC 上 NAT 配置在 ISP 上的。输入以下静态路由。

```
ISP(config)#ip route 202.97.224.64  255.255.255.240 serial 0/1
```

此静态路由包括所有分配给 RC 的公有地址。

在 RB 上配置默认路由，并在 OSPF 中传播此路由。

```
RB(config)#ip route 0.0.0.0   0.0.0.0   202.97.224.66
RB(config)#router ospf 1
RB(config-router)#default-information originate
```

给 RA 几秒钟时间从 RB 学习默认路由，然后检查 RA 的路由表。或者也可以使用 clear ip route *命令清除路由表。RA 路由表中应出现指向 RB 的默认路由。从 RA Ping RB 上的 Serial 0/1 接口（202.97.224.65）。进行测试，应当能 Ping 成功。如果 Ping 不成功，先排除故障。

5．配置静态 NAT

步骤 1：静态映射公有 IP 地址到私有 IP 地址。

ISP 以外的外部主机可以访问与 RB 相连的内部服务器。将公有 IP 地址 202.97.224.254 静态指定为 NAT 用来映射数据包到内部服务器私有 IP 地址 192.168.20.254 的地址。

```
RB(config)#ip nat inside source static 192.168.20.254 202.97.224.254
```

步骤 2：指定内部和外部 NAT 接口。

NAT 工作之前，必须指定哪些接口是内部接口，哪些接口是外部接口。

```
RB(config)#interface Serial 0/1
RB(config-if)#ip nat outside
RB(config-if)#interface fa0/0
RB(config-if)#ip nat inside
```

6．利用地址池配置动态 NAT

静态 NAT 建立了内部地址与特定公有地址之间的永久性映射。而动态 NAT 则是将私有

IP 地址临时映射到公有地址，这些公有 IP 地址源自 NAT 地址池。

步骤 1：定义全局地址池。

创建一个地址池，以便将符合条件的源地址转换为其中的地址。以下命令创建名为 "NAT-POOL" 的地址池，符合条件的源地址将被转换为 202.97.224.241~202.97.224.246 范围内的可用 IP 地址。

```
RB(config)#ip nat pool NAT-POOL 202.97.224.241 202.97.224.246
netmask255.255.255.248
```

步骤 2：创建标准访问控制列表，以便确定需要的转换内部地址。

```
RB(config)#ip access-list standard NAT
RB(config-std-nacl)#permit ip 192.168.10.0 0.0.0.255 any
RB(config-std-nacl)#permit ip 192.168.20.0 0.0.0.255 any
```

步骤 3：将地址池与访问控制列表绑定，建立动态源地址转换。

一台路由器可以具有一个以上的 NAT 池和一个以上的 ACL。以下命令告知路由器使用哪个地址池来转换 ACL 允许的主机。

```
RB(config)#ip nat inside source list NAT pool NAT-POOL
```

步骤 4：指定内部和外部 NAT 接口。

指定静态 NAT 配置的内部接口和外部接口。现在将链接到 RA 的串行接口添加为内部接口。

```
RB(config)#interface Serial 0/0
RB(config-if)#ip nat inside
```

步骤 5：检验配置。

从 PC1 和 PC2 Ping ISP。然后在 RB 上使用 show ip nat translations 命令检验 NAT。

```
RB#show ip nat translations
Pro Inside global Inside local Outside local Outside global
--- 202.97.224.241 192.168.10.12 --- ---
--- 202.97.224.242 192.168.20.12 --- ---
--- 202.97.224.254 192.168.20.254 --- ---
```

7．配置 NAT 过载

上例中，如果需要 6 个以上的公有 IP 地址，多于地址池允许的地址，将会发生什么情况？可以通过跟踪端口号，NAT 过载允许多位内部用户重用公有 IP 地址。

本任务中，将删除前一任务中配置的地址池和映射语句。然后在 RB 上配置 NAT 过载，以便连接任何外部设备时，所有内部 IP 地址能被转换为 RB S0/1 地址。

步骤 1：删除 NAT 地址池和映射语句。

使用以下命令删除 NAT 地址池和到 NAT ACL 的映射。如果接收到以下消息，清除 NAT 转换。

```
RB(config)#no ip nat pool NAT-POOL 202.97.224.241 202.97.224.246
netmask255.255.255.248
RB(config)#no ip nat inside source list NAT pool NAT-POOL
%Pool MY-NAT-POOL in use, cannot destroy
RB#clear ip nat translation *
```

步骤 2：使用 Serial 0/1 接口公有 IP 地址在 RB 上配置 PAT。

配置与动态 NAT 相似，不同之处在于不是使用地址池，而是使用 interface 关键字来识别外部 IP 地址，因此没有定义 NAT 池。利用 overload 关键字可以将端口号添加到转换中。因为已经配置 ACL 来确定转换哪些内部 IP 地址，并且已经指定哪些接口是内部接口和外部接口，所以只需配置以下命令。

```
RB(config)#ip nat inside source list NAT interface S0/1 overload
```
步骤 3：检验配置。

从 PC1 和 PC2 Ping ISP。然后在 RB 上使用 show ip nat translations 命令检验 NAT。

```
RB#show ip nat translations
Pro Inside global Inside local Outside local Outside global
icmp 202.97.224.65: 3 192.168.10.12: 3 202.97.224.66: 3 202.97.
224.66: 3
icmp 202.97.224.65: 1024192.168.20.12: 3 202.97.224.66: 3202.97.
224.66: 1024
--- 202.97.224.254 192.168.30.254 --- ---
```

18.6 疑难故障排除与分析

18.6.1 常见故障现象

1．常见故障 1

外网用户无法通过映射的公网地址访问内网服务器网站。

用户反馈在 ER3100 路由器上设置了一对一 NAT，将内网 Web 服务器映射为与 ER3100 的 WAN 口地址同一网段的一个公网地址后，出现内网用户可以通过私网地址访问服务器上的网站，但是外网用户均无法通过映射的公网地址访问内网服务器上的网站。

2．常见故障 2

NAT 配置引起 OICQ 频繁掉线。

该网络是一个网吧，采用 NetHammer M262 做 NAT 转换、防火墙，带动整个局域网上公网；M262 下接、U2E 做汇聚，整个网吧共 240 台机器，使用私网地址 192.168.0.0/24 网段。

问题描述：

（1）客户端登录 OICQ 服务器后，可以连续发送 5 到 10 个信息给其他客户端，然后就出现 OICQ 发送信息报错，信息无法发送，可能是网络不通现象（以下简称掉线现象）；

（2）关掉 OICQ，重新登录 OICQ 服务器后，又可以正常发送几个信息；

（3）关掉 OICQ，重新登录 OICQ 服务器后不能发送任何信息，当大约过 3 分钟后再发送信息时，出现 OICQ 掉线现象；

（4）当出现 OICQ 发送信息报错时，浏览网页很正常，Ping 外网网关无掉包，延迟正常；

（5）当出现 OICQ 发送信息报错大约 6 分种到 7 分钟后，发现刚才无法发送的信息又可以发送出去。但发送几个信息后，OICQ 又会出现掉线现象；

（6）在出现 OICQ 无法发送信息出去的同时，能够接收其他 OICQ 客户端发来的信息。

3. 常见故障 3

路由器 NAT 导致死机。

公司局域网和 Internet 之间使用 Cisco3640 路由器，内网通过 NAT 访问外网。但运行长时间后，会出现以下信息。

```
-Process= "IP Input", ipl= 0, pid= 28-Traceback= 60408658 6040ABC8
604051D4 604059E0 609B40F0 609B427C 609B4D84 609B5858 609AC32C 604C58B8
604C4808 604C4A1C 604C4BA8 603FEE04603FEDF023:47:18: %SYS-2- MALLOCFAIL:
Memory allocation of 5000 bytes failed from 0x604051CC, pool Processor,
alignment 0
```

4. 常见故障 4

NAT 后无法在内网通过外部 IP 访问内部服务。

18.6.2 故障解决方法

1. 故障 1 现象分析

根据用户反馈的信息，首先检查 ER 路由器的配置，确认一对一 NAT 配置正确，其他可能影响一对一地址映射功能的配置也无异常。将路由器的 WAN 口 Ping 功能关闭，再尝试在远端 Ping 路由器的 WAN 口地址，能 Ping 通说明远端到路由器能够正常通信；再 Ping 服务器映射的公网地址，如果也能通说明映射的公网地址正常可用，且路由器映射已经成功，因为回应此 Ping 包的是服务器。会不会是因为网站没有经过备案，运营商没有开放 80 端口导致无法访问呢？客户反馈 Web 服务器之前使用时是正常的。通过打开路由器的远程管理，远程访问端口改成 80 端口，尝试从远端访问路由器的管理页面，正常能打开。

经过初步的排查，所收集的信息已不足以做出判断。经过进一步向客户了解，得知客户在内网使用了一台 Windows Server 2003 服务器。客户之前将服务器放在外网，直接接入外网使用正常。考虑到 Web 服务器的安全性，需要将服务器放置于内网，设置路由器的一对一 NAT 地址映射功能来提供外网用户的访问，然后就出现了外网用户无法访问网站的情况。问题的出现是不是跟服务器的设置有关系呢？带着疑问远程指导客户排查服务器的设置，检查发现客户在服务器设置组件中的 IIS（Internet 信息设置）配置项里，有一个网站选项，下面子目录的 Web 属性设置里，网站子项设置的 IP 是起初挂在公网上的公网 IP。经改正将其设置成内部私网 IP 后，外网用户通过公网地址访问内网 Web 服务器正常。由此可以看出，用户将设备从公网迁到内网后，忘了将这项修改过来，从而导致了故障的产生。

2. 常见故障 2 现象分析

测试用的笔记本 IP 为 192.168.0.253。

（1）用笔记本接在内网中进行抓包结果分析，无异常包；对出现 OICQ 掉线的机器进行病毒检测，未发现病毒。

（2）登录路由器，检查配置文件，确定路由器使用的是动态地址池轮询做 NAT 出口上公网，检查公网地址正确，检查防火墙未对 OICQ 进行设置，其他配置也无问题。

（3）从路由器、笔记本上 Ping M262 的默认网关，大包小包都正常。

（4）在笔记本上 Ping OICQ 服务器地址延迟严重，达到 300~500ms，而且存在掉包现象。但是客户反映，他们使用以前的宽带路由器上网，使用同样的 IP 地址，却未出现 OICQ 掉线现象。

（5）使用客户的宽带路由器来代替公司 M262 进行长达 1 个小时的测试（包括浏览网页、上 OICQ、打游戏）等，一切正常。

（6）为了找出具体原因，只有对 OICQ 软件的通信机制进行分析。OICQ 软件的数据通信常使用 UDP 协议，新版本也可以使用 TCP 协议。当使用客户端 UDP 协议登录 OICQ 服务器时，服务器记录客户端的 IP 地址，认为客户已经登录，允许此客户端将数据发到其他客户端。客户端登录服务器后，服务器会定时发送一个 UDP 格式的 HELLO 报文给客户端，客户端接到 HELLO 报文后返回一个 UDP 报文给服务器。服务器接收到客户端返回的报文后认为客户在线，否则认为客户端已经不在线，便会注销此客户端的 IP。由对 OICQ 的通信机制分析想到，如果客户端使用 UDP 协议登录服务器，在使用 OICQ 当中，OICQ 客户端的地址改变后才将信息发送出去，由于改后的地址是新地址，服务器检查此客户端的 IP 未登录，便不允许发送信息出去，这样就导致了信息无法发送。如果别人发送信息给此客户端，由于对方 IP 已经登录，服务器允许数据发送过来，所以对方直接将数据使用 UDP 协议发送到此客户端，这样此客户端便能接收到消息。当 OICQ 客户端使用 TCP 协议登录服务器后，由于客户端和服务器端使用了可靠的连接方式，对客户端的在线检测采用了不同的检测机制。

（7）OICQ 通信机制中地址改变后，如果不重新登录便会无法发送数据出去。由此想到，现在使用的上网方式采用 NAT 地址池轮询转换方式，发送出去的数据包是对 OICQ 客户端的地址进行了改变的，而 OICQ 客户端 PC 的 IP 不会改变，但转换后的公网地址使用了轮询机制。这将会导致使用公网地址池里的不同 IP 来作为 OICQ 客户端的地址发送到 OICQ 服务器，最终会造成 OICQ 服务器认为此客户端地址（非登录时使用的 NAT 转换后的地址）发送的信息是由一个未登录客户端发送的信息，因此不会允许此信息发送到其他客户端，所以信息就无法发送出去，OICQ 就会报错"信息无法发送，可能是网络不通"的现象。当地址池的 IP 轮询到 OICQ 开始登录服务器使用的 IP，而此时服务器还未注销使用此 IP 的 OICQ 客户端时，信息会照样发送出去，以致出现上 OICQ 一时通一时不通的情况。

（8）为了确定分析的正确性，在路由器上配置接口出口转换后，在 PC 机上用 OICQ 聊天 1 小时，再也未出现掉线情况；而把配置马上改成地址池做轮询转换后，问题又出现；因此证明前面的分析是正确的。以下是在用地址池轮询做出口转换时用 show ip nat tr 抓的转换包，红色字体为 OICQ 信息转换条目，即刚登录能正常发信息时的 NAT 转换条目。

3．常见故障 3 现象分析

内网无法访问外网，可能是内存满导致内网用户的访问请求没有空间响应。需要重启路由器或输入"clear ip nat tr *"（这行命令有时会导致自动重启）才能解决问题。本来网络一直运行正常，在感染病毒时对路由器造成很大冲击，类似于冲击波，不停向某些地址发包。但是通过 ACL 对那些端口进行限制后还会出现上面的情况，只不过时间维持得长一些。

用 shipnattr 可以看到地址转换增加得很快，估计感染病毒的可能性大。如果以前运行正常，地址转换数量又没有太多增长，则不是内存不足的缘故。NAT 本身就是性能的"瓶颈"，要锁定用户，最省钱的办法就是查看 BUFFER.NAT；还可以将一个机器装软墙替代一下，则可记录有病毒的 IP；在路由后面安硬墙，查哪个 IP 的 NAT 转换记录最多，然后把这个 IP 禁止，等哪个用户来保障的时候就知道是谁的机器中毒了。公司的 NETSCREEN 在 1 分钟内就增长了 4000 个会话，是因为内网的一台机器中了冲击波。

4．常见故障 4 现象分析

首先从理论谈起，NAT 有两种基本类型，一种是 SNAT（Source NAT），另一种是 DNAT（Dest．NAT）。SNAT 即源 NAT，是改变数据包的 IP 层中的源 IP 地址，一般用来将不合法的 IP 外出请求转换成合法的 IP 外出请求，就是普通地用一个或者多个合法 IP 来带动一整个非法 IP 段接入。DNAT 即目的 NAT，就是改变数据包的目标 IP 地址，使得能对数据包重新定向，可以用作负载均衡或者用于将外部的服务请求重定向到内网非法 IP 的服务器上。

之所以会出现无法在 DNAT 的内部网络通过 DNAT 服务的外部 IP 地址访问的情况，是因为如果服务从内部请求，那么经过 DNAT 转换后，将目标 IP 改写成内网的 IP 地址，例如 172.16.10.254，而请求的机器的 IP 是 172.16.10.100，数据包被网关 172.16.10.1 顺利地重定向到 172.16.10.254 的服务端口。然后，192.16.10.254 根据请求发送回应给目的 IP 地址，就是 172.16.10.100。但是，问题出现了，因为 172.16.10.100 请求的地址是外部 IP，假设是 221.232.34.56，所以等待着 221.232.34.56 的回应；而 172.16.10.254 的回应请求被看作是非法的，被丢弃了，这就是问题的所在。如何解决这个问题，看下面用 iptables 实现的例子。先把发向外网 IP221.232.34.56 80 号端口的数据重定向到 172.16.10.254，理论上来讲，如果只要从外网访问，这就完成了。

```
iptables -t nat -A PREROUTING -p tcp -d 221.232.34.56 --dport 80
-j DNAT --to-destination 172.16.10.254
```

解决内网通过外网 IP 访问的情况：

```
iptables -t nat -A POSTROUTING -p tcp -d 172.16.10.254 --dport 80
-j SNAT --to-source 172.16.10.1
```

将内网的请求强行送回到网关 172.16.10.1，依靠网关在内核建立的状态表再转发到真实的请求地址 172.16.10.100。当然，这并不是最好的解决方法，最好的解决方法是将服务器放在另外一个网段，也就是所谓的 DMZ（解除武装区），这时就不会出现上面所说的问题了。

18.7 课后训练

18.7.1 训练目的

（1）本公司申请合法 IP 范围：202.103.100.128~202.103.100.135/29。

（2）本公司的网络要求提供外网 Web 服务。

（3）财务部、管理部、Web 服务器分别处在不同的网段下。

（4）电信局端占用一个合法 IP，为 202.103.100.129/29。

（5）NAT 路由器 F0/0 口的 IP 地址可任意配置，可配置为 192.168.100.1/24。

（6）要求：财务部和管理部门都可以通过 NAT 上外网，生产部门的工作人员不能上 NAT 网。而且要求 Web 服务器可以提供外部的 Web 服务。

实验设备包括 4 台路由器、4 台交换机、PC 机若干、连线，拓扑结构如图 18-9 所示。

18.7.2 训练拓扑

NAT 训练拓扑结构如图 18-9 所示。

18.7.3 训练要求

注意：此处省略了基本配置过程，请读者自行完成基本配置，实现全网通信。

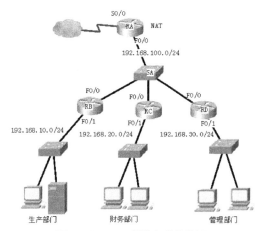

图 18-9　NAT 训练拓扑结构图

RA 路由器的配置过程如下。

1．配置内外部接口及 IP 地址

```
RA(config)#interface f0/0
RA(config-if)#ip address 192.168.100.1 255.255.255.0
RA(config-if)#ip nat inside
RA(config)#int s0/0
RA(config-if)#ip address 202.103.100.130 255.255.255.248
RA(config-if)#ip nat outside
```

2．各部门配置地址池（finance 代表财务部门，management 代表管理部门）

```
RA(config)#ip nat pool finance202.103.100.132 202.103.100.132
netmask 255.255.255.248
RA(config)#ip nat pool management 202.103.100.133 202.103.100.134
netmask 255.255.255.248
```

3．定义访问列表

```
RA(config)#access-list 10 permit 192.168.20.0 0.0.0.255
RA(config)#access-list 20 permit 192.168.30.0 0.0.0.255
```

4．进行地址转换

```
RA(config)#ip nat inside source list 10 pool finance overload
RA(config)#ip nat inside source list 20 pool other overload
```

5．建立静态转化，以便开放 Web 服务（TCP 80）

```
RA(config)#ip nat inside source static tcp 192.168.10.2 80
202.103.100.131 80
```

进行上述配置后，互联网上的主机可以通过 202.103.100.131:80 访问企业内部 Web 服务器 192.168.10.2；财务部门的接入请求将映射到 202.103.100.132；管理部门的接入请求被映射到 202.103.100.133~134 地址段；生产部门的用户不能接入 Internet 网。